技术工人识图系列丛书
JISHUGONGRENSHITUXILIECONGSHU

机械识图

05 JIXIE SHITU
JISHUGONGRENSHITUXILIECONGSHU

主 编◎卢庆生 陈

C S | K 湖南科学技术出版

U0336988

主 编：卢庆生 陈 伟

编 委：钱 瑜 张茂龙 余玉芳 陈利军 夏卫国
张 洁 李 桥 杨小荣 郭大龙 吴 亮
王 荣 蒋 勇 张能武 刘 瑞 刘玉妍
张 洁 周小渔 王春林 李 桥 陈 伟
邓 杨

图书在版编目（ＣＩＰ）数据

机械识图 / 卢庆生，陈伟主编. — 长沙 ： 湖南科学技术
出版社，2014.5
　（技术工人识图系列丛书 05）
　ISBN 978-7-5357-8063-8

Ⅰ. ①机… Ⅱ. ①卢… ②陈… Ⅲ. ①机械图—识别
Ⅳ. ①TH126.1

中国版本图书馆 CIP 数据核字(2014)第 040932 号

技术工人识图系列丛书 05

机械识图

主　　编：卢庆生　陈　伟
责任编辑：杨　林　龚绍石
出版发行：湖南科学技术出版社
社　　址：长沙市湘雅路 276 号
　　　　　http://www.hnstp.com
湖南科学技术出版社天猫旗舰店网址：
　　　　　http://hnkjcbs.tmall.com
印　　刷：湖南汇龙印务有限公司
　　　　　（印装质量问题请直接与本厂联系）
厂　　址：长沙市开福区捞刀河镇大明工业园
邮　　编：410153
出版日期：2014 年 5 月第 1 版第 1 次
开　　本：710mm×1020mm　1/16
印　　张：21.5
字　　数：407000
书　　号：ISBN 978-7-5357-8063-8
定　　价：43.00 元

（版权所有·翻印必究）

丛书前言

随着我国工业化和城乡一体化进程的加速，各行各业对于技术工人的需求日益迫切，特别是大批农村劳动力涌入城市，开始了择业，就业，开创美好生活的步伐。学什么，做什么，怎样才能快速掌握一门技术，并快速应用于生产实践，已成为当务之急。

为贯彻"全国职业教育工作会议"和"全国再就业会议"精神，落实国家人才发展战略目标，促进农村劳动力转移培训，全面推进技能振兴计划和高技能人才培养工程，我们精心策划组织编写了这套"技术工人识图系列丛书"。本套丛书包括：《建筑电气施工识图》、《建筑装修施工识图》、《电工识图》、《电子电路识图》、《机械识图》、《液压识图》。读者可通过识图了解和掌握相关基本技能，以满足工作需要。

本丛书内容以"技能速成"和"全图解"为特色，根据相关操作的特点，结合实际工作对识图的要求，详细介绍了6种工作识图所需要的知识与相关技能。本套丛书的编写以企业对人才需要为导向，以岗位职业技能要求为标准，本套丛书主要有以下特点：

(1) 丛书内容全面、充实、实用，以"易学、易懂、易掌握"为指导，以通俗易懂的文字、图表为主的表现形式，有条理、有重点、有指导性地阐述了工程图绘制与识读的相关专业知识，具有很强的实用价值。

(2) 丛书采用了最新国家标准、法定计量单位和最新名词术语。

(3) 丛书在内容组织和编排上特别强调实践，书中的大量实例来自生产实际和教学实践，实用性强，除了必需的基础知识和专业理论以外，还包括许多典型的设计、施工及机械图形实例、操作技能及最新技术的应用，兼顾先进性与实用性，尽可能地反映现代各领域内的实用技术和应用经验。

本套丛书便于广大技术工人、初学者、技工学校、职业技术院校广大师生实习自学、掌握基础理论知识和实际识图技能；同时，也可用为职业院校、培训中心、企业内部的技能培训教材。我们真诚地希望本套丛书的出版对我国高技能人才的培养起到积极的推动作用，能成为广大读者的"就业指导、创业帮手、立业之本"。丛书编写过程中参考或引用了部分单位和个人的相关资料，在此表示衷心感谢。尽管丛书编写人员已尽最大努力，但丛书中不当之处在所难免，敬请广大读者批评指正。

丛书编写委员会

前　言

　　机械识图能力是工科类、尤其是机械专业和近机专业学生的必备技能，是锻炼学生空间思维和设计创造能力的重要基础。机械图样是表达和交流技术思想的重要工具，是工程技术部门的一项重要技术文件。本书以机械识图指定的课程教学基本要求和最新颁布的有关国家标准为出发点，研究阅读机械图样的基本原理和方法，培养机械工人和某些求职者的读图能力和空间思维能力，并进行机械制图国家标准和有关规定的学习和贯彻。

　　本书共分九章，主要内容包括：识图的基本知识；投影基本知识；立体其及表面交线；组合体的视图与尺寸标注；轴测图；机件的常用表达方法的识读；标准件和常用件的识读；识读零件图；装配图。

　　本书的主要特色有：

　　(1) 优化教学内容。在内容编排上，以应用性为主导，对画法几何部分进行了大幅精简，删除了一些原教材中从保证理论完整性出发而安排的深层次内容，重点突出识图理论知识的培养。

　　(2) 强化工程实际能力的训练。本书的大部分章节、尤其是与工程实际结合紧密的零件图和装配图章节里，配置了大量的工程实例和详细的分析讲解，有利于理论和实际的紧密结合，提高学生的识图应用能力。

　　(3) 紧跟时代，全面贯彻最新颁布的《工程制图》和《机械制图》国家标准。

　　(4) 书中图例采用计算机绘制，图线规范清晰，三维形象逼真，有利于学员自学。

　　本书由卢庆生、陈伟主编。参加编写的人员还有：王吉华、余玉芳、陈利军、夏卫国、张洁、李桥、杨小荣、郭大龙、吴亮、王荣、蒋勇、张茂龙、刘瑞、刘玉妍、张洁、周小渔、王春林、李桥、刘文花、邓杨等。我们在编写过程中参考了相关图书出版物和制图标准，在此表示衷心感谢。

　　由于时间仓促，编者水平有限，书中不妥之处在所难免，敬请广大读者批评指正。

编　者

2013 年 6 月

目　录

第一章　识图的基本知识

工程图样被称为工程界的语言，是工程技术人员表达设计思想、进行技术交流的工具，也是指导生产的重要技术资料。为了科学地进行生产和管理，对于图样的格式、内容和表达方法等必须作出统一的规定，这些规定称为制图标准。

我国于1959年首次发布了国家标准《机械制图》，统一规定了生产和设计部门共同遵守的制图基本规范，此后多次发布和修订了与工程图样相关的若干标准。国家标准的代号为"GB"，由"国标"两个字的汉语拼音的第一个字母组成，国标后面的两组数字分别表示标准的序号和颁布年份。本章首先介绍国家标准中有关图样的基本规定，然后介绍绘图仪器的使用、几何作图和平面图形的尺寸分析等知识。

第一节　制图的基本规定

一、图纸幅面及格式

1. 图纸幅面

绘制图样时，应优先采用表1-1中规定的基本幅面。必要时，也允许采用加长幅面，其尺寸是由相应基本幅面的短边成整数倍增加后得出的，如图1-1所示，图中粗实线所示为基本图幅，虚线为加长幅面。

表1-1　图纸幅面尺寸　mm

幅面代号	A0	A1	A2	A3	A4
$B \times L$	841×1189	594×841	420×594	297×420	210×297
a	25				
c	10			5	
e	20		10		

1

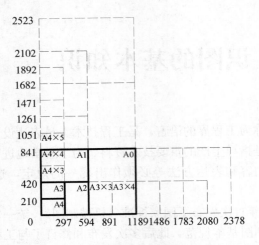

图 1-1 图纸基本幅面及加长幅面尺寸

2. 图框格式

绘制图样时,图纸可以横放,也可以竖放。图纸上必须用粗实线绘制图框,其格式分为留装订边和不留装订边两种,如表 1-2 所示。图框的尺寸按表 1-1 确定。图纸装订时一般采用 A3 幅面横装或 A4 幅面竖装。

表 1-2   常用图纸类型

类型	A3 幅面横放	A4 幅面竖放
装订型	 图框线　　图纸边界线 B　　　a　　　c c　　　标题栏 L	 图框线　　图纸边界线 a　　c　　L c　　标题栏 c　　B

续表

类型	A3 幅面横放	A4 幅面竖放
非装订型	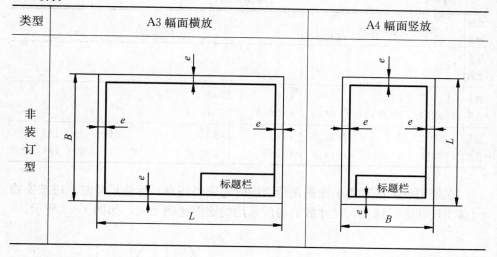	

3. 标题栏

每张图样上都必须绘制标题栏，标题栏的内容包含零部件及其管理等信息，其格式和尺寸如图1-2所示。标题栏通常位于图样的右下角，紧贴在图框线内侧，标题栏中的文字方向通常即为读图方向。

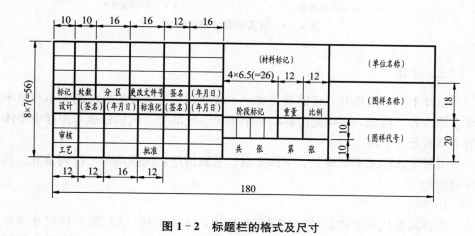

图1-2　标题栏的格式及尺寸

二、比例

比例是指图样中机件要素的线性尺寸与实物相应要素的线性尺寸之比。绘制图样时，应当尽量按照机件的真实大小按照1:1的比例绘制。必要时，也可根据物体的大小及结构的复杂程度，采用放大比例或缩小比例绘制图样。国家标准规定了各种比例的比例数值，如表1-3所示。

3

表 1-3 绘图比例

比例种类	优先使用比例			可使用比例				
原值比例	1:1							
放大比例	5:1	2:1		4:1	2.5:1			
	$5\times10^n:1$	$2\times10^n:1$	$1\times10^n:1$	$4\times10^n:1$	$2.5\times10^n:1$			
缩小比例	1:2	1:5	1:10	1:1.5	1:2.5	1:3	1:4	1:6
	$1:2\times10^n$	$1:5\times10^n$	$1:1\times10^n$	$1:1.5\times10^n$	$1:2.5\times10^n$	$1:3\times10^n$	$1:4\times10^n$	$1:6\times10^n$

在使用放大或者缩小比例进行绘图时还应当注意：标注尺寸时，应按实物的真实尺寸进行标注，尺寸数值与所采用的绘图比例无关，如图1-3所示。

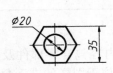 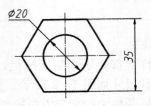

（a）1:2比例的图样   （b）1:1比例的图样

图 1-3 按实物尺寸进行标注

三、字体

图样上除了图形外，还需要用文字、数字和符号来说明机件的大小和技术要求等内容。因此，字体是图样的一个重要组成部分，国家标准对图样中字体的书写规范作了规定。

书写字体的基本要求是：字体工整，笔画清楚，间隔均匀，排列整齐。具体规定如下：

1. 字高

字体高度代表字体的号数。国家标准中，字体高度（h）的公称尺寸（单位 mm）系列为：1.8、2.5、3.5、5、7、10、14、20。如需要书写更大号的文字时，其字体高度数值应按$\sqrt{2}$的比率等比递增。

2. 汉字

图样中的汉字应采用长仿宋体，并采用国家正式公布的规范简化字。汉字的高度一般不小于3.5mm，其宽度为字高的$1/\sqrt{2}$。如图1-4所示，为长仿宋体汉字的书写示例。

7号字

横平竖直注意起落结构均匀填满方格

5号字

技术制图机械电子汽车航舶土木建筑矿山井坑港口纺织服装

3.5号字

螺纹齿轮端子接线飞行指导驾驶舱位挖填施工引水通风闸阀坝棉麻化纤

图 1－4　长仿宋体汉字示例

3. 数字与字母

图样中的数字主要是阿拉伯数字和罗马数字，字母主要是拉丁字母和希腊字母。数字和字母的写法分斜体和直体两种，机械图样中一般采用斜体写法。斜体字书写时，字头向右倾斜，与水平基准线成 75°角。如图 1－5 所示，为数字与字母的斜体字书写示例。

图 1－5　数字与字母的斜体字书写示例

4. 图线

（1）图线的型式及其应用。在绘制图样时，应当采用国家标准规定的标准图线。如表 1－4 所示，为机械图样中常用图线的名称、型式、宽度与主要用

5

途。图线的应用举例如图 1-6 所示。

表 1-4　　　　　　　　　　图线的基本线型与应用

图线名称	图线型式	图线宽度	主要用途
粗实线	———————	d	可见轮廓线、可见的过渡线
细实线	———————	$d/2$	尺寸线、尺寸界线、剖面线、辅助线、重合断面的轮廓线、引出线
波浪线	∿∿∿	$d/2$	断裂处的边界线、视图和剖视的分界线
双折线	─⌇─⌇─	$d/2$	断裂处的边界线
虚　线	- - - $12d$　$3d$	$d/2$	不可见的轮廓线、不可见的过渡线
细点画线	—·— $24d$　$6.5d$	$d/2$	轴线、对称中心线、轨迹线、齿轮的分度圆及分度线
粗点画线	—·—·—	d	有特殊要求的线或表面的表示线
双点画线	—··—··—	$d/2$	相邻辅助零件的轮廓线、极限位置的轮廓线、假想投影轮廓线

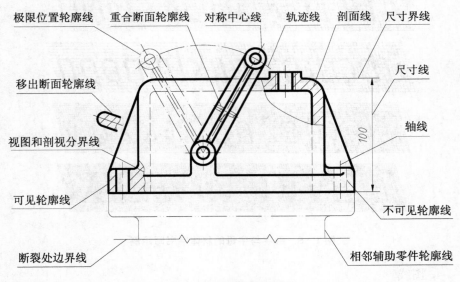

图 1-6　图线应用举例

　（2）图线的宽度。机械图样中一般采用两种图线宽度，即粗线和细线。粗

6

线的宽度为 d，细线的宽度约为 $d/2$。所有线型的图线宽度（d 和 $d/2$）都应根据图形大小和复杂程度在以下数列中选取：0.13，0.18，0.25，0.35，0.5，0.7，1，1.4，2mm，一般粗线的宽度（d）不宜小于 0.5mm。

（3）图线画法。在绘图过程中，除了正确掌握图线的标准和用法以外，还应遵守以下要求：

①两条平行线之间的最小间隙不得小于 0.7mm。

②图样中同类图线的宽度应保持一致。

③虚线、点画线及双点画线的线段长度和间隔大小应各自大致相等。

④当虚线或点画线位于粗实线的延长线上时，其连接处应断开，粗实线画到分界点。

⑤点画线和双点画线的首末两端应是线段，且应超出图形轮廓线 2～5mm。

⑥在较小图形上绘制点画线或双点画线有困难时，可用细实线代替。

⑦当各种线条重合时，应按粗实线、虚线、点画线的优先顺序绘制。

第二节　绘图仪器及其使用

一、图板和丁字尺

图板是用作画图的垫板，图板板面应当平坦光洁，其左边用作导边，所以必须平直。丁字尺的主要作用是用来画水平线，由尺头和尺身组成。丁字尺的尺头内边与尺身的工作边必须垂直。使用时，尺头要紧靠在图板的左边，如图 1-7 所示。

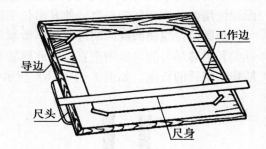

图 1-7　图板和丁字尺

二、三角板

三角板有 45°和 30°两块。一块三角板配合丁字尺可以绘制垂直线（如图 1-8 所示）和 30°、45°、60°斜线；两块三角板配合可以绘制 15°、75°斜线（如图 1-9 所示），此外还可以绘制任意已知直线的平行线或者垂直线。

三、铅笔

绘制图样时，要使用"绘图铅笔"。绘图铅笔铅芯的软硬分别以 B 和 H 表示，铅芯越硬，画出的线条越淡。因此，根据不同的使用要求，绘图时应准备

7

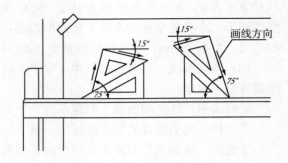

图 1-8　绘制垂直线　　　　　　图 1-9　绘制 15°和 75°斜线

以下几种硬度不同的铅笔：

B 或 HB——画粗实线用，加深圆弧时用的铅芯应比画粗实线的铅芯软一号。

HB 或 H——画细线、箭头和写字用。

H 或 2H——画底稿用。

四、圆规

圆规用来画圆和圆弧。圆规针尖两端的形状不同，普通针尖用于绘制底稿，带台阶支承面的小针尖用于圆和圆弧的加深，以避免针尖插入图板太深。圆规使用前应调整针尖长度，使其略长于铅芯，如图 1-10（a）所示。

画圆时，应使圆规向前进方向稍微倾斜，用力要均匀。画大圆时应注意使针尖和铅芯尽可能与纸面垂直，因此要随着圆弧的半径大小不同适当调整铅芯插腿和钢针的长度，如图 1-10（b）所示。

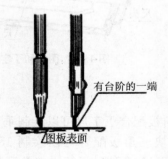

（a）针尖应略长于铅芯　　　　（b）针尖和铅芯应尽可能与纸面垂直

图 1-10　圆规的针尖和画圆

8

五、分规

分规用来量取和等分线段。为了准确地度量尺寸，分规两脚的针尖并拢后应能对齐。分规的用法如图 1－11 所示。

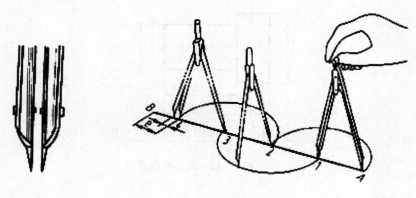

（a）针尖应对齐　　　　　　　（b）用分规分线段

图 1－11　分规的用法

第三节　尺寸注法

一、标注尺寸的基本规则

图形只能表达机件的形状，而机件的大小是通过图样中的尺寸来确定的，因此，标注尺寸是一项极为重要的工作，必须严格遵守国家标准中的有关规定：

（1）图样中标注的尺寸，其数值应以机件的真实大小为依据，与图形的大小及绘图的准确度无关。

（2）图样中标注的尺寸，其默认单位为毫米，此时不需标注单位的代号或名称；必要时也可以采用其他单位，此时必须注明相应单位的代号或名称，如30°、10m。

（3）图样中标注的尺寸，应为该图样所示机件的最后完工的尺寸，否则应另加说明。

（4）机件结构的尺寸，应当尽量标注在能够最清晰反映该结构的图形上，同一结构尺寸原则上只标注一次。

二、尺寸的组成

一个完整的尺寸一般由尺寸界线、带有终端符号的尺寸线和尺寸数字组成，如图 1-12 所示。

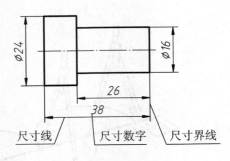

图 1-12　尺寸的组成

1. 尺寸界线

（1）尺寸界线用细实线绘制，并应由图形的轮廓线、轴线或对称中心线处引出，也可以利用轮廓线、轴线或对称中心线作尺寸界线。

（2）尺寸界线一般与尺寸线垂直，并超出尺寸线约 2mm。当尺寸界线贴近轮廓线时，允许尺寸界线与尺寸线倾斜。

2. 尺寸线

（1）尺寸线用细实线单独绘制，不能用其他图线代替，一般也不得与其他图线重合或画在其延长线上。其终端一般采用箭头。当标注尺寸的位置不够的情况下，允许用圆点或斜线代替箭头。

（2）标注线性尺寸时，尺寸线必须与所注的线段平行。当有几条互相平行的尺寸线时，其间隔要均匀，并将大尺寸注在小尺寸外面，以免尺寸线与尺寸界线相交。

（3）圆的直径和圆弧的半径的尺寸线终端应画成箭头，尺寸线或其延长线应通过圆心。

3. 尺寸数字

（1）尺寸数字一般注写在尺寸线的上方，也允许注写在尺寸线的中断处。

（2）尺寸数字一般采用 3.5 号字，线性尺寸数字的注写一般按图 1-13（a）所示的方向注写，并应尽可能避免在 30°范围内标注尺寸。当无法避免时，可按图 1-13（b）所示的形式引出标注。

（3）标注角度尺寸时，尺寸数字一律水平书写，一般注写在尺寸线的中断处，如图 1-13（a）所示，必要时也可引出标注。

（4）尺寸数字不可被任何图线通过，否则应将尺寸数字处的图线断开，或

10

者引出标注，如图 1-14 所示。

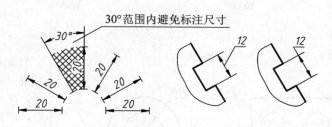

（a）填写尺寸数字的规则　　（b）无法避免时的注写方法

图 1-13　线性尺寸数字注法

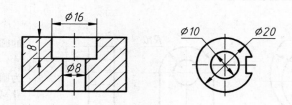

图 1-14　尺寸数字不能被图线通过

（5）标注尺寸时，应尽可能使用符号和缩写词。表 1-5 为常用的符号和缩写词。

表 1-5　　　　　　　　　　　常用的符号和缩写词

名称	直径	半径	球直径	球半径	45°倒角	厚度	均布	正方形	深度	埋头孔	沉孔或锪平
符号或缩写词	ϕ	R	$S\phi$	SR	C	t	EQS	□	⊤	∨	⊔

4. 尺寸标注示例

表 1-6 列出了国家标准规定的一些尺寸标注。

11

内容	图　例	说　明
直径	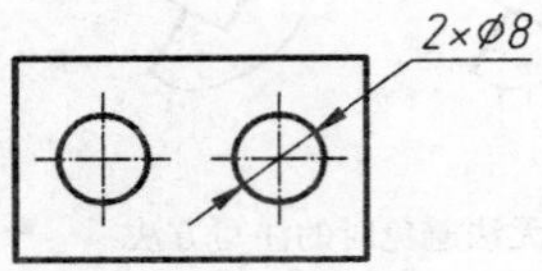 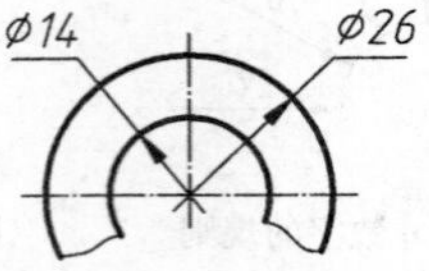 　2×Ø8　Ø14　Ø26	①圆或大于半圆的圆弧，标注直径尺寸，尺寸线通过圆心，以圆周为尺寸界线 ②直径尺寸在尺寸数字前加"Ø"
半径	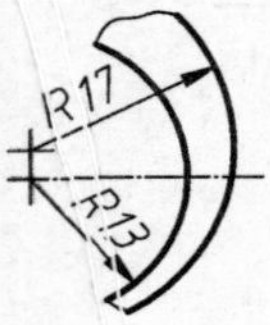 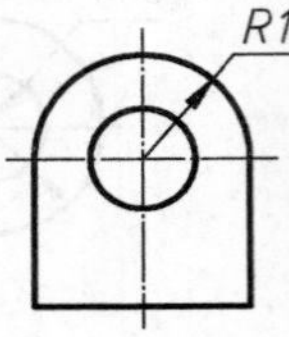 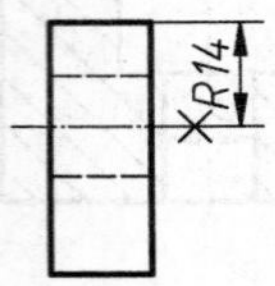 　R17　R13　R10　R14 正确　　　　错误	①小于或等于半圆的圆弧，标注半径尺寸，且必须注在投影为圆弧的图形上，尺寸线自圆心，引向圆弧 ②半径尺寸在尺寸数字前加"R"
大圆弧	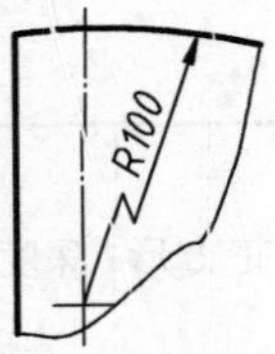 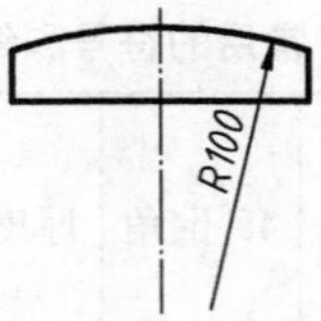 　R100　R100	①在图纸范围内无法标出圆心位置时，可按左图标注 ②不需标出圆心位置时，可按右图标注
球面	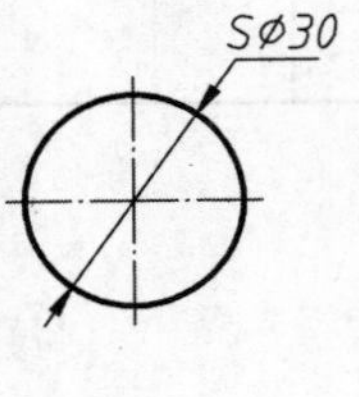 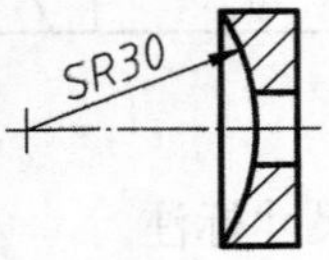 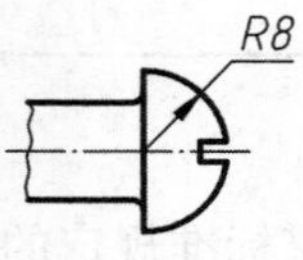 　SØ30　SR30　R8	①标注球面的直径和半径时，应在"Ø"或"R"前加注"S" ②对于螺钉、铆钉的头部、轴及手柄的端部，在不致引起误解的情况下可省略"S"

内容	图　例	说　明
角度		①标注角度的尺寸界线应沿径向引出，尺寸线应画圆弧，其圆心是角的顶点 ②角度的尺寸数字一律水平书写，一般写在尺寸线的中断处，必要时允许写在外面，或引出标注
狭小部位的尺寸		①当没有足够的位置画箭头或注写尺寸数字时，可将箭头或尺寸数字布置在尺寸界线外面，或者两者都布置在外面，尺寸数字也可引出标注 ②对连续标注的小尺寸，中间的箭头可用圆点或斜线代替
对称图形		当对称图形只画出一半或略大于一半时，尺寸线应略超过对称中心线或断裂处的边界线，仅在尺寸线的一端画出箭头

13

续表2

内容	图　例	说　明
光滑过渡处		①当尺寸界线过于靠近轮廓线时，允许倾斜引出 ②在光滑过渡处标注尺寸时，必须用细实线将轮廓线延长，从它们的交点处引出尺寸界线
正方形结构		标注断面为正方形结构的尺寸时，可在正方形边长尺寸数字前加注符号"□"或用 $B \times B$ 的形式注出，其中 B 为正方形边长

第四节　几何作图

机械零件的轮廓形状是复杂多样的，为了确保绘图质量，提高绘图速度，必须熟练掌握一些常见几何图形的作图方法和作图技巧。

一、正多边形的画法

正多边形的作图方法常常利用其外接圆，并将圆周等分进行。表1-7列出了正五边形、正六边形及任意正多边形（以七边形为例）的作图方法及步骤。

表 1-7　　　　　　　　　　　多边形的作图方法及步骤

种类	作图方法及步骤
正五边形	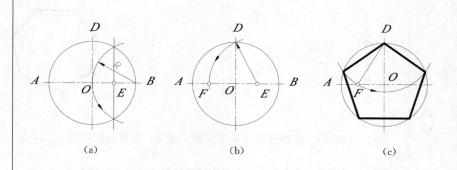 （a）　　　　　　　（b）　　　　　　　（c） ①作半径 OB 的中点 E ②以 E 为圆心，ED 为半径画弧与 OA 交于 F 点，则 DF 即为五边形边长 ③以边长 DF 等分圆周，得五个等分点，连接各等分点，即完成作图
正六边形	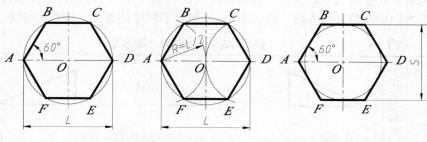 （a）已知对角距离　　　　　　　（b）已知对边距离 　　方法 1：过点 A、D 分别作 60° 的直线交外接圆于 B、F、C、E，连接 BC、EF，即完成作图 　　方法 2：以 A、D 为圆心，外接圆半径为半径画弧，得顶点 B、C、E、F。依次连接各顶点 　　方法 3：作圆的上下两条水平切线，再作出另外四条 60° 的切线，得六个顶点，依次连接

续表

种类	作图方法及步骤

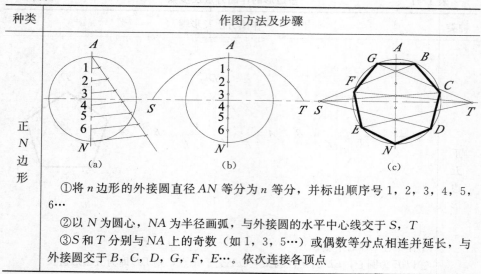

正N边形

①将 n 边形的外接圆直径 AN 等分为 n 等分，并标出顺序号 1，2，3，4，5，6…

②以 N 为圆心，NA 为半径画弧，与外接圆的水平中心线交于 S，T

③S 和 T 分别与 NA 上的奇数（如 1，3，5…）或偶数等分点相连并延长，与外接圆交于 B，C，D，G，F，E…。依次连接各顶点

二、斜度和锥度

1. 斜度

斜度是指一直线或平面对另一直线或平面的倾斜程度。其大小用两者间夹角的正切值来表示，在图上通常将其值注写成 $1:n$ 的形式，标注斜度时，符号方向应与斜度的方向一致。表 1-8 列出了斜度的概念、标注和作图方法。

表 1-8　　　　　斜度的定义、标注及作图方法

定义及标注	(a) 斜度=$\mathrm{tg}\alpha=H/L=1:n$	(b) 符号的画法（h=字高）	(c) 标注方法

斜度	作图方法	(a)　　　　(b)　　　　(c)

①如图（b）所示，根据图（a）中尺寸，绘制线段 AC 和 AB 及 AB 的垂线 BT

②作斜度为 $1:5$ 的辅助线 EF

③过点 C 作 EF 的平行线，交 BT 于 D，即完成作图，如图（c）所示

2. 锥度

锥度是指正圆锥底圆直径与圆锥高度之比；如果是圆台，则为底圆直径与顶圆直径之差与圆台高度之比。在图上通常将其值注写成 $1:n$ 的形式，标注锥度时，符号方向应与锥度的方向一致。表 1-9 列出了锥度的概念、标注和作图方法。

表 1-9　　　　　　　　　　　　锥度的定义、标注和作图方法

定义及标注	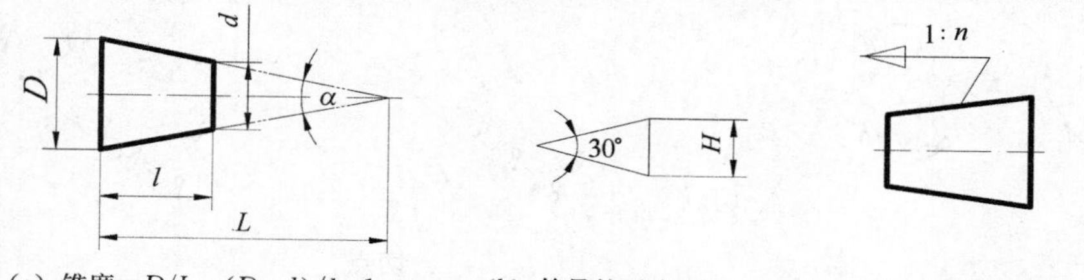 (a) 锥度$=D/L=(D-d)/l=1:n$	(b) 符号的画法 $(H=1.4h)$	(c) 标注方法
锥度　作图方法	(a)	(b)	(c)

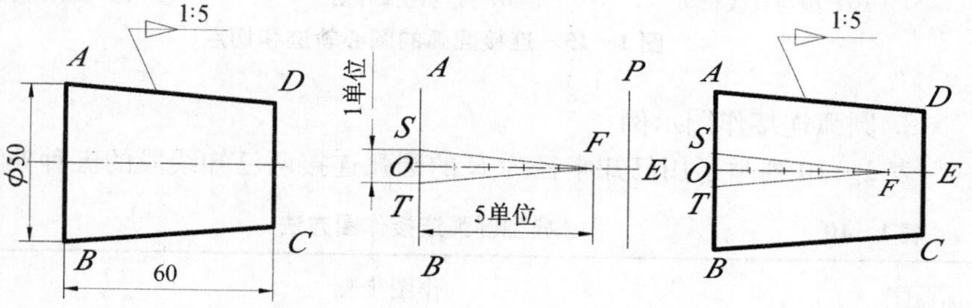

①如图（b）所示，根据图（a）中尺寸，绘制线段 AB、OE 及 OE 垂线 EP

②作锥度为 $1:5$ 的辅助圆锥 FST

③过点 A 和点 B 分别作 SF 和 TF 的平行线，交 EP 于 D 和 C，即完成作图，如图（c）所示

三、圆弧连接

圆弧连接是指用已知半径的圆弧将两个已知元素（直线、圆弧、圆）光滑地连接起来，即平面几何中的相切。其中的连接点就是切点，所作圆弧称为连接弧。作图的要点是准确地作出连接弧的圆心和切点。连接弧的圆心是利用圆心的动点运动轨迹相交的概念确定的。

1. 连接圆弧的圆心轨迹和切点

（1）与已知直线相切。如图 1-15（a）所示，半径为 R 的圆与直线 AB 相切，其圆心轨迹是一条直线，该直线与 AB 平行且距离为 R；自圆心向直线

17

AB 作垂线，垂足 K 即为切点。

（2）与圆弧相切。半径为 R 的圆弧与已知圆弧相切，其圆心轨迹为已知圆弧的同心圆，半径要根据相切的情形而定，如图 1-15（b）、图 1-15（c）所示，两圆外切时 $R_{外}=R_1+R$；两圆内切时，$R_{内}=R_1-R$。两圆弧的切点 K 在连心线与圆弧的交点处。

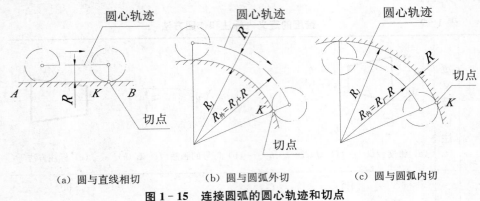

（a）圆与直线相切　　　（b）圆与圆弧外切　　　（c）圆与圆弧内切

图 1-15　连接圆弧的圆心轨迹和切点

2. 圆弧连接作图示例

表 1-10 列举了用已知半径为 R 的圆弧连接两已知线段的五种典型情况。

表 1-10　　　　　　　　　　典型圆弧连接作图方法

连接形式	作图步骤		
	求圆心	求切点出	画连接圆弧
两直线			
直线和圆弧			

18

续表

连接形式	作图步骤		
	求圆心	求切点出	画连接圆弧
外切两圆弧			
内切两圆弧			
混切两圆弧			

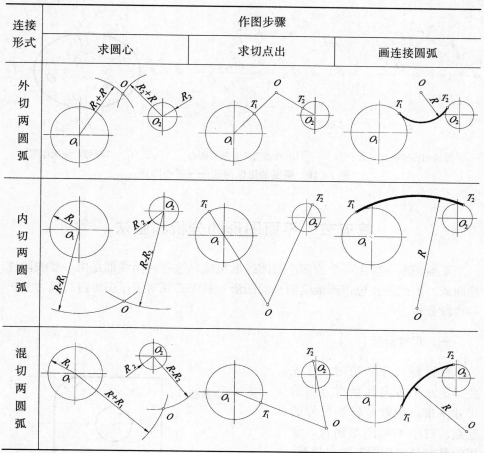

四、椭圆

在工程图样中绘制椭圆或者椭圆弧时，一般采用近似画法。其中最常用的是四心圆法，如图 1-16 所示。其作图步骤如下：

（1）连长、短轴端点 A、C。以 O 为圆心，OA 为半径画弧交 OC 的延长线于 E。再以 E 为圆心，CE 为半径画弧交 AC 于 F。

（2）作 AF 的垂直平分线，与 AB、CD 分别交于 O_1 和 O_2，再取对称点 O_3、O_4。

（3）自 O_1 和 O_3 两点分别向 O_2 和 O_4 两点连接，此四条直线即为四段圆弧的分界线。

（4）分别以 O_1、O_2、O_3、O_4 为圆心，以 O_1A、O_2C、O_3B、O_4D 为半径画弧，完成作图。

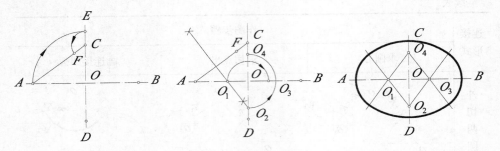

(a) 作椭圆长短轴及 F 点   (b) 作垂直平分线得圆心   (c) 作圆弧，完成作图

图 1-16　椭圆的近似画法——四心圆法

第五节　平面图形的分析和画法

平面图形一般由一个或多个封闭线框组成，这些封闭线框是由一些线段连接而成。因此，要想正确地绘制平面图形，首先必须对平面图形进行尺寸分析和线段分析。

一、尺寸分析

在进行尺寸分析时，首先要确定水平方向和垂直方向的尺寸基准，也就是标注尺寸的起点。对于平面图形而言，常用的基准是对称图形的对称线，较大的圆的中心线或图形的轮廓线。例如，图 1-17 中轮廓线 AC 和 AB 分别为水平和垂直方向的尺寸基准。

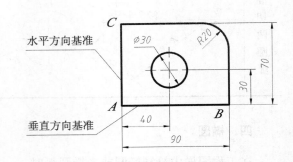

图 1-17　平面图形的尺寸分析

平面图形中的尺寸按其作用可以分为两大类：

(1) 定形尺寸：确定平面图形上几何元素的形状和大小的尺寸称为定形尺寸。例如，直线的长短，圆的直径、圆弧的半径等。如图 1-17 中的 90、70、R20 确定了外面线框的形状和大小，φ30 确定里面的线框的形状和大小，这些都是定形尺寸。

(2) 定位尺寸：确定平面图形上几何元素间相对位置的尺寸称为定位尺寸。例如，直线的位置，圆心的位置等。如图 1-17 中 40、30 确定了 φ30 的圆的圆心位置，是定位尺寸。

二、线段分析

如图 1-18（a）所示的平面图形为一手柄，其基准和定位尺寸如图中所示。平面图形中的线段根据所标注的尺寸可以分为以下三种：

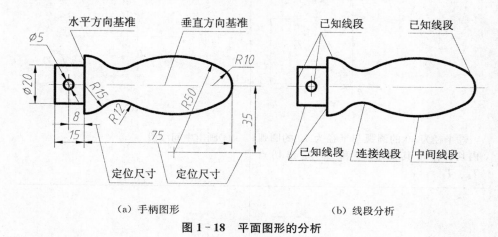

（a）手柄图形   （b）线段分析

图 1-18   平面图形的分析

（1）已知线段：注有完全的定形尺寸和定位尺寸，能直接按所注尺寸画出的线段。如图 1-18 中的直线段，$\phi 5$ 的圆，R15 和 R10 的圆弧。

（2）中间线段：只注出一个定形尺寸和一个定位尺寸，必须依靠与相邻的一段线段的连接关系才能画出的线段。如图 1-18 中的 R50 的圆弧。

（3）连接线段：只给出定形尺寸，没有定位尺寸，必须依靠与相邻的两段线段的连接关系才能画出的线段。如图 1-18 中的 R12 的圆弧。

三、作图步骤

根据上述对图形中的尺寸和线段分析，可以将平面图形的作图步骤归纳如表 1-11 所示。

表 1-11   手柄的作图步骤

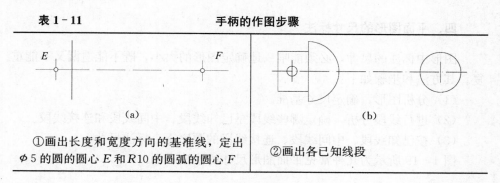

（a）	（b）
①画出长度和宽度方向的基准线，定出 $\phi 5$ 的圆的圆心 E 和 R10 的圆弧的圆心 F	②画出各已知线段

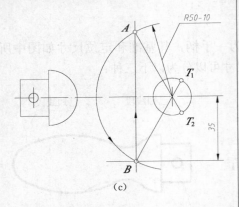

（c）

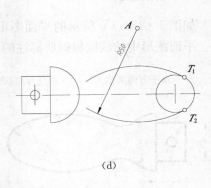

（d）

③半径为 50 的圆弧与半径为 10 的圆弧内切，作出其圆心 A 和 B，定出切点 T_1、T_2

④画出中间线段

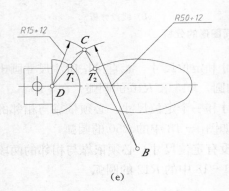

（e）

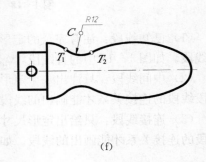

（f）

⑤半径为 12 的圆弧与半径为 15 和 50 的圆弧外切，作出其圆心 C 和切点 T_1、T_2

⑥画出连接线段，并整理加深

四、平面图形的尺寸标注

图形中标注的尺寸，必须能唯一地确定图形的大小，既不能遗漏又不能重复。其方法和步骤如下：

（1）分析图形，确定尺寸基准。

（2）进行线段分析，确定哪些线段是已知线段、中间线段和连接线段。

（3）按已知线段、中间线段、连接线段的顺序逐个标注尺寸。

图 1-19 所示为几种常见平面图形尺寸的注法示例。

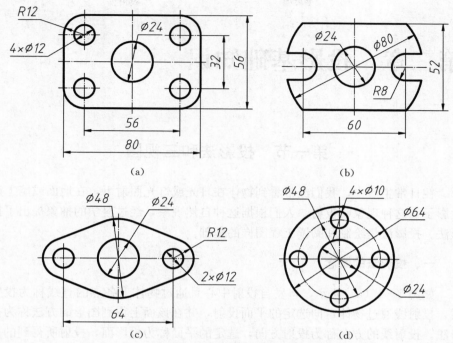

图 1-19　常见平面图形尺寸的注法举例

第二章　投影基础知识

第一节　投影法和三视图

在日常生活中，我们经常看到物体在日光或灯光照射下，在地面或墙上产生影子，这种现象叫投射。人们根据这种自然现象，经过科学的抽象提出了投影法。投影法是绘制和阅读工程图样的基础。

一、投影法的概念

如图 2-1（a）所示，将发自投射中心且通过物体上各点的直线称为投射线，投射线通过物体，向选定的平面投射，并在该面上得到图形的方法称为投影法。投射线的方向称为投射方向，选定的平面称为投影面，投射所得到的图形称为投影。

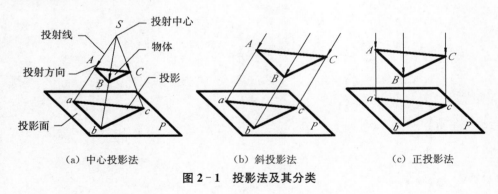

（a）中心投影法　　　　（b）斜投影法　　　　（c）正投影法

图 2-1　投影法及其分类

二、投影法的分类

根据投射线间的相对位置（平行或汇交），投影法可以分为中心投影法和平行投影法两大类。

（一）中心投影法

投射线汇交于一点的投影方法称为中心投影法，如图 2-1（a）所示。其中投射线的交点 S 称为投射中心。用中心投影法绘制的图形叫做中心投影图，如图 2-1（a）所示。

中心投影图的度量性较差，一般不反映物体的真实形状，而且投影的大小随投射中心、物体和投影面之间的相对位置的改变而改变，但它的立体感较强，主要用于绘制物体的透视图，特别是建筑物的透视图，如图 2－2（a）所示。

（二）平行投影法

投射线相互平行的投影法称为平行投影法。平行投影法又分为两类：

1. 斜投影法

投射方向倾斜于投影面的投影方法称为斜投影法，如图 2－1（b）所示。斜投影法主要用于绘制物体的轴测图，在工程上作为辅助图样来说明机器的安装、使用与维修等情况。其直观性较好，并具有一定的立体感，如图 2－2（a）所示。

2. 正投影法

投射方向垂直于投影面的投影方法称为正投影法，如图 2－1（c）所示。用正投影法绘制的图形称为正投影图，如图 2－2（c）所示。

正投影图的直观性不如中心投影图和轴测图，但它的可度量性非常好，当空间物体上某个面平行于投影面时，正投影图能反映该面的真实形状和大小，且作图简便。因此，国家标准中明确规定，机件的图样采用正投影法绘制。

在本书的后续章节中，如无特别说明，所提到的投影都是指正投影。

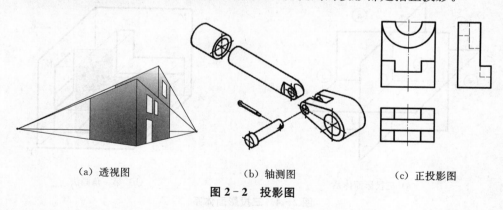

(a) 透视图　　　　　　　(b) 轴测图　　　　　　(c) 正投影图

图 2－2　投影图

三、三面投影体系和三视图

机械图样是按正投影法绘制的。但单面投影不能完全确定立体的空间形状，如图 2－3 所示。因此，为了清晰地反映立体的结构形状，工程上一般采用由多个单面投影所组成的多面正投影来表达立体。

1. 三面投影体系

如图 2－4（a）所示，由三个互相垂直的平面构成的投影面体系称为三投

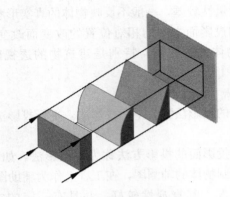

图 2 - 3　立体的单面投影

影面体系。正立放置的投影面称为正立投影面，简称正面，用 V 表示；水平
放置的投影面称为水平投影面，简称水平面，用 H 表示；侧立放置的投影面
称为侧立投影面，简称侧面，用 W 表示。投影面两两相交产生的交线 OX、
OY、OZ 称为投影轴。

　　三个投影面将空间分成八个角，我国国家标准规定机械图样采用第一角，
按正投影法绘制，如图 2 - 4（b）所示。

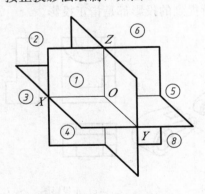

（a）三投影面体系

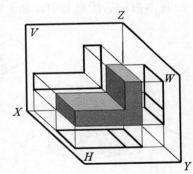

（b）第一角画法

图 2 - 4　三投影面体系

2. 三视图的形成

　　用正投影法绘制的图形称为视图。如图 2 - 5（a）所示，将物体置于第一
角内，分别向三个投影面投射，得到三个最基本的视图称为三视图。

　　主视图——由前向后投射，在 V 面上所得的视图；

　　俯视图——由上向下投射，在 H 面上所得的视图；

　　左视图——由左向右投射，在 W 面上所得的视图。

　　这样，从三个不同方向反映了物体的形状。国家标准规定：V 面不动，将

H 面绕 OX 轴向下旋转 90°，W 面绕 OZ 轴向右旋转 90°，使 H、V、W 三个投影面共面，如图 2-5（b）所示；投影面边框和投影轴可省略不画，如图 2-5（c）所示。

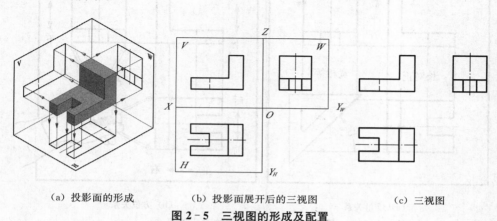

（a）投影面的形成　　　　（b）投影面展开后的三视图　　　　（c）三视图

图 2-5　三视图的形成及配置

3. 三视图的投影特性

（1）度量对应关系。由图 2-5 可看出，三视图间的度量关系为：

主视图和俯视图长度相等且对正——长对正；

主视图和左视图高度相等且平齐——高平齐；

左视图和俯视图宽度相等且对应——宽相等。

"长对正、高平齐、宽相等"的投影对应关系，简称"三等"关系，是三视图的重要特性，也是画图和读图的依据。在画图时，各视图无论在整体上，还是各个相应部分都必须满足这一投影对应关系，如图 2-6 所示。"宽相等"可作 45°辅助线，也可用圆规直接量取。

（2）方位对应关系。物体有上、下、左、右、前、后六个方位，在三视图中的对应关系，如图 2-6（b）所示。

主视图反映物体的上、下和左、右方位；

俯视图反映物体的前、后和左、右方位；

左视图反映物体的上、下和前、后方位。

需要特别注意俯视图与左视图的前后对应关系。若以主视图为中心来看，俯、左视图中靠近主视图一侧表示物体后面，远离主视图一侧表示物体前面。

27

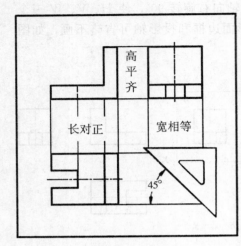
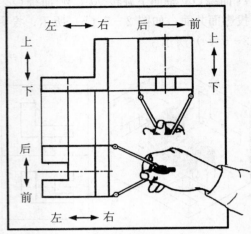

(a) 度量关系   (b) 方位关系

图 2－6   三视图之间的对应关系

第二节　点的投影

一、点的投影图

如图 2－7（a）所示，在三投影面体系中，设有一空间点 A，自 A 分别作垂直于 H、V、W 面的投射线，得交点 a、a'、a''，则 a、a'、a'' 分别称为点 A 的水平投影、正面投影、侧面投影。

在投影法中规定，凡空间点用大写字母表示，其水平投影用相应的小写字母表示，正面投影和侧面投影分别在相应的小写字母上加"'"和"''"。

为了使点的三面投影画在同一图面上，规定 V 面不动，将 H 面绕 OX 轴向下旋转 $90°$，将 W 面绕 OZ 轴向右旋转 $90°$，使 H、V、W 三个投影面共面。画图时一般不画出投影面的边界线，也不标出投影面的名称，则得到点的三面投影图，如图 2－7（b）所示。

二、点的投影特性

通过对图 2－7（a）中点的投影分析，可以概括出点的三面投影特性：

（1）投影连线垂直投影轴。

点的正面投影 a' 与水平投影 a 的连线垂直于投影轴 OX，即 $a'a \perp OX$。

点的正面投影 a' 与侧面投影 a'' 的连线垂直于投影轴 OZ，即 $a'a'' \perp OZ$。

（2）点的投影到各投影轴的距离．等于空间点到相应投影面的距离。即

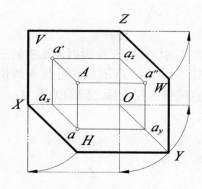
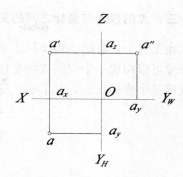

(a) 点的三面投影   (b) 点的投影图

图 2 - 7　点的投影

$$a'a_x = a''a_y = 点\ A\ 到\ H\ 面的距离$$
$$aa_x = a''a_z = 点\ A\ 到\ V\ 面的距离$$
$$aa_y = a'a_x = 点\ A\ 到\ W\ 面的距离$$

根据上述点的投影特性，在点的三面投影中，只要知道其中任意两个面的投影就可求出点的第三投影。

【例 2 - 1】如图 2 - 8 (a) 所示，已知点 A 的正面投影和水平投影，求其侧面投影。

解：由点的投影规律可知，$a'a'' \perp OZ$，且 $a''a_z = aa_x$，则其作图步骤为：

①过原点 O 作 45°辅助线。

②过 a' 作水平线，与 OZ 轴交于 a_z。

③过 a 作水平线与 45°辅助线相交，过其交点作垂直线与过 a' 的水平线交于 a''。也可以在过 a' 的水平线上直接量取 $a''a_z = aa_x$。

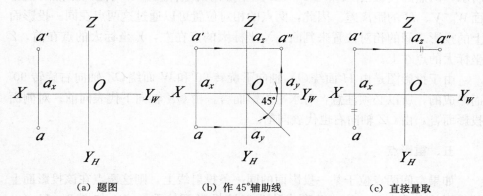

(a) 题图   (b) 作 45°辅助线   (c) 直接量取

图 2 - 8　已知点的两个投影求第三投影

29

三、点的投影与坐标之间的关系

在工程上，有时也用坐标法来确定点的空间位置，三投影面体系中的三根投影轴可以构成一个空间直角坐标系。如图 2-9（a）所示，空间点 A 的位置可以用三个坐标（x_A，y_A，z_A）表示，则点的投影与坐标之间的关系为：

$$aa_y = a'a_z = x_A$$
$$aa_x = a''a_z = y_A$$
$$a'a_x = a''a_y = z_A$$

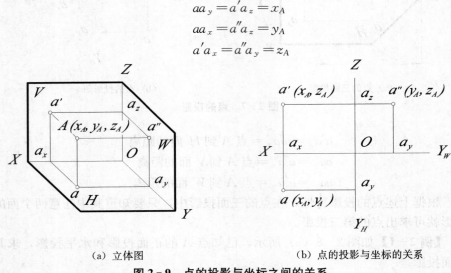

（a）立体图　　　　　　　　　　　　（b）点的投影与坐标的关系

图 2-9　点的投影与坐标之间的关系

四、两点的相对位置

两点的相对位置是指空间两点的上下、左右、前后位置关系。如图 2-10 所示，两点的投影沿 OX、OY、OZ 三个方向的坐标差，即为这两个点对投影面 W、V、H 的距离差。因此，两点的相对位置可以通过这两点在同一投影面上的投影之间的相对位置来判断。X 坐标大的点在左，Y 坐标大的点在前，Z 坐标大的点在上。

由于投影图是由 H 面绕 OX 轴向下旋转 $90°$ 和 W 面绕 OZ 轴向右旋转 $90°$ 而形成的，所以必须注意：对水平投影而言，由 OX 轴向下代表向前；对侧面投影而言，由 OZ 轴向右也代表向前。

五、重影点

如果空间两点位于某一投影面的同一条投射线上，则这两点在该投影面上的投影就会重合于一点，此两点称为对该投影面的重影点。如图 2-11（a）所示，A、B 两点的正面投影重合为一点，则称 A、B 两点为对 V 面的重影点。

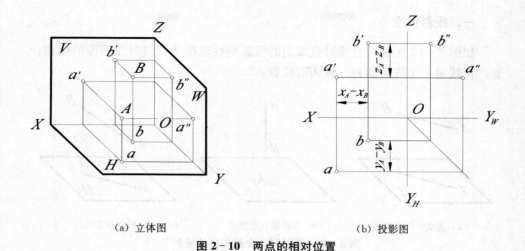

(a) 立体图   (b) 投影图

图 2-10　两点的相对位置

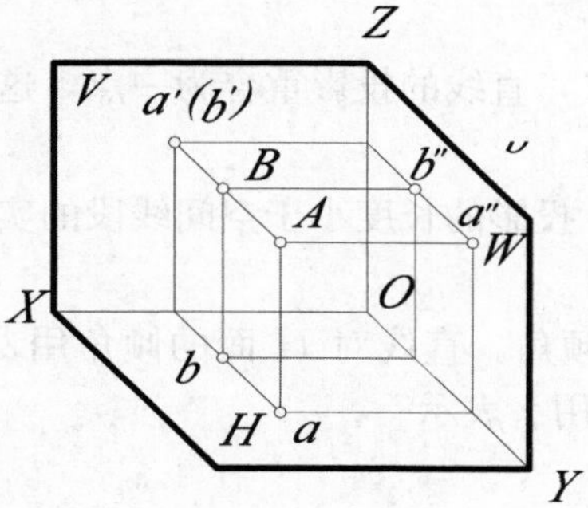

(a) 立体图 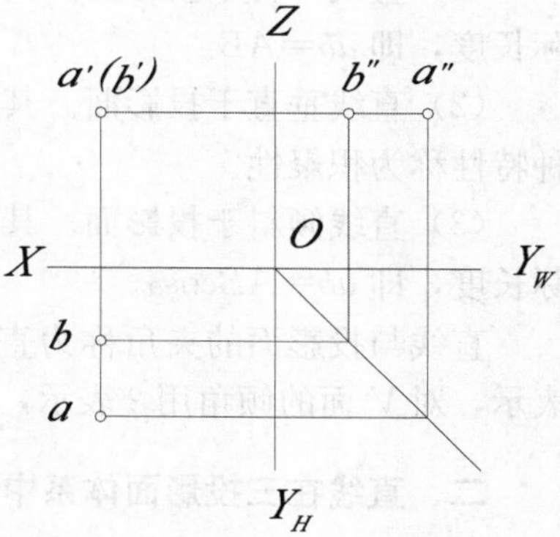   (b) 投影图

图 2-11　重影点

由于空间点的相对位置，重影点在某个投影面的重合投影存在一个可见性问题，沿投射方向进行观察，看到者为可见，被遮挡者为不可见。为了表示点的可见性，可在不可见点的投影上加括号，如图 2-11（b）所示。

第三节　直线的投影

直线的空间位置可由直线上两点确定。因此，直线的投影可由直线上两点在同一个投影面上的投影（同名投影）相连而得。

一、投影特性

如图 2-12 所示，直线对投影面的投影特性取决于直线对投影面的相对位置，直线对一个投影面有三种相对位置：

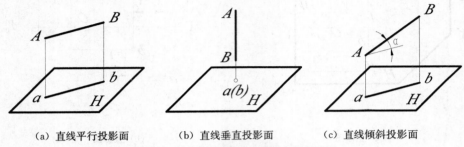

（a）直线平行投影面　　　（b）直线垂直投影面　　　（c）直线倾斜投影面

图 2-12　直线对一个投影面的投影

（1）直线平行于投影面。其投影仍为直线，投影的长度反映空间线段的实际长度，即 $ab=AB$。

（2）直线垂直于投影面。其投影重合为一点，直线的投影重合为一点，这种特性称为积聚性。

（3）直线倾斜于投影面。其投影仍为直线，投影的长度小于空间线段的实际长度，即 $ab=AB\cos\alpha$。

直线与投影面的夹角称为直线对投影面的倾角。直线对 H 面的倾角用 α 表示，对 V 面的倾角用 β 表示，对 W 面的倾角用 γ 表示。

二、直线在三投影面体系中的投影特性

在三投影面体系中，根据直线与三投影面之间的相对位置，可将直线分为一般位置直线和特殊位置直线两类，其中特殊位置直线又可分为投影面平行线和投影面垂直线。各种位置直线的立体图、投影图及其投影特性见表 2-1。

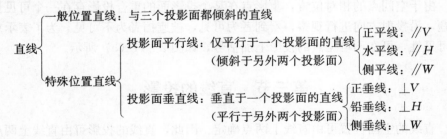

表 2 - 1　　　　　　　　　　各种位置直线的投影特性

名称	立体图	投影图
一般位置直线		
	投影特性：①三面投影都为直线，且都倾斜于投影轴 ②三面投影都不反映实长 ③三面投影与投影轴的夹角都不反映空间线段对投影面的真实倾角	
投影面平行线　正平线		
	投影特性：①$a'b'=AB$，即正面投影反映实长 ②$a'b'$与OX、OZ轴的夹角反映AB对H面、W面的真实倾角α、γ ③$ab /\!/ OX$，$a''b'' /\!/ OZ$	
水平线		
	投影特性：①$ab=AB$，即水平投影反映实长 ②ab与OX、OY_H轴的夹角反映AB对V面、W面的真实倾角β、γ ③$a'b' /\!/ OX$，$a''b'' /\!/ OY_W$	

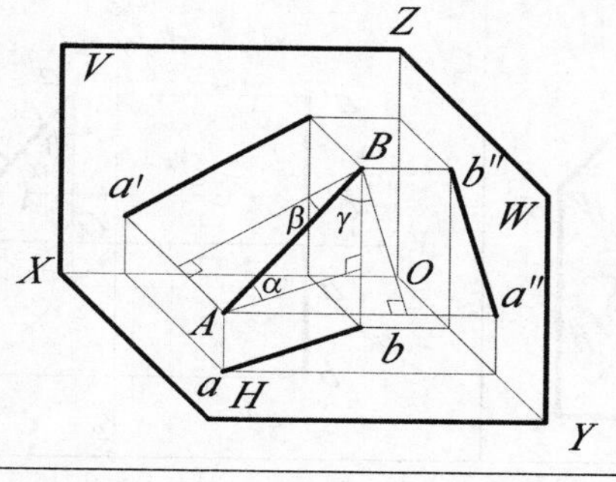

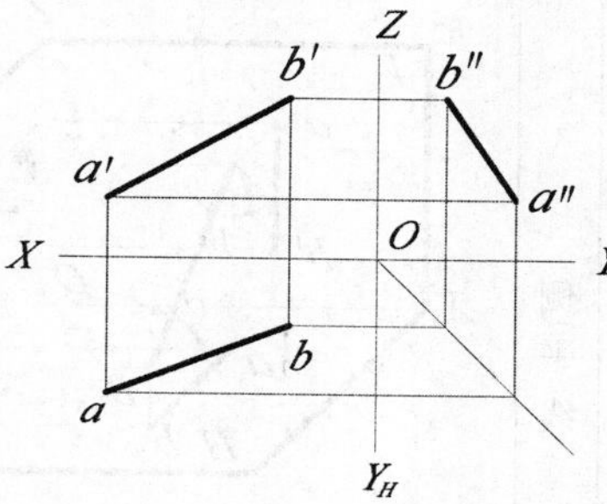

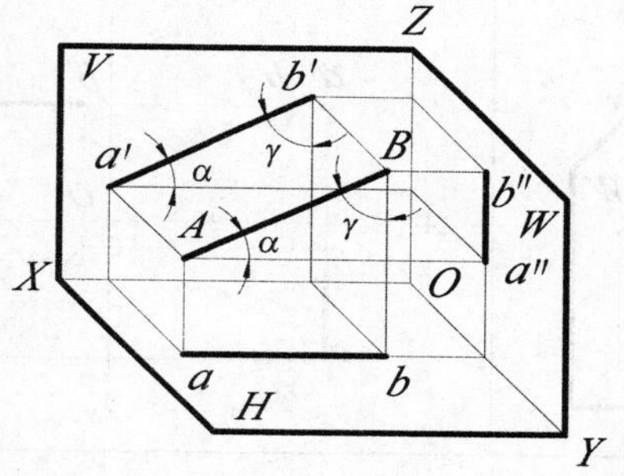

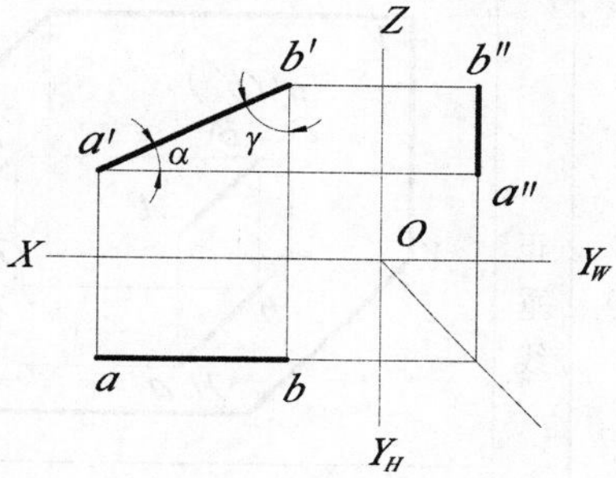

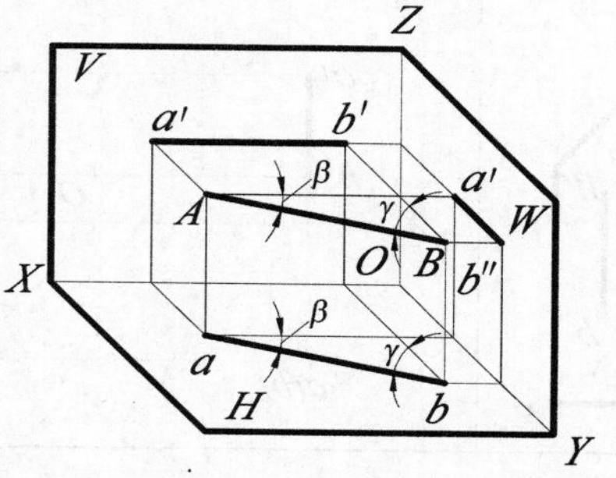

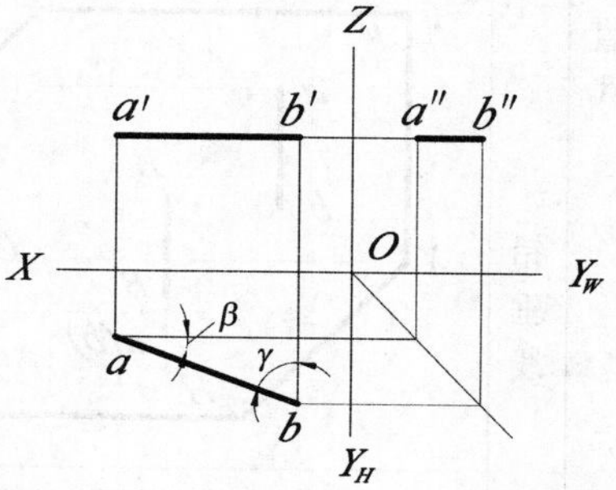

33

名称		立体图	投影图
投影面平行线	侧平线		

投影特性：①$a''b''=AB$，即侧面投影反映实长
②$a''b''$与OY_W、OZ轴的夹角反映AB对H面、V面的真实倾角α、β
③$a'b'//OZ$，$ab//OY_H$。

| 投影面垂直线 | 正垂线 | | |

投影特性：①正面投影$a'b'$积聚为一点
②$ab=a''b''=AB$，反映实长
③$ab\perp OX$，$a''b''\perp OZ$

| | 铅垂线 | | |

投影特性：①水平投影ab积聚成一点
②$a'b'=a''b''=AB$，反映实长
③$a'b'\perp OX$，$a''b''\perp OY_W$

续表2

名称		立体图	投影图
投影面垂直线	侧垂线	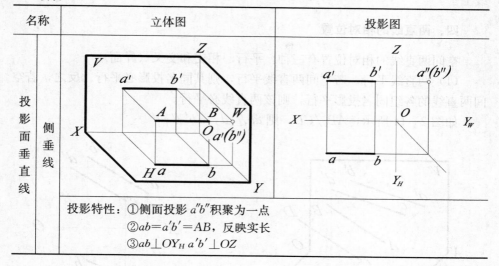	
		投影特性：①侧面投影 $a''b''$ 积聚为一点 ②$ab=a'b'=AB$，反映实长 ③$ab \perp OY_H$ $a'b' \perp OZ$	

三、直线上的点

当点位于直线上时，如图 2-13 所示，根据平行投影的性质，该点具有两个性质：

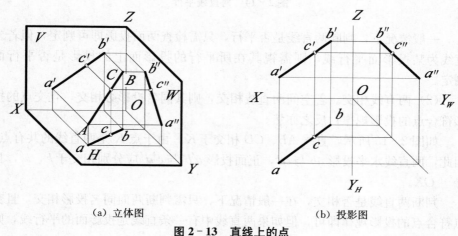

（a）立体图　　　　　　　　　（b）投影图

图 2-13　直线上的点

（1）若点在直线上，则点的投影必在直线的同名投影上；反之亦然。

（2）若点在直线上，则点分线段之比，在其各投影上保持不变；反之亦然。即：

$$ac : cb = a'c' : c'b' = a''c'' : c''b'' = AC : CB$$

利用直线上点的这两个性质，可以求直线上点的投影或判断点是否在直线上。

四、两直线的相对位置

空间两直线的相对位置有三种：平行、相交和交叉（异面）。

（1）两直线平行。若空间两直线平行，则其同名投影必平行。反之，若空间两直线的各组同名投影平行，则该两直线必平行。

如图 2-14 所示，$AB//CD$，则 $ab//cd$，$a'b'//c'd'$。

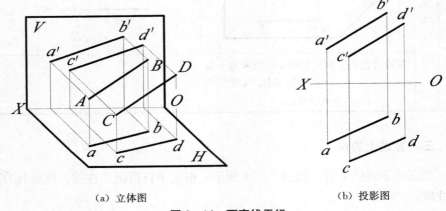

（a）立体图　　　　　　　　　　　　　　　（b）投影图

图 2-14　两直线平行

一般情况下，判断两直线是否平行，只需检查两面投影即可判定，但若二直线为某投影面平行线，则需视其在所平行的投影面上的投影是否平行而判定。

（2）两直线相交。若空间两直线相交，则其同名投影必相交，且交点的投影符合点的投影规律；反之亦然。

如图 2-15 所示，直线 AB、CD 相交于 K，由于点 K 是两直线的共有点，因此，两直线水平投影 ab 与 cd，正面投影 $a'b'$ 与 $c'd'$ 应分别相交于 k，k'，且 $kk' \perp OX$。

判断两直线是否相交，在一般情况下，只需判断两面同名投影相交，且交点符合点的投影规律即可，但如果两直线中有一条直线是投影面的平行线，则需进一步判断。

（3）两直线交叉。既不平行又不相交的两直线称为交叉两直线。在投影图上，若二直线的各同名投影既不具有平行二直线的投影性质，又不具有相交二直线的投影性质，即可判定为交叉二直线。

交叉两直线可能有一个或两个投影平行，但不会有三个同名投影平行。交叉两直线的同名投影也可能会相交，但它们的交点不符合点的投影规律，交点

36

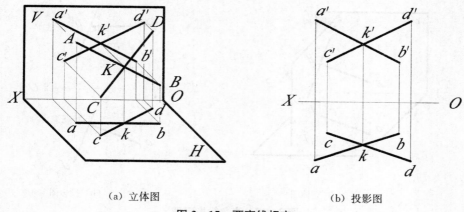

（a）立体图 　　　　　　　　　　 （b）投影图

图 2 - 15　两直线相交

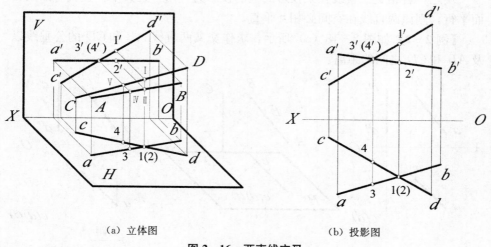

（a）立体图 　　　　　　　　　　 （b）投影图

图 2 - 16　两直线交叉

实际上是两直线上对投影面的一对重影点的投影。如图 2 - 16 所示，直线 AB 和 CD 的水平投影的交点是直线 CD 上的点 I 和 AB 上的点 II （对 H 面的重影点）的水平投影，直线 AB 和 CD 的正面投影的交点是直线 AB 上的点 III 和 CD 上的点 V （对 V 面的重影点）的正面投影。

五、直角投影定理

空间两直线成直角（相交或交叉），若两边都与某一投影面倾斜，则在该投影面内的投影不是直角；若其中一边平行于某投影面，则在该投影面上的投影仍是直角。如图 2 - 17 所示。

37

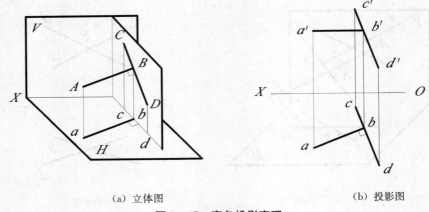

(a) 立体图   (b) 投影图

图 2-17　直角投影定理

反之，若相交二直线在某投影面上的投影为直角，且其中一直线与该投影面平行，则该两直线在空间必相互垂直。

【例 2-2】如图 2-18（a）所示，求作交叉两直线 AB 和 CD 的公垂线以及 AB 和 CD 之间的距离。

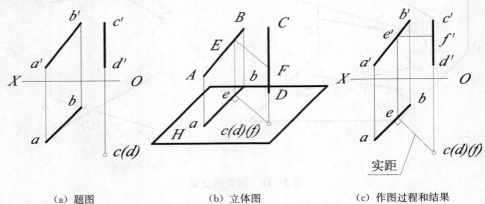

(a) 题图   (b) 立体图   (c) 作图过程和结果

图 2-18　求直线 AB 和 CD 之间的距离

解：直线 AB 和 CD 的公垂线，是与 AB 和 CD 都垂直相交的直线。设垂足分别为 E 和 F，则 EF 的实长即为两交叉直线 AB 和 CD 之间的距离。

因为 $CD \perp H$，$EF \perp CD$，所以 $EF /\!/ H$，并且垂足 F 的水平投影应与 CD 在水平面的积聚性投影重合。根据直角投影定理，AB 与 EF 在 H 面的投影仍为直角，即 $ef \perp ab$。又由于 $EF /\!/ H$，则 ef 即为 EF 的实长，即为 AB 和 CD 之间的距离。

作图步骤：

①过 CD 的积聚性投影作 $ef \perp ab$，与 ab 交于 e。

38

②由 e 作 OX 轴的垂直线，交 $a'b'$ 于 e'。

③过 e' 作 $e'f' // OX$，交 $c'd'$ 于 f'。则 $e'f'$、ef 即为公垂线 EF 的两面投影，ef 即为 AB 和 CD 之间的距离。

第四节　平面的投影

一、投影特性

平面对一个投影面的投影特性取决于平面对投影面的相对位置，平面对一个投影面有三种相对位置：

1. 平面垂直于投影面

平面垂直于投影面，其投影积聚成一条直线，平面上所有的几何元素在该面上的投影都重合在这条直线上。这种投影特性称为积聚性，如图 2－19（a）所示。

2. 平面平行于投影面

平面平行于投影面，其投影反映该平面的实形，这种投影特性称为实形性，如图 2－19（b）所示。

3. 平面倾斜于投影面

平面倾斜于投影面，其投影不反映该平面的实形，但形状与该面是类似的，这种投影特性称为类似性，如图 2－19（c）所示。

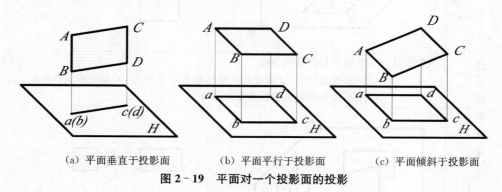

（a）平面垂直于投影面　　　（b）平面平行于投影面　　　（c）平面倾斜于投影面

图 2－19　平面对一个投影面的投影

二、平面对投影面的倾角

空间平面与投影面之间的夹角称为平面对投影面的倾角。平面对 H 面的倾角用 α 表示，平面对 V 面的倾角用 β 表示，平面对 W 面的倾角用 γ 表示。

三、平面在三投影面体系中的投影特性

在三投影面体系中，根据平面与三投影面之间的相对位置，可将平面分为一般位置平面和特殊位置平面两类，其中特殊位置平面又可分为投影面平行面和投影面垂直面。各种位置平面的立体图、投影图及其投影特性见表 2-2。

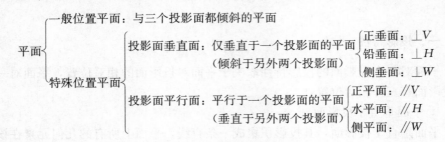

表 2-2 各种位置平面的投影特性

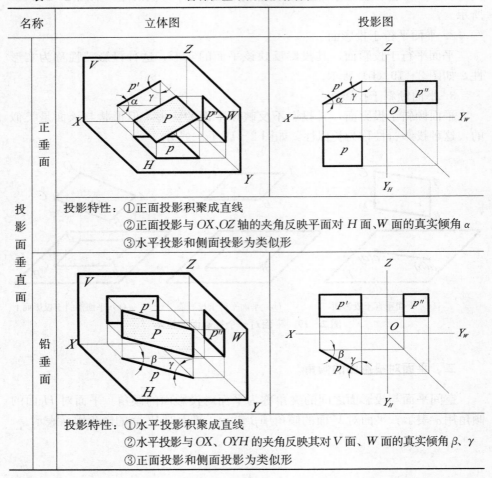

名称	立体图	投影图

正垂面 投影特性：①正面投影积聚成直线
②正面投影与 OX、OZ 轴的夹角反映平面对 H 面、W 面的真实倾角 α
③水平投影和侧面投影为类似形

铅垂面 投影特性：①水平投影积聚成直线
②水平投影与 OX、OYH 的夹角反映其对 V 面、W 面的真实倾角 β、γ
③正面投影和侧面投影为类似形

续表1

名称		立体图	投影图
投影面垂直面	侧垂面	投影特性：①侧面投影积聚成直线 ②侧面投影与 OY_W、OZ 轴的夹角反映其对 H 面、V 面的真实倾角 α、β ③水平投影和正面投影为类似形	
投影面平行面	正平面	投影特性：①正面投影反映实形 ②水平投影和侧面投影积聚成直线，并分别平行于 OX、OZ 轴	
	水平面	投影特性：①水平投影反映实形 ②正面投影和侧面投影积聚成直线，并分别平行于 OX、OY_W 轴	

名称	立体图	投影图
投影面平行线 · 侧平面	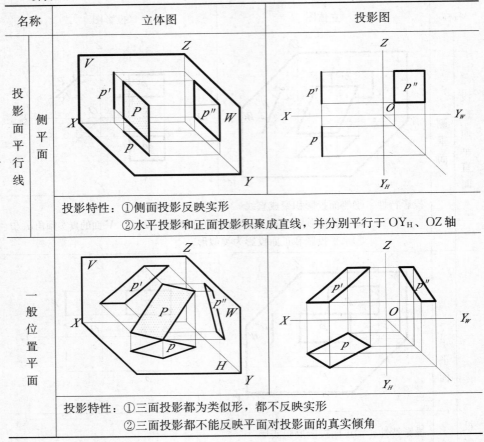	
	投影特性：①侧面投影反映实形 ②水平投影和正面投影积聚成直线，并分别平行于 OYₕ、OZ 轴	
一般位置平面		
	投影特性：①三面投影都为类似形，都不反映实形 ②三面投影都不能反映平面对投影面的真实倾角	

四、平面内的直线与点

1. 平面内取直线

直线在平面内必须具备下列条件之一：

（1）直线通过平面内的两点。

（2）直线通过平面内的一点且平行于平面内的另一直线。

依此条件，在平面内取直线，可在平面内取二已知点连线，或取一已知点，过该点作平面内已知直线的平行线，如图 2-20 所示。

2. 平面内取点

点在平面上，必在平面内的某条直线上。因此，在平面内取点，必须在平面内的已知直线上取。

【例 2-3】如图 2-21 所示，平面由 $\triangle ABC$ 给出，已知其两面投影，试在平面内取一点 K，使其距 H 面和 V 面的距离分别为 16mm 和 20mm。

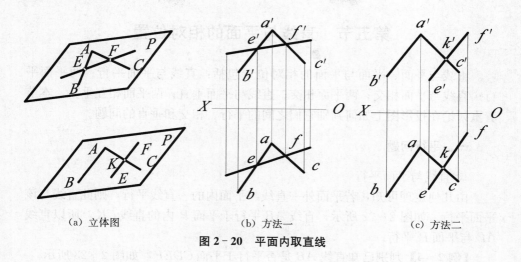

(a) 立体图　　　　　　　(b) 方法一　　　　　　　(c) 方法二

图 2-20　平面内取直线

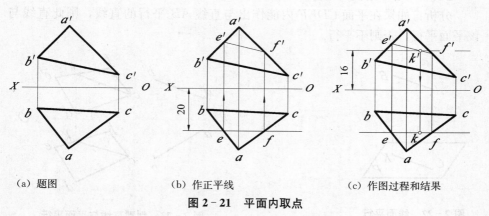

(a) 题图　　　　　　　(b) 作正平线　　　　　　(c) 作图过程和结果

图 2-21　平面内取点

解：平面内距 H 面为 16mm 的点应在平面内距 H 面为 16mm 的水平线上，平面内距 V 面为 20mm 的点应在平面内距 V 面为 20mm 的正平线上。因此，可先作距 H 面和 V 面的距离分别为 16mm 和 20mm 水平线和正平线。其作图步骤为：

(1) 在 H 面内作与 OX 轴平行且相距为 20mm 的直线，与 ab 和 ac 分别交于 e，f。

(2) 过 e、f 分别作 OX 轴的垂线与 $a'b'$、$a'c'$ 交于 e' 和 f'，连接 $e'f'$。

(3) 在 V 面内，作与 OX 轴平行且相距为 16mm 的直线。与 $e'f'$ 交于 k'。过 k' 作 OX 轴的垂线与 ef 交于 k，则 K 即为所求。

第五节　直线与平面的相对位置

直线与平面、平面与平面的相对位置包括：直线与平面平行；两平面平行；直线与平面相交；两平面相交；直线与平面垂直；两平面相互垂直。本节着重讨论在投影图上如何判别它们之间的平行、相交和垂直的问题。

一、平行问题

1. 直线与平面平行

由几何定理可知，若平面外一直线与平面内的一直线平行，则此直线与该平面平行。如图 2 - 22 所示，直线 AB 平行于平面 P 内的直线 CK，所以直线 AB 与平面 P 平行。

【例 2 - 4】判别已知直线 AB 是否平行于平面 $CDEF$，如图 2 - 23 所示。

分析：如果在平面 $CDEF$ 内能作出与直线 AB 平行的直线，则此直线与该平面平行，否则不平行。

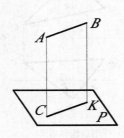

图 2 - 22　线面平行

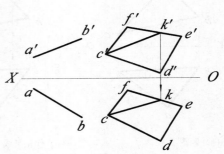

图 2 - 23　判别直线与平面平行

作图：在正面投影中，作平面 $CDEF$ 内的一条辅助线 CK，使 $c'k' /\!/ a'b'$，再作出 CK 的水平投影 ck，从图中判别 ck 与 ab 不平行，所以 CK 不平行 AB，说明平面内没有与 AB 平行的直线，故直线 AB 与已知平面 $CDEF$ 不平行。

2. 两平面平行

由几何定理可知，如果一个平面内的相交两直线与另一个平面内的相交两直线对应平行，则此两平面相互平行。如图 2 - 24 所示，平面 P 内的相交两直线 AB、CD 与平面 Q 内的相交两直线 EF、GH 对应平行，则两平面 P、Q 相互平行。

【例 2 - 5】过点 K 作一平面平行于 $\triangle ABC$，如图

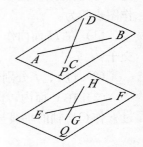

图 2 - 24　两平面平行

44

2-25 所示。

分析：过点 K 作两相交直线，对应平行于△ABC 内的两相交直线，由此相交两直线所决定的平面必平行于△ABC。

作图：过点 K 作 KN∥BC；KM∥AB，即作 $k'n'$∥$b'c'$，kn∥bc；$k'm'$∥$a'b'$，km∥ab，则由相交两直线 KN、KM 所决定的平面即为所求。

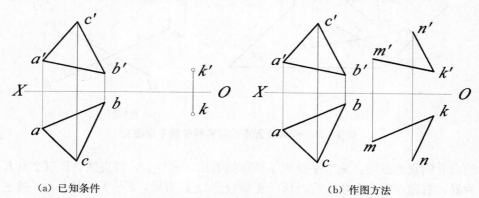

（a）已知条件　　　　　　　　　（b）作图方法

图 2-25　过已知点作已知平面的平行面

二、相交问题

直线与平面不平行则必相交，其交点是直线与平面的共有点，该点既在直线上又在平面内，且只有一个。

两平面不平行则必相交，其交线为两平面的共有线。两平面相交求交线的问题，就是研究如何确定它们的两个共有点的问题。

1. 直线与特殊位置平面相交

因特殊位置平面的投影具有积聚性，利用交点是直线和平面的共有点的性质，可以在平面有积聚性的投影上直接得出交点。如图 2-26（a）所示，直线 AB 与铅垂面 CDE 相交，△CDE 的水平投影 cde 积聚为一条直线，交点 K 是平面和直线的共有点，其水平投影既在 cde 上又在直线 AB 的水平投影 ab 上，所以 cde 和 ab 的交点 k 即为交点 K 的水平投影。再根据 k，在 $a'b'$ 上求得 k'，则点 K（k'、k）即为所求。

当直线和平面相交时，如其投影重叠，则平面在交点处把直线分成两部分，以交点为界，直线的一部分为可见，另一部分被平面所遮盖为不可见。由于交点为可见与不可见的分界点，在求出交点后，还应该判别可见性，为使图形清晰，规定不可见部分用虚线表示。

可见性可以利用重影点进行判别，如图 2-26（b）所示，正面投影 $a'b'$ 与 $c'e'$ 的交点为两点的重影点，此重影点分别为直线 AB 上的点 I 和直线 CE 上

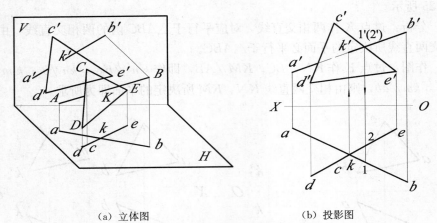

（a）立体图　　　　　　　　（b）投影图

图 2 - 26　一般位置直线与特殊位置平面相交

的点Ⅱ的正面投影，从水平投影 y 坐标值看出，$y_1 > y_2$，即直线 AB 以交点 K 为界，右段在前，左段在后，所以正面投影以 k' 为界，$k'b'$ 为可见，$k'a'$ 被三角形遮盖部分为不可见，用虚线表示。判别某个投影的可见性时，可在该投影图上任取一个重影点进行判别。

2. 一般位置平面与特殊位置平面相交

如图 2 - 27（a）所示，一般位置平面 ABC 与铅垂面 Q 相交。按直线与特殊位置平面交点的求法，只要求出直线 AB、AC 与平面 Q 的交点即可。平面 Q 的水平投影积聚为一直线 Q_H，ab 和 ac 与 Q_H 的交点 m 和 n 分别为直线 AB、AC 与平面 Q 的交点 M、N 的水平投影，再求出正面投影 m'、n'。则 MN（$m'n'$、mn）即为所求，如图 2 - 27（b）所示。

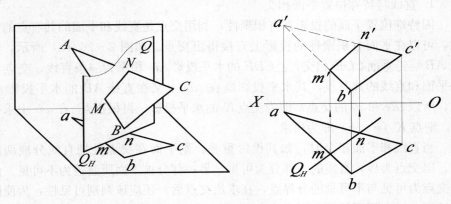

（a）立体图　　　　　　　　（b）投影图

图 2 - 27　一般位置平面与特殊位置平面相交

两平面相交，其投影的重叠部分有可见与不可见之分。对同一平面而言，交线为可见与不可见的分界线，交线的一侧可见，另一侧则不可见。在交线的同一侧，两平面投影的重叠部分必定是一个平面的投影可见，另一个平面的投影不可见。在求出交线后，应该判别可见性，不可见部分用虚线表示。

　　如图 2-27（b）所示，在水平投影中，平面 Q 具有积聚性，除交线外无投影重叠，不会产生遮挡现象。而在正面投影上，平面 Q 无积聚性，投影有重叠，从两平面水平投影的前后位置可以直接看出，平面 ABC 被交线 MN 分成两个部分，$MNCB$ 在平面 Q 的前方，故其正面投影 $m'n'c'b'$ 可见，则 $a'm'n'$ 不可见，画成虚线。

第三章　立体及其表面交线

　　机器零部件及设备，虽然形状多种多样，但都可以看做由基本几何形体所组成的。如图 3-1 所示的六角头螺栓的毛坯即是由六棱柱、圆柱及圆锥台所组成。因此掌握基本几何形体的投影特性以及其表面交线，是画图和看图的重要基础。

　　基本几何形体可分为平面立体和曲面立体两大类。平面立体则是由平面所围成，如棱柱体、棱锥体；曲面立体则是由曲面或曲面和平面所围成，如圆柱体、圆锥体、球体等。

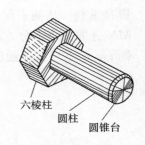

六棱柱
圆柱
圆锥台

图 3-1　六角头螺栓

第一节　平面立体

　　平面立体是由若干平面多边形所围成的几何体，各表面的交线称为平面立体的棱线，棱线的交点称为平面立体的顶点。如图 3-2 所示，围成平面立体的各平面多边形是由棱线所围成，而每条棱线可由其两顶点确定。因此画平面立体的投影就是画平面立体各表面多边形的投影，即画出平面立体各棱线和顶点的投影，并将可见棱线的投影画成粗实线，不可见棱线的投影不画或者画成虚线。

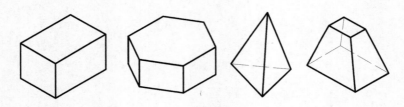

图 3-2　平面立体

一、棱柱的投影

　　棱柱由两个底面和若干个侧棱面组成，棱柱的特点是各侧棱线相互平行，上、下底面相互平行。棱柱体按侧棱线的数目分为三棱柱、四棱柱、五棱柱、六棱柱等。侧棱线与底面垂直的棱柱称为直棱柱，侧棱线与底面倾斜的棱柱称为斜棱柱，上下底面均为正多边形的直棱柱称为正棱柱。现以正六棱柱为例说明棱柱的投影特性。

如图 3-3（a）所示，正六棱柱是由上、下底面和六个侧棱面所围成。上、下底面为水平面，其水平投影反映实形并重合。正面投影和侧面投影积聚成平行于相应投影轴的直线，六个侧棱面中，前、后两个棱面为正平面，它们的正面投影反映实形并重合，水平投影和侧面投影积聚成平行于相应投影轴的直线；其余四个棱面均为铅垂面，其水平投影分别积聚成倾斜直线，正面投影和侧面投影都是缩小的类似形（矩形）。将其上、下底面及六个侧面的投影画出后，即得正六棱柱的三面投影图，如图 3-3（b）所示。

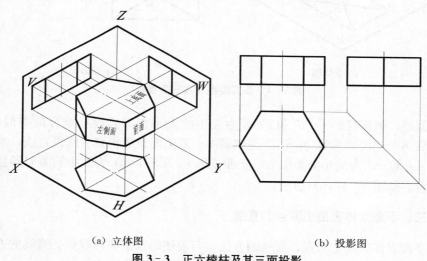

（a）立体图　　　　　　　　　　　　　（b）投影图

图 3-3　正六棱柱及其三面投影

二、棱锥的投影

棱锥由一个多边形底面和若干个具有公共顶点的三角形组成，即各侧棱线交汇于一点，该点称为锥顶，从锥顶到底面的距离称为棱锥的高。按侧棱线的数目棱锥也有三棱锥、四棱锥、五棱锥、六棱锥等。底面为正多边形，各侧棱面为等腰三角形的棱锥称为正棱锥。如图 3-4（a）所示的四棱锥，$ABCD$ 为底面，SA、SB、SC，SD 为棱线，S 为锥顶。现以该四棱锥为例，说明棱锥体的投影特性。

四棱锥的底面 $ABCD$ 为水平面，其水平投影反映实形，正面投影和侧面投影积聚成平行相应投影轴的直线。左、右两个侧棱面 SAD 和 SBC 是正垂面，其正面投影分别积聚为两段直线，水平投影 sad 和 sbc 为缩小且大小相等

49

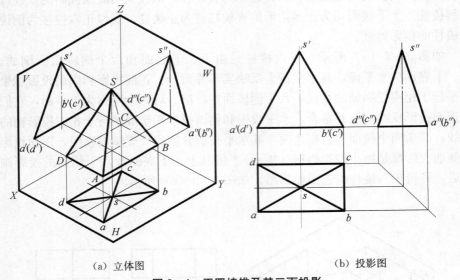

(a) 立体图　　　　　　　　　　　　　　（b) 投影图

图 3-4　正四棱锥及其三面投影

的类似形，侧面投影 $s''a''d''$ 和 $s''b''c''$ 为缩小的大小相等且投影重合的类似形。前、后两个侧棱面 SAB 和 SCD 是侧垂面，其侧面投影积聚为两段直线，水平投影 sab 和 scd 为缩小的类似形，正面投影 $s'a'b'$ 和 $s'c'd'$ 为缩小的类似形且投影重合。如图 3-4（b）所示。

三、平面立体表面上取点和直线

平面立体表面上取点、直线的方法，与前述的在平面内取点、直线的方法相同。下面举例说明在平面立体表面上取点、直线的作图方法。

【例 3-1】 如图 3-5（a）所示，已知正五棱柱棱面上点 M 和点 N 的正面投影 m' 和（n'），求作其水平投影和侧面投影，并判断可见性。

分析：由于点 M 的正面投影 m' 为可见，所以点 M 在可见的棱面 AA_1B_1B 上，棱面 AA_1B_1B 为铅垂面，该棱面的水平投影积聚成一直线，点 M 的水平投影必在该直线上，求出 m 后，根据投影关系求出 m''。点 N 的正面投影（n'）为不可见，则点 N 在不可见的棱面 DD_1E_1E 上，同理可求出点 N 的其他两个投影。

作图：过 m' 向水平投影面作投影连线与棱面 AA_1B_1B 的水平投影相交于点 m，按点的投影规律，由 m' 和 m 求作 m''；同理作出点 N 水平投影 n 和侧面投影 n''。

判断可见性：若点所在平面的投影可见或具有积聚性，则点的同名投影可见；若点所在平面的投影不可见，则点的同名投影不可见。根据上述判断可见

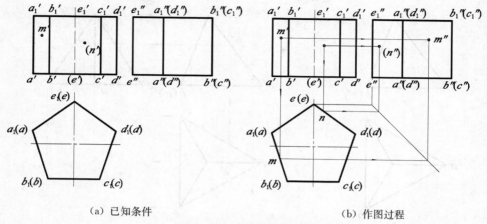

(a) 已知条件   (b) 作图过程

图 3-5　五棱柱表面上取点

性的原则，点 M 的水平投影 m 和侧面投影 m'' 均可见；点 N 的水平投影可见，点 N 的侧面投影不可见，用 (n'') 表示。

【例 3-2】如图 3-6（a）所示，已知正三棱锥及其点 P 和点 M 的正面投影和水平投影，求正三棱锥的侧面投影及点 P 与点 M 的水平投影和侧面投影。

分析：由图 3-6（a）可知，正三棱锥的底面 ABC 为水平面，棱面 SAB 和 SAC 为一般位置平面，棱面 SBC 为正垂面，三个侧棱面的侧面投影均反映类似形。点 P 是正三棱锥棱线 SA 上的点，利用点在线上的投影特性即可求出点 P 的水平投影和侧面投影。从图 3-6（a）可知，点 M 的正面投影 m' 可见，说明点 M 在棱面 SAB 上，点 M 的其余两个投影可利用面上取点法求之。

作图：首先画出底面△ABC 的侧面投影 $a''b''c''$，然后作出锥顶 S 的侧面投影 s''，将 s'' 与 a''、b''、c'' 分别连线，即为正三棱锥的侧面投影，如图 3-6（b）所示。由 p' 在棱线 SA 上求出点 P 的水平投影 p 和侧面投影 p''，如图 3-6（b）所示。棱面 SAB 上取点 M 的两种作图方法如图 3-6（c）、图 3-6（d）所示。

四、带切口的平面立体的投影

下面通过对不同平面立体的不同切口形状的分析，讨论其投影图的画法。

1. 穿孔三棱柱

如图 3-7（a）所示为穿孔三棱柱的立体图，三棱柱的三条棱线 AA_1、BB_1、CC_1 均为铅垂线，三个棱面中 AA_1C_1C 为正平面，AA_1B_1B 和 BB_1C_1C 为铅垂面，上、下底面 ABC 和 $A_1B_1C_1$ 为水平面。中间穿孔是由两个水平面和两个侧平面切割成的长方体孔，这四个切平面的投影都具有积聚性或反映实

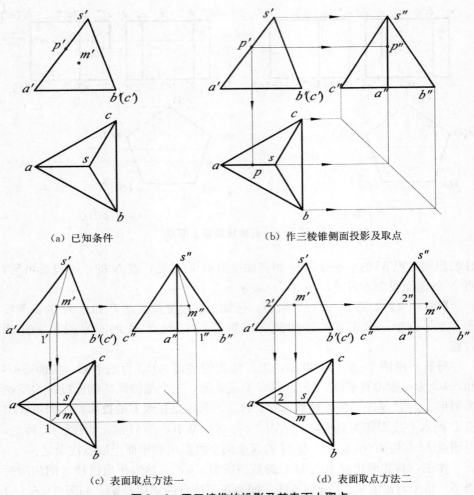

(a) 已知条件   (b) 作三棱锥侧面投影及取点

(c) 表面取点方法一   (d) 表面取点方法二

图 3-6　正三棱锥的投影及其表面上取点

形的投影特性，如图 3-7（b）所示为三棱柱的三面投影以及穿孔的正面
投影。

穿孔的其他两投影的作图过程例如图 3-7（c）所示，穿孔的正面投影积
聚为长方形 1′2′4′5′；水平投影积聚为五边形 1（2）、6（3）、5（4）、10（9）、
7（8），侧面投影则按二补三求得。为图形清晰，不表示投影作图过程，其三
面投影如图 3-7（d）所示。

2. 切口三棱锥的投影

如图 3-8（a）所示，正三棱锥的切口是由正垂面 P 和水平面 Q 截切而形
成。在三棱锥的两个棱面上共出现四条交线，且两两相交，四个交点为Ⅰ、
Ⅱ、Ⅳ、Ⅲ，正垂面 P 和水平面 Q 的交线为Ⅱ、Ⅲ。在画图时，只要作出四

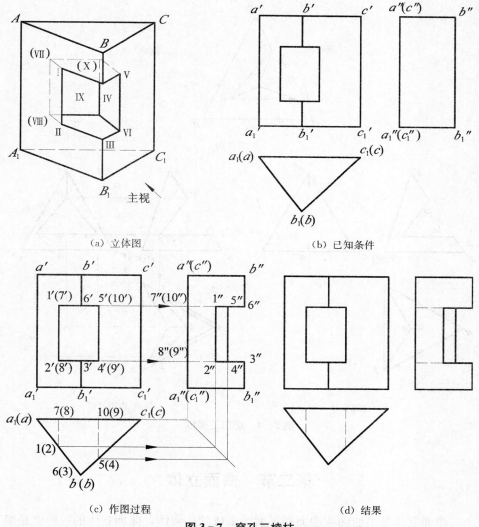

(a) 立体图   (b) 已知条件

(c) 作图过程   (d) 结果

图 3-7　穿孔三棱柱

个交点的投影，然后顺次连线即可。其中Ⅰ、Ⅳ点在棱线 SA 上，可直接求出另两面投影。Ⅱ、Ⅲ两点分别在△SAB 和△SAC 上，Ⅱ、Ⅲ点正面投影 2′、3′已知，可利用作底边平行线为辅助线的方法求出其水平投影 2、3 和侧面投影 2″、3″。最后将所求各点依次连线，如图 3-8（c）所示。在连线中应注意，必须是同一平面内的相邻两点连线，棱线被切去部分应断开。两个切平面的交线为Ⅱ、Ⅲ为正垂线，水平投影不可见，故用虚线表示。

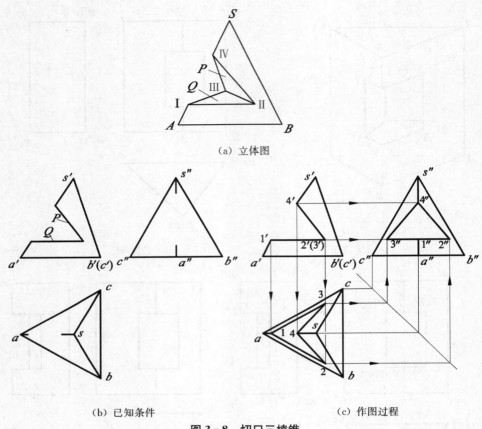

(a) 立体图

(b) 已知条件　　　　　　　　(c) 作图过程

图 3-8　切口三棱锥

第二节　曲面立体

　　曲面立体是由曲面或曲面和平面所围成的几何体，曲面立体的投影就是组成曲面立体的曲面和平面的投影的组合。常见的曲面立体为回转体，如圆柱、圆锥、圆球和圆环等，回转体包含有回转面，回转面是由一线段绕轴线旋转形成的曲面，这条运动的线段称母线，回转面上任一位置的母线称素线。本节主要介绍回转体投影图的画法以及回转体表面上取点的方法。

一、圆柱

　　圆柱是由圆柱面、顶平面和底平面所围成；圆柱面由直线绕与它平行的轴线旋转而成。

　　1. 圆柱体的投影

如图 3-9 所示为空间直立圆柱的立体图和三面投影图。该圆柱的轴线和圆柱表面上所有的素线都垂直于水平投影面，因此，圆柱面的水平投影积聚为圆，此圆反映圆柱上下圆平面的实形。

圆柱的正面投影为矩形 $a'a_1'c_1'c'$，上下两边 $a'c'$、$a_1'c_1'$ 为圆柱上、下圆平面的积聚投影，其长度等于圆的直径。左、右两边 $a'a_1'$、$c'c_1'$ 分别为圆柱面上最左、最右两素线 AA_1、CC_1 的投影，这两条素线将圆柱面分为前后两部分，前半部分为可见，后半部分为不可见。$a'a_1'$、$c'c_1'$ 称为圆柱面正面投影的转向轮廓线，其侧面投影与圆柱轴线的侧面投影重合。转向轮廓线是区分曲面可见部分与不可见部分的分界线。

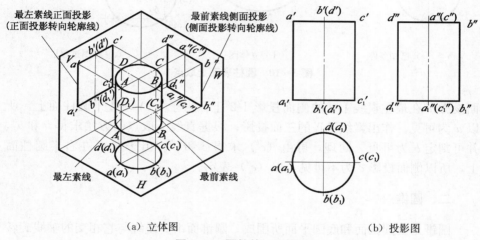

（a）立体图　　　　　　　　　　　　　（b）投影图

图 3-9　圆柱的三面投影

圆柱的侧面投影 $b''b_1''d_1''d''$ 为与正面投影全等的矩形。$b''b_1''$、$d''d_1''$ 分别为圆柱面最前和最后两条素线 BB_1、DD_1 的投影，这两条素线将圆柱面分为左右两部分，左半部分为可见，右半部分为不可见。$b''b_1''$、$d''d_1''$ 称为圆柱面侧面投影的转向轮廓线，其正面投影与圆柱轴线的正面投影重合，但不画出。

2. 圆柱表面上取点

在圆柱表面上取点，可利用圆柱表面投影为圆的积聚性或作辅助素线的方法求得。

【例 3-3】如图 3-10（a）所示，圆柱表面上有三个点 A、B、C，已知其正面投影 a'、b' 和（c'），求它们的水平投影和侧面投影。

分析：由图 3-10（a）可知，点 A 在最左素线Ⅰ Ⅱ上；点 B 在左、前半圆柱面的素线Ⅲ Ⅳ上；点 C 位于右半圆柱面的后部，如图 3-10（b）所示。

作图：如图 3-10（c）所示，利用圆柱水平投影的积聚性在圆柱表面上取点。点 A 的水平投影 a 与最左素线Ⅰ Ⅱ的水平投影 1（2）重合，点 A 的侧

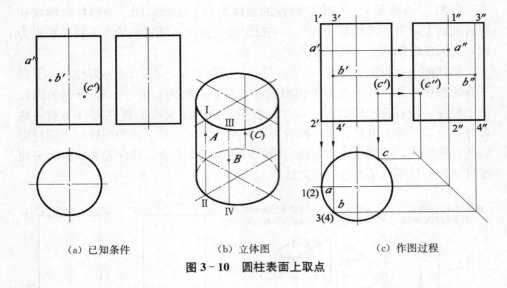

|（a）已知条件|（b）立体图|（c）作图过程|

图 3-10 圆柱表面上取点

面投影 a'' 在最左素线 I II 的侧面投影 $1''2''$ 上，由于点 A 在左半圆柱面上，所以 a'' 为可见。作出素线 III IV 的三面投影，根据直线上取点的方法求得 b 和 b''，并可判定 b'' 为可见。同理，可由（c'）求得 c 和 c''。由于点 C 在右半圆柱面上，所以侧面投影 c'' 为不可见，以（c''）表示。

二、圆锥

圆锥是由圆锥面和底圆平面所围成。圆锥面由直线绕与它相交的轴线旋转而成。圆锥表面上的所有素线为过锥顶的直线。

1. 圆锥的投影

如图 3-11 所示为轴线垂直于水平投影面的正圆锥的立体图和三面投影图。

圆锥的水平投影为圆，其直径等于圆锥底圆直径。此圆表示圆锥表面和底圆的重合投影，圆锥顶点 S 的水平投影为 s，与此圆的圆心重合。

圆锥的正面投影为等腰三角形。三角形的底边是底圆的积聚投影，边长等于圆的直径。两腰 $s'a'$ 和 $s'c'$ 分别为圆锥的最左素线 SA 和最右素线 SC 的正面投影，称为圆锥面正面投影的转向轮廓线。SA 和 SC 将圆锥面分成前后两部分，前半圆锥面的正面投影可见，后半圆锥面的正面投影不可见。圆锥的最前素线 SB 及最后素线 SD 的正面投影 $s'b'$ 和 $s'd'$ 与中心线重合。

圆锥的侧面投影为与正面投影全等的等腰三角形，$s''b''$ 和 $s''d''$ 分别为圆锥的最前素线 SB 和最后素线 SD 的侧面投影，称为圆锥面侧面投影的转向轮廓线。SB 与 SD 将圆锥面分成左右两部分，它们是判别侧面投影可见性的分界

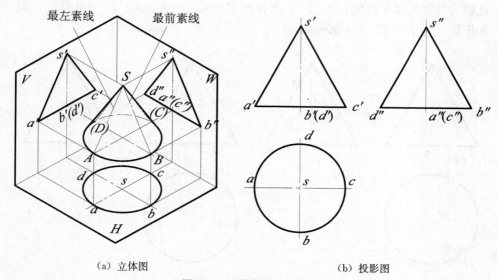

（a）立体图   （b）投影图

图 3-11　圆锥的三面投影

线。最左素线 SA 和最右素线 SC 的侧面投影 $s''a''$ 和 $s''c''$ 与中心线重合。

2. 圆锥表面上取点

圆锥表面上取点的作图原理与平面内取点的原理相同，即过圆锥面上的点作一辅助线，点的投影必在辅助线的同名投影上。根据在圆锥面上所作的辅助线，有辅助素线法和辅助圆法。

【例 3-4】 如图 3-12 给出正圆锥表面上的三个点 A、B、C 的正面投影 a'、b' 和 (c')，求作水平投影和侧面投影。

分析：由所求点的已知投影可以判断，点 A 在最左素线上；点 B 在左半圆锥面的前半部分；点 C 在右半圆锥面的后半部分。

作图：点 A 的投影 a 和 a'' 可在最左素线的同名投影中直接求出。点 B 和点 C 的水平投影和侧面投影可用素线法或纬圆法求出。

1. 素线法

如图 3-12（a）所示，过点 B 作辅助素线 S I，即过 b' 作 $s'1'$，求得水平投影 $s1$、侧面投影 $s''1''$，根据点在直线上的投影性质求得 b 和 b''，由分析可知，点 B 在左半圆锥面上，所以 b'' 是可见的。

2. 纬圆法

如图 3-12（b）所示，在圆锥表面上，过点 C 作纬圆（此圆垂直于圆锥轴线），在此圆的各投影上求得点 C 的同名投影。具体作图过程如下：

在正面投影中，过点（c'）作水平线，与转向轮廓线交于点 $2'$、$3'$，则 $2'3'$ 即为辅助纬圆的正面投影。在水平投影上，以 s 为圆心，$s2$ 为半径画圆，

57

此圆为纬圆的水平投影，由（c'）求得水平投影 c，再由（c'）、c 求得 c''。侧面投影 c'' 为不可见，以（c''）表示。

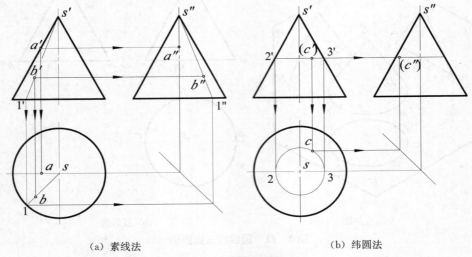

（a）素线法　　　　　　　　　（b）纬圆法

图 3–12　圆锥面上取点

三、圆球

圆球是以球面所围成的回转体，球面是由圆绕其直径旋转而成的。

1. 圆球的投影

如图 3–13 所示为圆球的立体图和投影图。

圆球在三个投影面上的投影皆为直径相等的圆，其直径等于圆球的直径，它们分别为圆球表面上处于不同位置的三个大圆的投影，是这个球面的三个投影的转向轮廓线。

圆球正面投影的转向轮廓线是圆球上平行于正投影面的直径最大正平圆的正面投影，这个圆是可见的前半球面和不可见的后半球面的分界圆。圆球水平投影的转向轮廓线是球面上平行于水平投影面的最大水平圆的水平投影，这个圆是可见的上半球面和不可见的下半球面的分界圆。圆球侧面投影的转向轮廓线是球面上平行于侧面的最大侧平圆的侧面投影，这个圆是可见的左半球面和不可见的右半球面的分界圆。

2. 圆球表面上取点

由于球面的三个投影都无积聚性，且球面上不存在直线，所以在圆球表面上取点，只能利用辅助圆法，即过所求的点在球面上作平行于投影面的圆，该点的投影必在辅助圆的同名投影上。

【例 3–5】如图 3–14 所示，已知圆球表面上三点 A、B、C 的正面投影

58

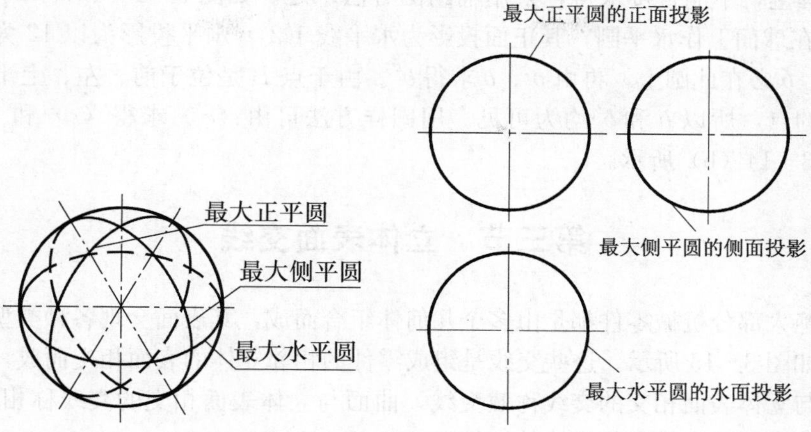

(a) 立体图　　(b) 投影图

图 3-13　球的三面投影

a'、b'和（c'），求其水平投影和侧面投影。

分析：由已知投影可知，点 A 在最大正平圆上；点 B 在前、左、上半球面上；点 C 在后、右、下半球面上。

作图：如图 3-14（a）所示，点 A 的水平投影在最大正平圆的水平投影上，即水平中心线上，其侧面投影在最大正平圆的侧面投影上，即垂直中心线上，利用点的投影规律可以直接求得 a 和 a''。点 B 和 C 不在圆球表面的最大

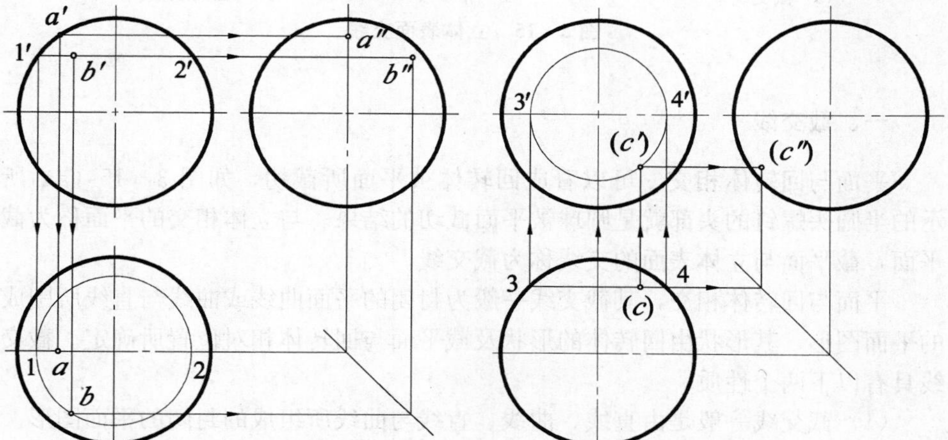

(a) 取点 A、作水平辅助圆取点 B　　(b) 作正平辅助圆取点 C

图 3-14　球面上取点

投影圆上，不能直接求得，采用辅助圆方法求之。如图 3-14（a）所示，过点 B 在球面上作水平圆，其正面投影为水平线 $1'2'$，水平投影为以 12 为直径的圆，b 必在此圆上，再由 b'、b 求得 b''。由于点 B 是位于前、左、上半个球面上的点，所以 b 和 b'' 均为可见。用同样方法可由（c'）求得（c）和（c''），如图 3-14（b）所示。

第三节　立体表面交线

绝大部分机械零件都是由多个几何体组合而成，其表面会现各种类型的交线，如图 3-15 所示。这些交线是组成零件的相邻立体的表面相交而成，其中平面与立体表面相交的交线称截交线，曲面与立体表面相交的交线称相贯线。本节将介绍截交线和相贯线的性质和画法。

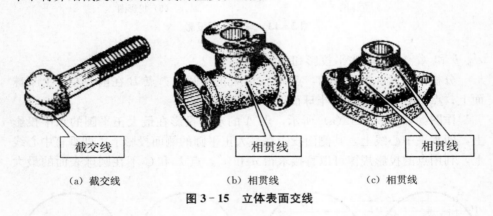

| （a）截交线 | （b）相贯线 | （c）相贯线 |

图 3-15　立体表面交线

一、截交线

平面与回转体相交，可以看成回转体被平面所截切，如图 3-15（a）所示的半圆头螺钉的头部就是圆球被平面截切的结果。与立体相交的平面称为截平面，截平面与立体表面的交线称为截交线。

平面与回转体相交，其截交线一般为封闭的平面曲线或曲线与直线所围成的平面图形，其形状由回转体的形状及截平面与回转体相对位置所确定。截交线具有以下两个性质：

（1）截交线一般是由直线、曲线、直线与曲线所组成的封闭的平面图形。

（2）截交线是截平面与回转体表面的共有线，截交线上的点是截平面与回转体表面的共有点。因此求截交线就是求截平面与立体表面的共有点，亦即求回转体表面上的线与截平面的交点。

求截交线时首先需要分析截平面与回转体的相对位置以确定截交线的形

状；分析截平面以及回转体对投影面的相对位置以确定截交线的投影特性，并判断截交线的已知投影以及需要求作的未知投影。

当交线为平面曲线时，一般先求出能确定其形状和范围的特殊点，如最高、最低、最前、最后、最左、最右点，以及转向轮廓线上的点、对称轴上的端点等，然后根据具体情况求出若干中间点，最后依次光滑连接成曲线，并判断可见性。

1. 平面与圆柱相交

根据截平面与圆柱轴线的相对位置不同，圆柱面上截交线的形状有三种情况：直线、圆、椭圆，见表 3-1。

表 3-1   平面与圆柱相交的截交线

截平面位置	平行于圆柱轴线	垂直于圆柱轴线	倾斜于圆柱轴线
截交线形状	两平行直线	圆	椭圆
轴测图	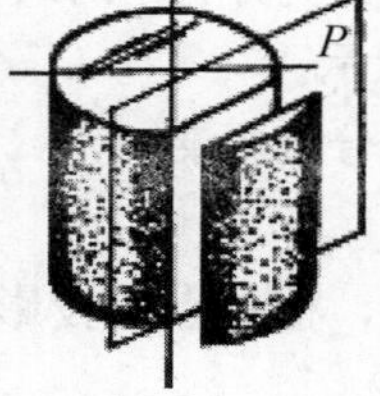	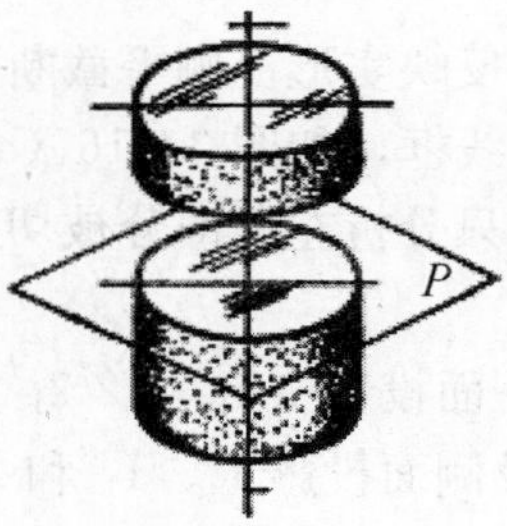	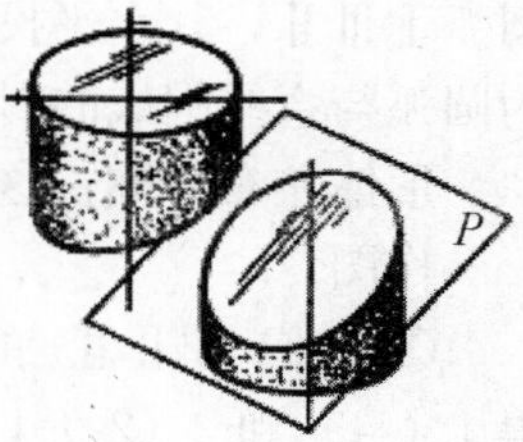
投影图	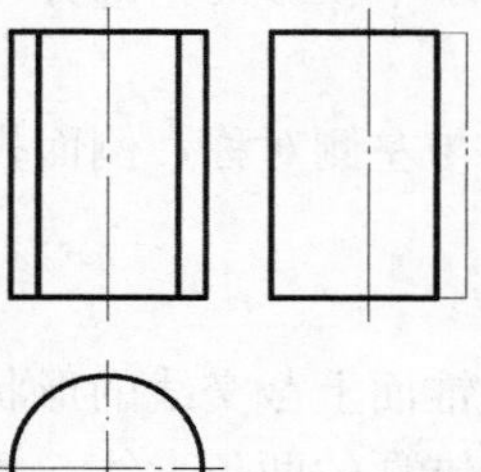	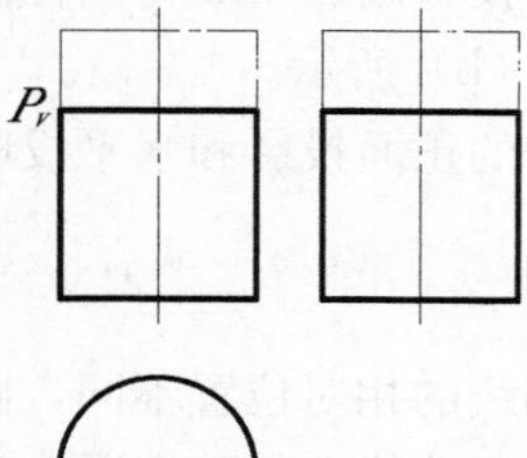	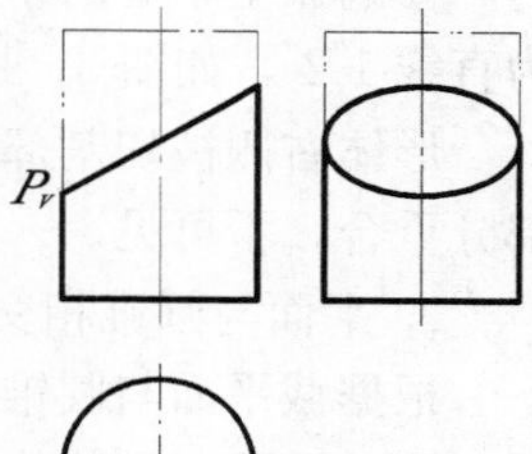

【例3-6】圆柱轴端凸榫，已知其正面投影，试完成水平投影和侧面投影，如图 3-16 所示。

分析：该立体由圆柱被两个侧平面和水平面切割而成。这几个截平面的正面投影都积聚成直线。侧平面与圆柱的交线为圆柱表面的两条素线Ⅰ Ⅰ₁和Ⅱ Ⅱ₁（垂直于水平投影面），水平投影积聚为一点。水平面与圆柱的交线为水平

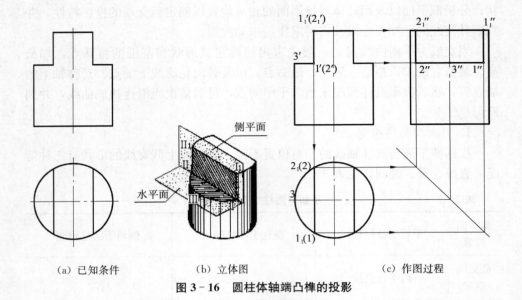

（a）已知条件　　　　　（b）立体图　　　　　（c）作图过程

图 3-16　圆柱体轴端凸榫的投影

圆弧ⅠⅢⅡ，其水平投影反映实形。侧平截断面形状为矩形，水平截断面形状为圆弧与直线围成的封闭线框。如图 3-16（a）所示。

形体左右对称，这里只分析左侧部分被切割部分的投影。

作图：

①ⅠⅠ₁和ⅡⅡ₁的正面投影 1′1₁′与 2′2₁′重合，根据点的投影规律，可求得 1（1₁）和 2（2₁）以及侧面投影 1″、1₁″和 2″、2₁″。

②圆弧ⅠⅢⅡ的水平投影圆弧 132 为圆柱面水平投影的一部分，侧面投影为直线 1″2″，如图 3-16（b）所示。

形体右侧被切割部分的正面投影和水平投影与左侧对称，侧面投影与左侧部分重合，不可见。

2. 平面与圆锥相交

根据截平面与圆锥轴线的相对位置不同，圆锥面上截交线的形状有五种情况：圆、椭圆、抛物线、双曲线，特殊情况为过锥顶的两条素线，见表 3-2。

【例 3-7】直立圆锥被不过锥顶的侧平面所截，求截交线的侧面投影，如图 3-17（a）所示。

分析：截平面为不过锥顶的侧平面，与圆锥轴线平行，故截交线为双曲线，其正面投影和水平投影均为直线，侧面投影反映实形。

作图：

①作特殊点。点Ⅰ为双曲线的最高点，在圆锥最左素线上。由 1′求得 1 和 1″。点Ⅱ、Ⅲ为截交线的最低点，在圆锥底圆上。由 2′、（3′）和 2、3 求得 2″

和 3″。

表 3 - 2 平面与圆锥相交的截交线

截平面位置	截交线形状	轴测图	投影图
垂直于 圆锥轴线 $\theta = 90°$	圆	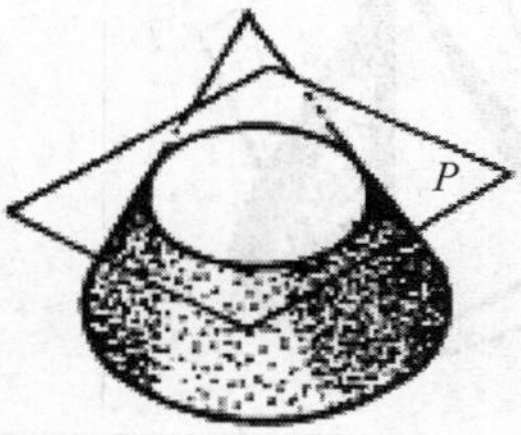	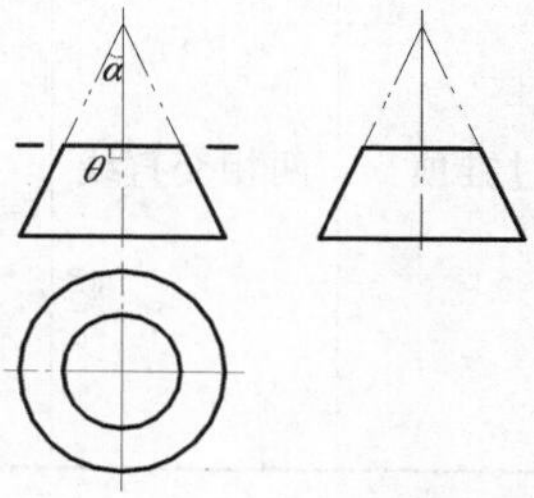
倾斜于 圆锥轴线 $\theta > \alpha$	椭圆	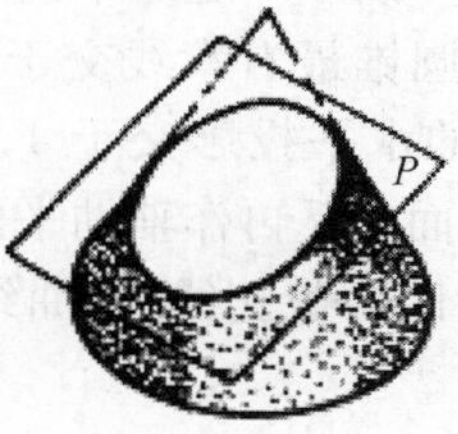	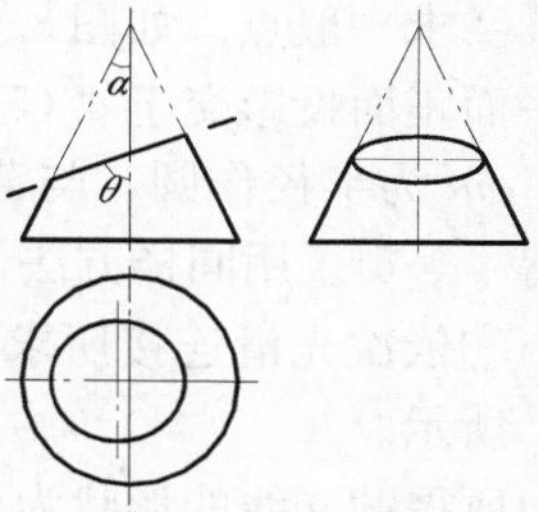
平行于 一条素线 $\theta = \alpha$	抛物线	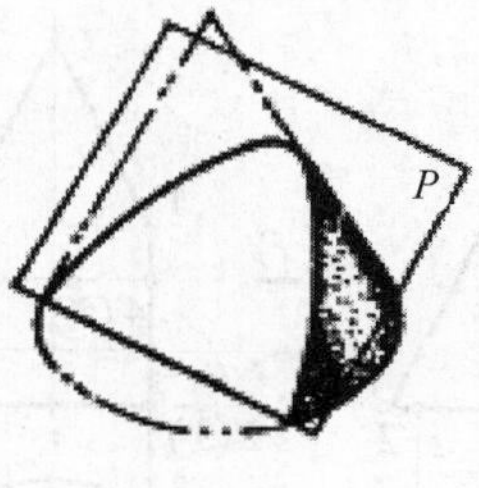	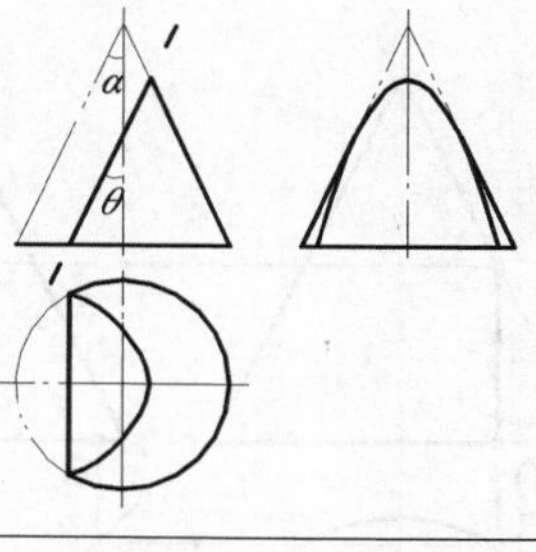
平行于轴线 $\theta = 0$ 或 $\theta < \alpha$	双曲线	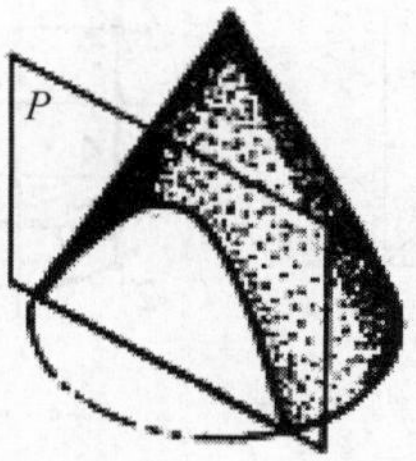	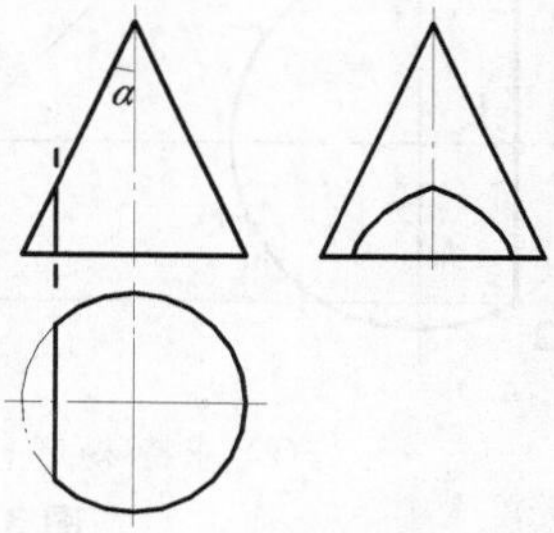

63

续表

截平面位置	截交线形状	轴测图	投影图
过锥顶	两相交直线		

②求一般点。如图3-17（b）所示，选水平面 P 作辅助平面，即作 P_V 与截平面正面投影交于 $4'(5')$，与圆锥最右素线交于 m'，求得 m。再以 o 为圆心，om 为半径作圆，与截平面的水平投影交于 4、5。由 $4'$、$(5')$ 和 4、5，求得 $4''$、$5''$。用同样方法，在 P 面上下再作辅助平面求出若干点。

③依次光滑连接所求各点，即为截交线-双曲线的侧面投影，如图3-17（b）所示。

所得截交线的形状为双曲线和直线围成的封闭线框。

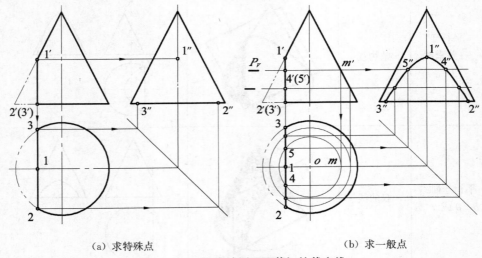

（a）求特殊点   （b）求一般点

图 3-17　圆锥被侧平面截切的截交线

3. 平面与圆球相交

圆球被任一位置平面所截，其截交线均为圆。由于截平面与投影面的相对位置不同，截交线的投影性质也不同：当截平面平行某投影面时，其截交线在该投影面上的投影为反映实形的圆。当截平面垂直某投影面时，其截交线在该

64

投影面上的投影为直线。当截平面倾斜某投影面时，其截交线在该投影面上的投影为椭圆。如表3-3所示。

表3-3 圆球截交线

截平面位置	平行于V面	平行于H面	垂直于V面
截交线形状	圆	圆	圆
轴测图	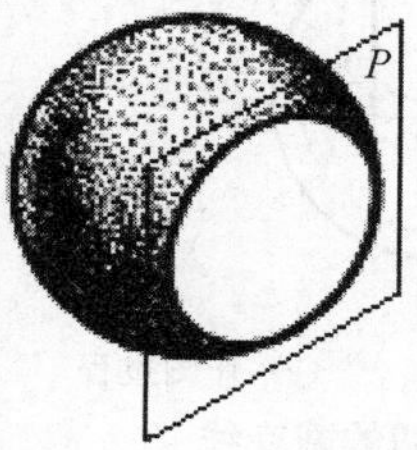	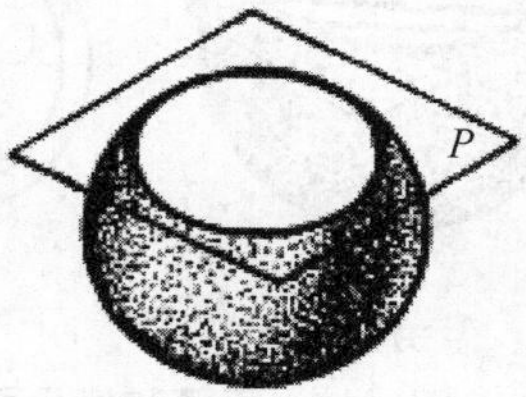	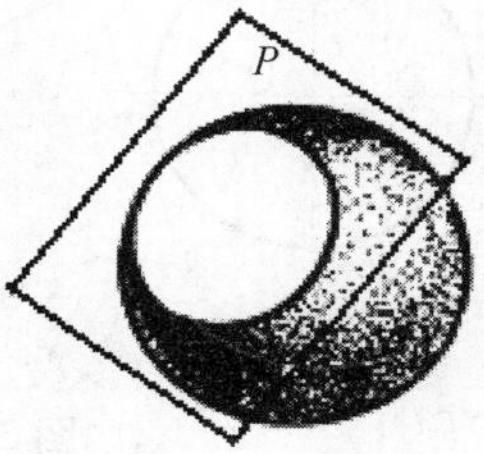
投影图	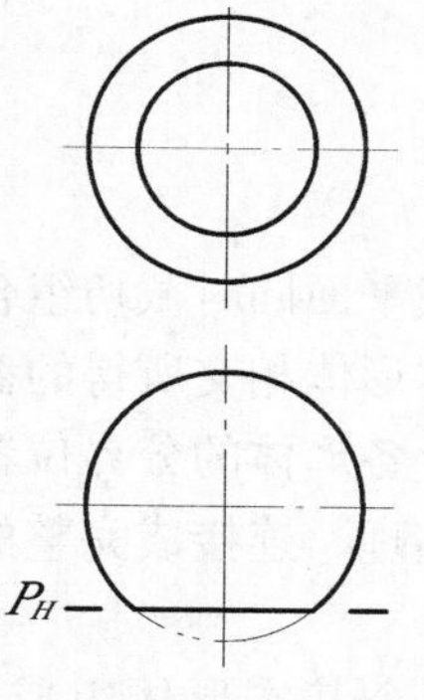	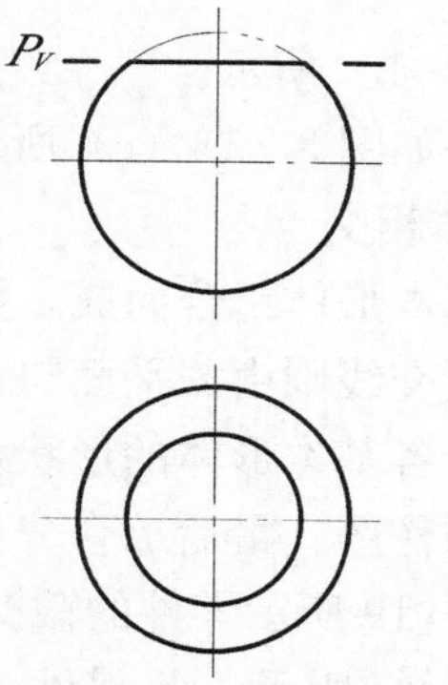	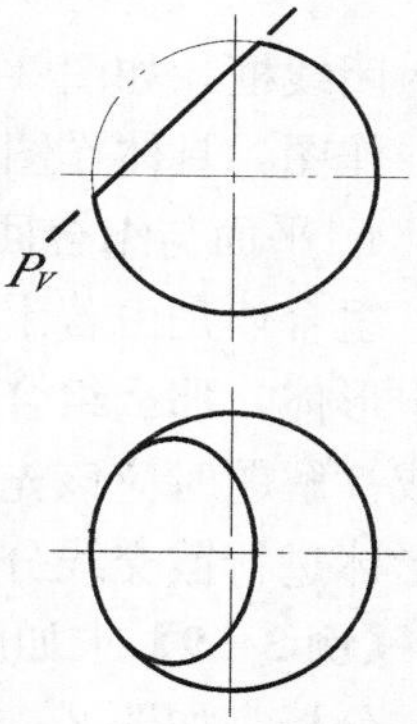

【例3-8】球体被一水平面 P、侧平面 Q 所截，已知其正面投影，求其水平投影和侧面投影，如图3-18（a）所示。

分析：圆球被水平面 P 截切和侧平面 Q 截切，球面上的截交线均为圆弧，如图3-18所示（b）所示。

圆球被水平面 P 所截，其截交线为水平圆，正面投影与 P_V 重合，P_V 交球体正面投影的转向轮廓线于 $1'$，由 $1'$ 求得 1，以 o 为圆心，$o1$ 为半径画弧得截交线圆的水平投影。侧面投影为直线。

圆球被侧平面 Q 所截，其截交线为侧平圆，正面投影与 Q_V 重合，Q_V 交球体正面投影的转向轮廓线于 $2'$，由 $2'$ 求得 $2''$，以 o'' 为圆心，$o''2''$ 为半径画弧得截交线圆的侧面投影。水平投影为直线。

所得截交线为水平圆的大部分与直线以及侧平圆的小部分与直线围成的两

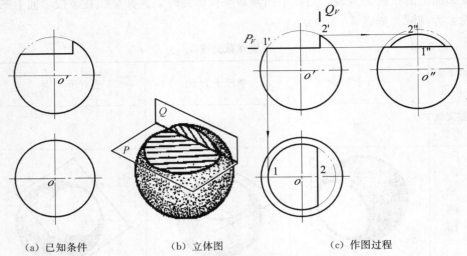

(a) 已知条件   (b) 立体图   (c) 作图过程

图 3‑18　圆球被水平面和侧平面截切的截交线

个封闭线框，如图 3‑18（b）所示。

作图：具体作图方法如图 3‑18（c）所示。

4．平面与组合回转体相交

组合体是由若干个基本形体组合而成，如果截平面同时截切组合体中的各基本形体，那么组合体截交线则由截平面与各基本形体相交所得的截交线组合而成。解题时应该先分析各基本形体的形状，区分各形体的分界位置，然后逐个形体进行截交线分析与作图，最后综合分析、整理、连接成完整的截交线。

【例 3‑9】求如图 3‑19 所示零件的截交线。

分析：如图 3‑19（a）所示，此零件为由四个基本形体组成的组合体。其公共轴线为侧垂线，除左端的小圆柱外，其余三个基本形体同时被平行于轴线的两个正平面前后对称截切，所产生的截交线依次为：截平面与圆锥的截交线为双曲线；与圆柱的截交线为直线；与圆球的截交线为圆。

该零件上的截交线即为上述三条截交线组合而成，如图 3‑19（b）所示。

作图：具体作图方法如图 3‑19（c）所示。

二、相贯线

1．相贯线的性质

由于相交两立体的形状、大小和相对位置不同，其相贯线的形状也不一样，但相贯线都具有以下共同性质：

（1）相贯线一般为封闭的空间曲线，特殊情况下可能是平面曲线或直线。

（2）相贯线是两立体表面的共有线，相贯线上的任何点都是两立体表面的

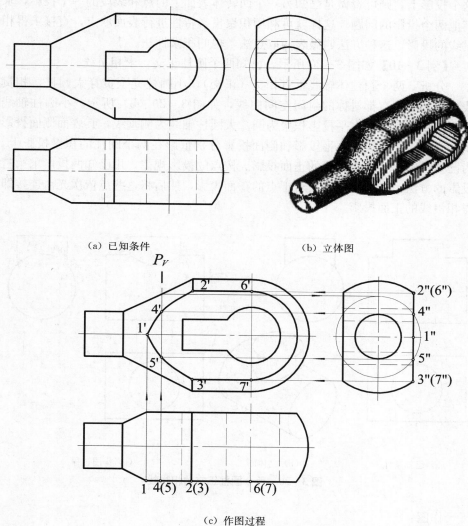

（a）已知条件　　　　　　　　　　　　（b）立体图

图 3-19　组合体的截交线

共有点。相贯线也是相交两立体表面的分界线。

从上述性质可知，相贯线是由两立体表面一系列共有点组成的，因此，求相贯线问题实际上就是求两立体表面上一系列共有点问题。

2. 求相贯线的方法

求立体表面的相贯线与求截交线的步骤类似，其基本方法有表面取点法、辅助平面法、辅助球面法等，其中最常用的是表面取点法。

当相交两立体表面的某个投影具有积聚性时，相贯线的一个投影必积聚在这个投影上，则可看做是已知另一个回转体表面上的点和线段的一个投影，求其他两个投影的问题。这样就可利用积聚投影特性进行表面取点，直接求得相贯线的投影。这种方法叫做表面取点法，也叫积聚性法。

【例3-10】如图3-20所示，已知两个圆柱正交，求相贯线。

分析：两个圆柱体轴线垂直相交（正交），小圆柱完全贯穿大圆柱，相贯线为前后和左右都对称的封闭空间曲线，如图3-20（b）所示。小圆柱轴线为铅垂线，其表面水平投影积聚为圆。大圆柱轴线为侧垂线，其表面侧面投影积聚为圆。相贯线的水平投影和侧面投影分别重影在两个圆柱的积聚投影上，为已知投影，要求相贯线的正面投影。按点的投影规律，用已知两投影求第三投影的方法，求得相贯线上若干点的正面投影，然后将这些点依次光滑连接即得相贯线的正面投影。

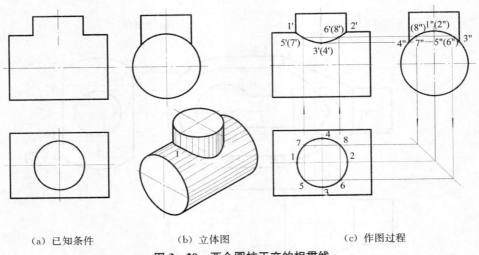

(a) 已知条件　　　(b) 立体图　　　(c) 作图过程

图 3-20　两个圆柱正交的相贯线

作图：

①求特殊点。点Ⅰ、Ⅱ分别为相贯线的最左点和最右点，也是相贯线的最高点。它们的正面投影1′、2′为两圆柱正面转向线的交点，根据正面转向线的水平投影和侧面投影可求出1、2和1″、（2″）。点Ⅲ、Ⅳ为相贯线的最前点和最后点，也是相贯线的最低点，它们的侧面投影为小圆柱侧面转向线与大圆柱侧面投影的交点3″、4″，根据该转向线正面投影和水平投影可求出3′、（4′）和3、4。

②求一般点。在Ⅰ、Ⅲ间任取Ⅴ点，Ⅱ、Ⅲ间任取Ⅵ点，即在相贯线的侧面投影上取5″、（6″），由5″、（6″）在水平投影上求得5、6，再由5″、（6″）和5、6求得正面投影5′、6′。

③依次光滑连接 1′、5′、3′、6′、2′得到前半段相贯线的正面投影。后半段相贯线的正面投影与之重合，结果如图 3-20（c）所示。

3. 相贯线的三种形式

相贯线可以由两个外表面相交得到，也可以由外表面和内表面或者是两个内表面相交而得，这三种形式可以简称为外外相贯、内外相贯和内内相贯。以两轴线垂直相交的圆柱体相贯为例，如图 3-21 所示，不论它们是哪种形式的相贯线，其形状和作图方法都是相同的。

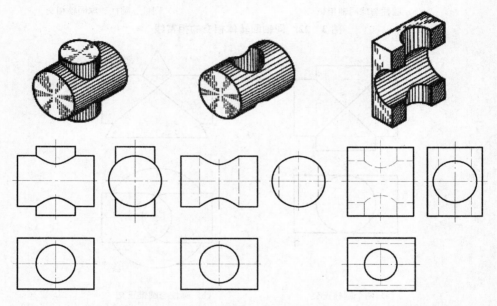

（a）两个外圆柱表面相贯　　　（b）外圆柱表面与内圆柱表面相贯　　　（c）两个内圆柱表面相贯

图 3-21　圆柱表面相贯的三种形式

4. 两曲面立体相贯的特殊情况

两曲面立体的相贯线，一般情况下为封闭的空间曲线，特殊情况下可能为平面曲线或直线。下面介绍几种常见的相贯线的特殊情况。

（1）当两回转体同轴相交时，相贯线为垂直于回转体轴线的圆。如果轴线垂直于某投影面，相贯线在该投影面上的投影为圆，在与轴线平行的投影面上的投影为直线，如图 3-22 所示。

（2）当两个回转体同时外切于一个球面相贯时，其相贯线为两个椭圆。如果两轴线同时平行于某投影面，则这两个椭圆在该投影面上的投影为相交两直线，如图 3-23 所示。

（3）当两个圆柱轴线平行时，其相贯线为直线，如图 3-24 所示。

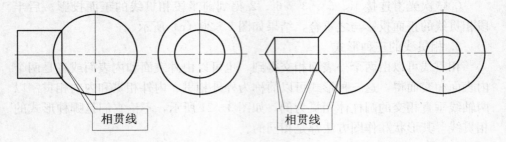

（a）圆柱与球同轴相交 　　　　　　（b）圆锥、圆柱、球同轴相交

图 3－22　同轴回转体相交的相贯线

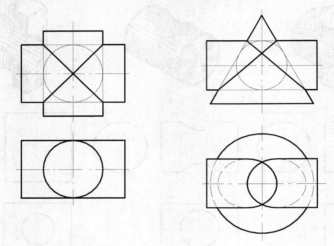

（a）两个圆柱正交 　　　　　　（b）圆柱与圆锥正交

图 3－23　两个回转体外切于同一球面的相贯线

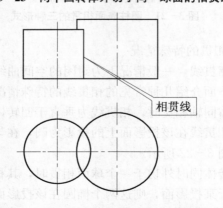

图 3－24　两个圆柱轴线平行相交的相贯线

第四章　组合体的视图与尺寸注法

任何复杂的机器零件，都是由一些基本形体（平面立体和曲面立体）所组成的，这种由基本形体组合而成的物体称为组合体。

本章主要介绍组合体三视图的投影特性、组合体的画图和读图方法以及组合体尺寸标注等内容。

第一节　组合体的组合形式

一、组合体的组合形式与表面间的相对位置

组合体的组合形式可分为叠加和切割两种基本形式，实际中最常见的是上述两种形式的综合，如图 4-1 所示。

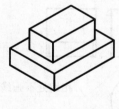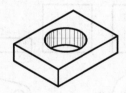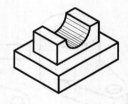

　　　（a）叠加　　　　　　　　　（b）切割　　　　　　　　　（c）综合

图 4-1　组合体组成形式

1. 叠加

两个基本形体以叠加的方式进行组合时，其表面间的相对位置关系有四种情况：共面、不共面、相切、相交，如图 4-2 所示。

（1）共面：当两个基本形体的表面共面时，两形体的结合处无分界线，如图 4-3 所示。

（2）不共面：当两个基本形体的表面不共面时，两形体的结合处应有分界线，如图 4-4 所示。

（3）相切：当两个基本形体的表面相切时，在相切处光滑过渡，无分界线，如图 4-5（b）所示。

（4）相交：当两个基本形体的表面相交时，会产生交线（截交线或相贯

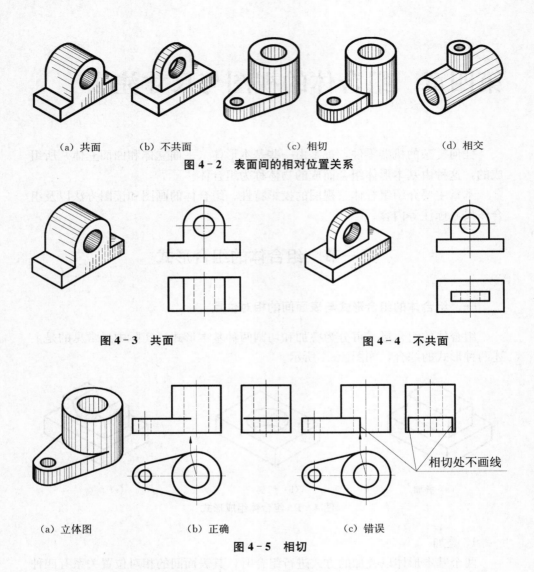

（a）共面　　　（b）不共面　　　　（c）相切　　　　　（d）相交

图 4－2　表面间的相对位置关系

图 4－3　共面　　　　　　　　　　　**图 4－4　不共面**

相切处不画线

（a）立体图　　　　　（b）正确　　　　　（c）错误

图 4－5　相切

线），在相交处应画出交线作为分界线，如图 4－6 所示。

2. 切割

用一个或几个平面或曲面在基本形体上截切、开槽或穿孔的组合形式称为切割。如图 4－7 所示的斜垫块是由棱柱体切割而成，切割时会在在立体的表面产生交线。

掌握组合体的组合形式，正确分析其表面间的相对位置关系很重要，只有这样，画图时才能不多画图线或漏画图线，读图时才能正确地想象组合体的结构形状。

72

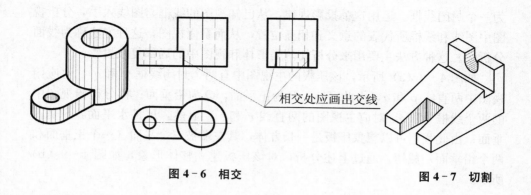

图4-6 相交

相交处应画出交线

图4-7 切割

二、形体分析法

所谓形体分析法，就是假想将组合体分解为若干基本体，弄清它们的形状、组合方式和相对位置，分析它们的表面过渡关系及投影特性，从而得到组合体整体形象的分析方法。

如图4-8所示，组合体连杆可分为四个基本形体：大圆筒、连接板、小圆筒、肋板，连接板与大圆筒及小圆筒同时相切起连接作用，底板与小圆筒底面平齐，大圆筒底面向下凸出，肋板前后对称地叠加在底板的上表面，并与两圆筒相交。通过上述分析，对该支座建立整体形象。

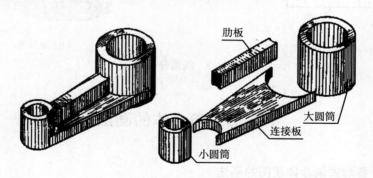

肋板

大圆筒

连接板

小圆筒

图4-8 形体分析法

由上述分析可知：形体分析法是先将组合体化整为零，逐个分析各形体的形状，再由零获整得到整个组合体。使用形体分析法可以把复杂的问题转化为简单的问题，把感到生疏的组合体转化为熟悉的基本形体。因此，形体分析法是画图、读图和标注尺寸最基本、最重要的方法。

三、线面分析法

一个平面在各个投影面上的投影，除了积聚性的投影外，其他投影都表现为一个封闭线框。运用这个投影规律，从已知视图的线框与图线入手，分析视图中图线和线框所代表的意义和相互位置，从而看懂视图，这种方法称为线面分析法。这种方法主要用来分析切割类形体和视图中的局部复杂投影。

如图 4-9（a）所示，该压板的主视图中有两个封闭线框 p' 和 q'，对应俯视图中两直线 p 和 q，由此可知，P 为正平面，Q 为铅垂面；再分析俯视图中的两个线框 r 和 s，对应主视图的两直线 r' 和 s'，显然，R 是水平面，S 是正垂面；由此我们可以想象压板是一长方体，其左端被三个平面（一个正垂面和两个铅垂面）截切，通过上述分析，对该压板建立整体形象，如图 4-9（b）所示。

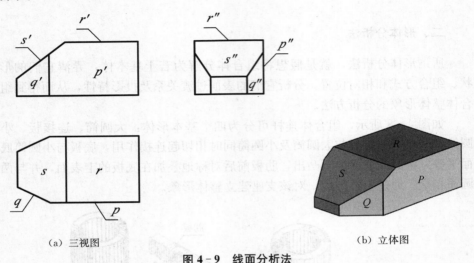

（a）三视图   （b）立体图

图 4-9 线面分析法

第二节　组合体的画法

一、叠加式组合体视图的画法

1. 形体分析

画组合体视图前首先对组合体进行形体分析，了解组合体的形状、结构特点。该轴承座可以分为五个基本形体：底板、支承板、轴承套筒、凸台及肋板，如图 4-10（b）所示。底板上有两个切割圆角，并有两个切割圆柱孔，支承板叠加在底板的上表面，且后表面共面；支承板两侧面与套筒外圆柱面相切，且套筒后表面向后凸出；套筒和圆柱凸台正交，且有切割圆孔；肋板前后叠加在底板的上表面、支承板前表面、套筒的正下方。

2. 选择主视图

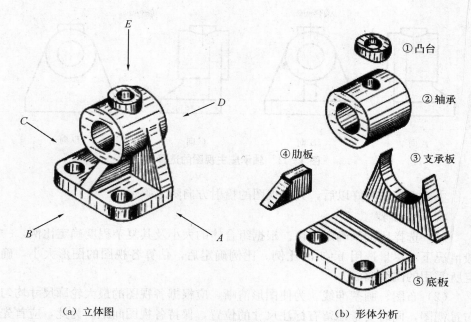

（a）立体图 （b）形体分析

图 4-10 轴承座及其形体分析

①凸台
②轴承
④肋板
③支承板
⑤底板

在形体分析的基础上选择主视图。主视图是三视图中必不可少的视图，也是最重要的视图，主视图的选择是否合理，影响三视图的表达是否清晰，读图是否方便。确定主视图要考虑以下三个问题：

（1）组合体的安放位置应选择其平稳自然位置，一般尽量使组合体的主要表面与投影面平行或垂直。

（2）主视图的投射方向要求能尽量多地反映物体的形状特征和相对位置特征。

（3）视图要求能清晰地表达物体的结构形状特征，应使视图中出现的虚线尽可能的少。

如图 4-10 所示的轴承座，物体安放位置可按图示，即底板放成水平位置；在箭头所指的几个投射方向中，通过比较可以选择主视图。

选择 E 向作为主视图的投射方向，则物体安放位置不符合平稳自然的位置要求。在 A、B、C、D 四个方向投影下，可以分别得到如图 4-11 所示的四个视图。选择 D 向，主视图上虚线多；选择 C 向，则左视图上虚线多，只有选择 A 向或 B 向作为主视图的投射方向较好。比较 A 向与 B 向，它们都比较充分反映了组合体的各部分的形状特征和组合方式，但 B 向视图相对来说，对轴承座中心结构的特征的表达更为充分，因此应选择 B 向作为主视图的投射方向。

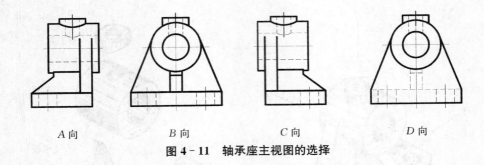

| A 向 | B 向 | C 向 | D 向 |

图 4 - 11 轴承座主视图的选择

主视方向选择好以后，其他视图的投射方向随之确定。

3. 画图步骤

（1）选择比例、确定图幅。根据组合体的大小及其复杂程度确定比例，一般情况下，尽量选用 1∶1 的比例。比例确定后，估算各视图的图形大小，确定所需用的图纸幅面。

（2）布图、画基准线。为使图形清晰，应根据各视图的最大轮廓尺寸均匀布置视图，同时要考虑留有标注尺寸的位置，保持各视图间距。为此，应首先画出基线、对称线、轴线、圆的中心线。如图 4 - 12（a）所示。

（3）按形体分析法用细线逐个画出各基本形体的三视图。画图时，一般应从反映特征的视图入手，三个视图联系起来画，这样既可以保证三视图的投影关系和形体之间的相对位置关系，又提高了作图速度。画图顺序一般是：先画主要部分后画次要部分；先定位后定形状；先画外形后画内部细节形状；先画圆或圆弧后画直线。

（4）检查底稿，擦去多余图线，补画遗漏图线。分析检查各形体的投影是否画完全、正确，相对位置和表面过渡关系是否画正确，确认无误后，擦去多余图线，再严格按照标准线型加深。结果如图 4 - 12（f）所示。

二、切割式组合体视图的画法

对于切割形组合体应通过形体分析，了解组合体的切割过程。画三视图时，先画出切割前的总体外形，再根据切割过程依次画出切去每一部分后的三视图，对于被切的形体，一般先从画反映形状特征或投影具有积聚性的视图。如图 4 - 13 所示为切割形组合体三视图的画法。

在组合体的绘制过程中还需要注意：当画图时发生几种图线重合在一起的情况，应按"粗实线、虚线、细实线、点画线"的优先顺序进行选择，确定在该位置上的作图图线类型。

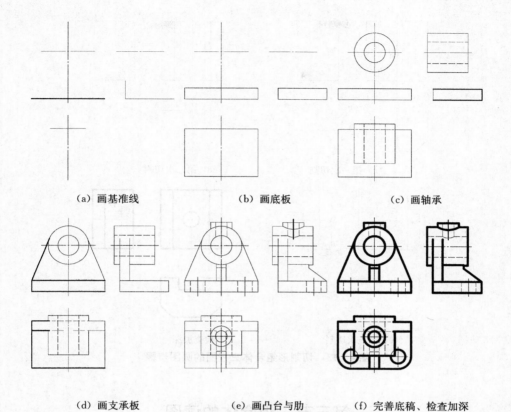

(a) 画基准线　　　　(b) 画底板　　　　(c) 画轴承

(d) 画支承板　　　　(e) 画凸台与肋　　　　(f) 完善底稿、检查加深

图 4－12　轴承座三视图的画图步骤

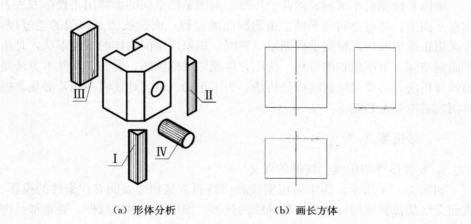

(a) 形体分析　　　　(b) 画长方体

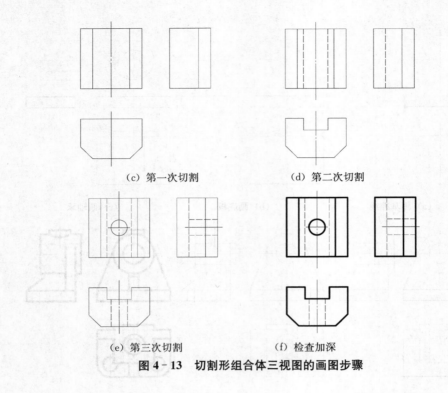

(c) 第一次切割 (d) 第二次切割

(e) 第三次切割 (f) 检查加深

图 4 - 13 切割形组合体三视图的画图步骤

第三节 组合体的读图

画图和读图是相辅相成的两个环节。画图是把空间的物体用正投影方法表达在平面上，是有空间到平面、由物画图的过程；而读图则是画图的逆过程，即运用正投影原理，根据平面图形（视图）想象出空间物体的结构形状，是由平面到空间、由图想物的过程。读组合体视图又称读图、看图。其基本方法是形体分析法，必要时辅以线面分析法。为了正确、迅速地读懂视图，必须掌握读图的基本要点和基本方法。

一、读图要点

1. 要读懂视图中线、线框的含义

如图 4 - 14 所示，图中的粗实线和虚线通常是物体表面有积聚性的投影、表面交线的投影或回转体转向轮廓线的投影。图中每个封闭线框，通常都是物体上一个表面（平面或曲面）的投影，或者通孔投影。

2. 利用线框分析各表面的相对位置

视图上一个线框一般情况下表示一个面，若线框内仍有线框，通常表示两

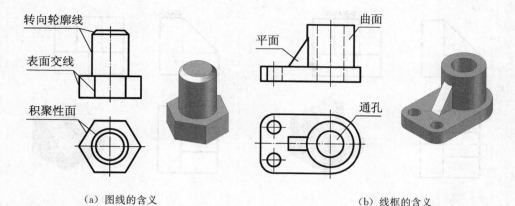

(a) 图线的含义   (b) 线框的含义

图 4-14　视图中图线、线框的含义

个面凹凸不平或通孔，如图 4-15 所示。若两个线框相连，通常表示两个相邻的面高低不一或相交，如图 4-16 所示。

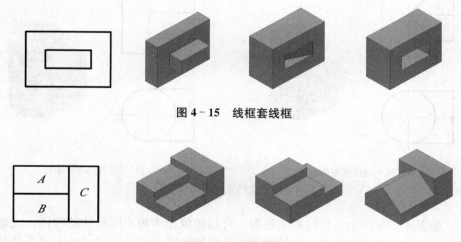

图 4-15　线框套线框

图 4-16　相邻线框

3. 注意反映形体之间连接关系的图线

构成组合体的形体之间表面过渡关系的变化会引起视图中图线的变化。如图 4-17 中的肋板与底板及竖板间的连接线变化（虚实变化），反映了肋板的变化。又如图 4-18 中，主视图上两形体的相贯线的变化，反映了形体的变化。

4. 要将几个视图联系起来看

组合体的形状一般是通过几个视图来表达的，每个视图只能反映物体一个方向的形状，仅由一个或两个视图不一定能唯一地确定组合体的形状。

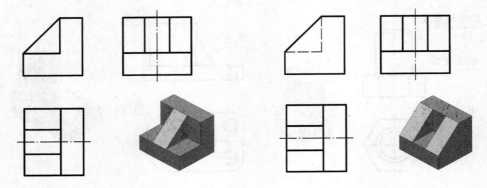

（a）连接线为实线   （b）连接线为虚线

图 4-17 虚实线变化，形体变化

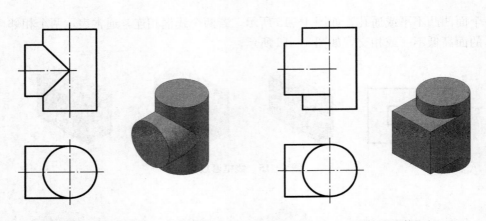

（a）两个圆柱体相贯   （b）圆柱与长方体相交

图 4-18 交线变化，形体变化

如图 4-19 所示，相同的主视图，可以想象出多种不同形状的物体。又如图 4-20 所示的三组视图，它们的主、左视图相同，但表示了三种不同形状的形体。

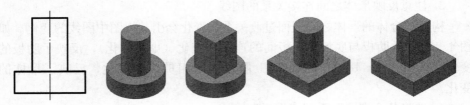

图 4-19 由一个视图可确定各种不同形状物体

5. 要善于构思空间形体

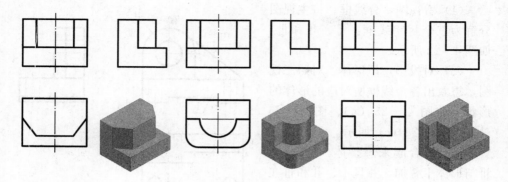

图 4 - 20 由二个视图想象不同形状物体

读图的思维过程是从一个视图假设出满足该视图的可能的立体形状,再判断该立体是否满足所给的其他视图,若满足则正确,若不满足则返回去再假设,直到完全满足为止。

如图 4 - 21 所示,由主视图可想象出该立体形状可能是圆锥或三棱柱,但都不满足俯视图;再假设该形体为圆柱被两个正垂面切割,则主视图和俯视图都满足了,因此该形体为圆柱被切割而形成的楔形体。

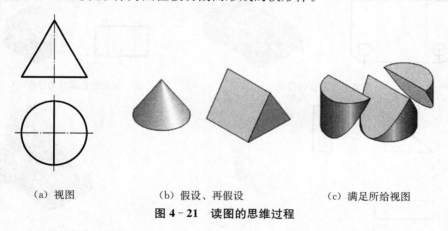

(a) 视图   (b) 假设、再假设   (c) 满足所给视图

图 4 - 21 读图的思维过程

二、读图的基本方法

读组合体视图的基本方法仍是以形体分析法为主,线面分析法为辅。读图时要注意:先主后次,先易后难,先局部后整体。

1. 形体分析法

下面以图 4 - 22 所示的组合体三视图为例,说明用形体分析法读图的方法与步骤。

81

（1）看视图，分线框。将主视图分解为三个封闭线框：Ⅰ、Ⅱ和Ⅲ，如图4-22所示。

（2）对投影，识形体。对照三视图，想象出各个线框所对应的形体的形状，如图4-23（a）、图4-23（b）、图4-23（c）所示。

（3）综合起来想整体。形体Ⅱ、Ⅲ与形体Ⅰ叠加，并且Ⅰ、Ⅱ和Ⅲ在后表面共面；Ⅰ和Ⅱ在右边共面，形体Ⅲ与Ⅱ相切。整体形状如图4-23（d）。

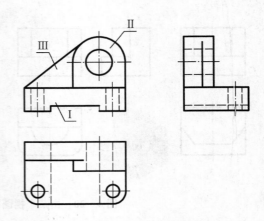

图4-22　读组合体视图

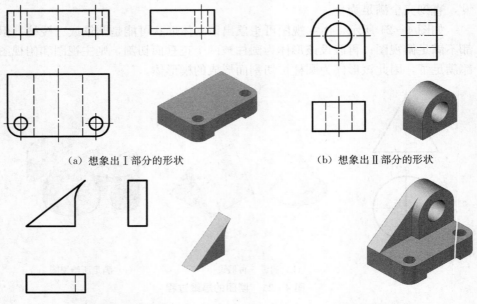

（a）想象出Ⅰ部分的形状　　　　　（b）想象出Ⅱ部分的形状

（c）想象出Ⅲ部分的形状　　　　　（d）综合起来想整体

图4-23　用形体分析法读图

【例4-1】如图4-24所示，已知组合体的主、俯视图，想象出它的形状，补画左视图。

①看视图、分线框。该形体以叠加式为主。将主视图分解为三个封闭线框：Ⅰ、Ⅱ和Ⅲ，如图4-24所示。

②对投影，识形体。对照俯视图，想象出各个线框所对应形体的形状，如图4-25（a）、图4-25（b）、图4-25（c）所示。

③综合起来想整体。形体Ⅱ与形体Ⅰ叠加,并且在后表面共面;形体Ⅲ对称地分布在形体Ⅰ两侧,且与形体Ⅰ相交,整体形状如图4-25（d）。

④画左视图。依次逐个画出各部分的左视图,最后按照各形体的组合方式和表面连接关系检查、校核并加深图线,完成作图。其作图过程如图4-26所示。

2.线面分析法

读图时,在采用形体分析法的基础上,对局部较难看懂的地方,常常运用线面分析法来帮助读图。

下面以图4-27所示的组合体为例,

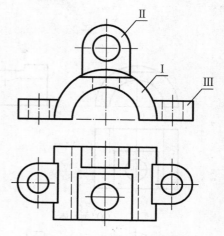

图4-24 组合体的二补三

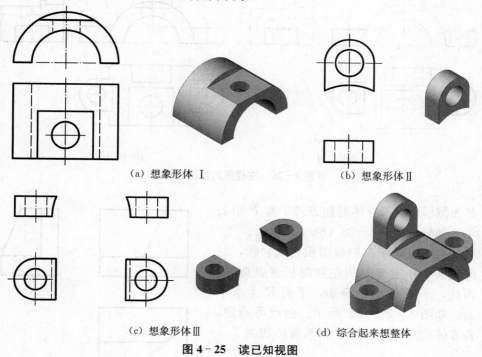

（a）想象形体Ⅰ

（b）想象形体Ⅱ

（c）想象形体Ⅲ

（d）综合起来想整体

图4-25 读已知视图

说明用线面分析法读图的方法和步骤。

（1）分析切割前的基本体的形状。从三个视图的外部轮廓可知,该形体由长方体切割而成,如图4-28（a）所示。

（2）分析截平面的位置。封闭线框 p' 在左视图积聚成斜线,因此,平面

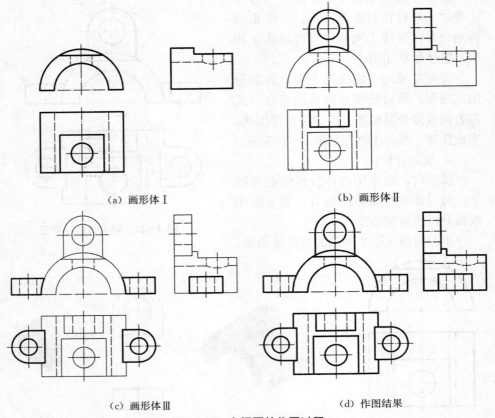

(a) 画形体Ⅰ   (b) 画形体Ⅱ

(c) 画形体Ⅲ   (d) 作图结果

图 4-26 左视图的作图过程

P 为侧垂面，长方体的前方被平面 P 切去了一部分，如图 4-28（b）所示。

封闭线框 q' 在俯视图积聚成斜线，封闭线框 r 在主视图和左视图积聚成直线，因此，平面 Q 为铅垂面，平面 R 为水平面。如图 4-28（c）所示。由此可确定，长方体的左端被平面 Q 和平面 R 切去了一部分。

封闭线框 s''，在主视图和俯视图积聚成直线，因此，平面 S 为侧平面，如图 4-28（d）所示。

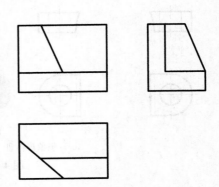

图 4-27 题图

（3）综合分析。长方体前上方切掉一个角，左上方切掉一部分，截平面 P 的形状也发生变化，最后检查 P 的投影，整体形状如图 4-28（d）所示。

84

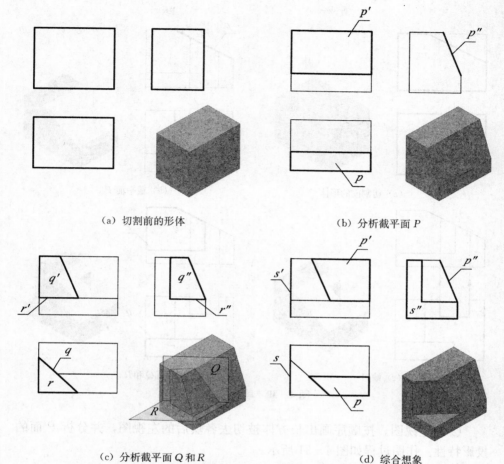

(a) 切割前的形体   (b) 分析截平面 P

(c) 分析截平面 Q 和 R   (d) 综合想象

图 4-28   用线面分析法读图

【例 4-2】 如图 4-29 所示,已知组合体的主视图和俯视图,求作左视图。

①读懂已知视图,想象出形体形状。从主视图和俯视图的外部轮廓可知,该形体由长方体切割而成。长方体的左上角被正垂面 P 切去了一部分,如图 4-30(b)所示。

俯视图后面有一方形缺口,对应主视图两条虚线,说明后面挖了一个方槽。如图 4-30(c)所示。

封闭线框 q' 在俯视图积聚成直线,封闭线框 r 在主视图积聚成直线,由此确定长方体的右前方被平面 Q 和 R 切去了一部分。整体形状如图 4-30(d)所示。

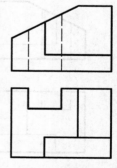

图 4-29   题图

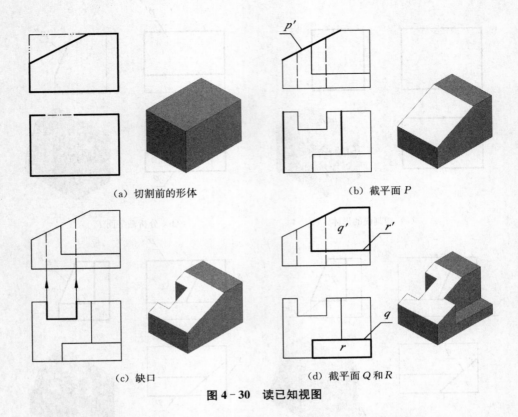

(a) 切割前的形体   (b) 截平面 P

(c) 缺口   (d) 截平面 Q 和 R

图 4-30　读已知视图

②画左视图。按顺序画出长方体被切去各块后的左视图，并分析 P 面的投影特性。作图过程如图 4-31 所示。

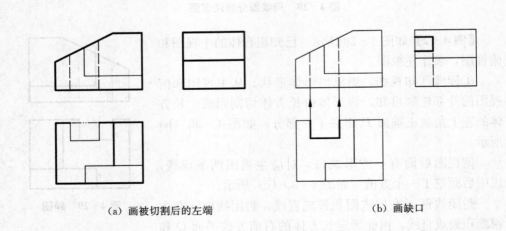

(a) 画被切割后的左端   (b) 画缺口

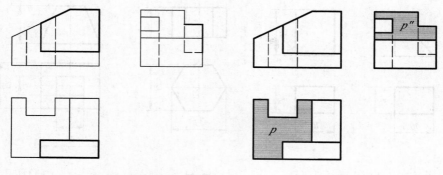

（c）画被切割后右上端   （d）作图结果

图 4-31 画左视图的作图过程

第四节 组合体的尺寸标注

视图只能反映组合体的形状，而其真实大小则要靠标注尺寸来确定。因此标注尺寸是表达物体的重要组成部分。

组合体尺寸标注的基本要求是：

（1）正确——所注尺寸应符合国家标准的有关规定。

（2）完整——尺寸标注必须完全，能完全确定组成组合体的各基本体的形状大小及相对位置。一般应包含各基本体的定形尺寸、定位尺寸和组合体的总体尺寸三方面的内容。

（3）清晰——所注尺寸布置整齐、清楚，便于读图。

一、基本体的定形尺寸

组合体是由若干基本立体按一定组合方式形成的，图 4-32 列出了常见基本立体的尺寸标注。

二、组合体的定位尺寸

定位尺寸是指确定组合体中各基本体之间相对位置的尺寸。要标注定位尺寸，必须选择好定位尺寸的尺寸基准。物体有长、宽、高三个方向的尺寸，每个方向至少要有一个尺寸基准。通常以物体的底面、端（侧）面、对称平面和大孔的轴线等作为尺寸基准，如图 4-33 所示。

图中标注的是支架各基本体之间的定位尺寸。从图中可看出，标注回转体的定位尺寸时，一般都是标注它的轴线位置。

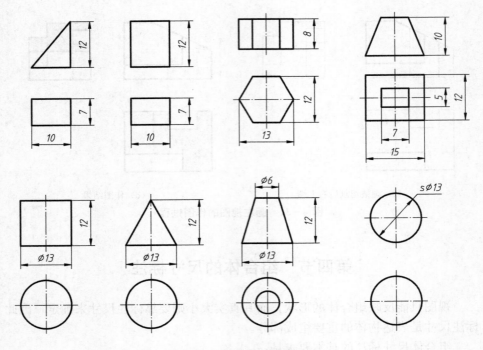

图 4 - 32 基本体的定形尺寸

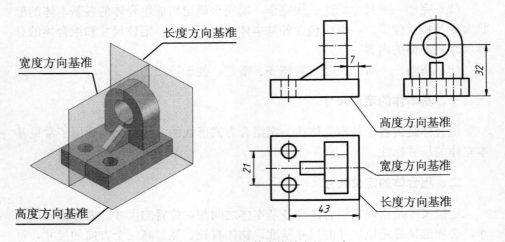

图 4 - 33 支架各基本体的定位尺寸

三、组合体的总体尺寸

组合体的总体尺寸是指组合体在长、宽、高三个方向的最大尺寸。

在标注总体尺寸时，应注意以下几点：

（1）总体尺寸有时就是某形体的定形或定位尺寸，此时一般不再标。如图 4-34（a）中底板的长和宽即为组合体的总长和总宽。

（2）当加注总体尺寸后出现多余尺寸时，需作适当调整，避免出现封闭的尺寸链。如图 4-34（a）中，标注总高，删去小圆柱的高度尺寸（一般删去次要尺寸）。

（3）当组合体的某一方向具有回转面结构时，一般标注其定形和定位尺寸，该方向的总体尺寸不再标注。如图 4-34（b）所示。

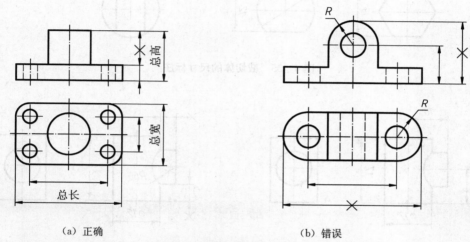

（a）正确　　　　　　　　　　（b）错误

图 4-34　组合体的总体尺寸

四、标注尺寸时应注意的几个问题

1. 截切体的尺寸标注

带截交线的立体应标注立体的大小和形状尺寸以及截平面的相对位置尺寸，不能标注截交线的尺寸。如图 4-35 所示。

2. 相贯体的尺寸标注

带相贯线的立体应标注立体的定形尺寸以及相贯体间的相对位置尺寸，不能在相贯线上标尺寸。如图 4-36 所示。

3. 对称结构的尺寸标注

对称结构的尺寸，不论是定形尺寸还是定位尺寸，都应将对称中心线两边结构合起来标注，不可只标注一边或分两边标注，如图 4-37 所示。

4. 常见薄板零件的尺寸标注

对一些薄板零件，如底板、法兰盘等，它们通常是由两个以上的基本体组成，图 4-38 为常见底板的尺寸标注。

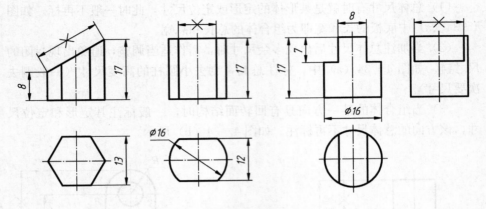

图 4-35　截切体的尺寸标注

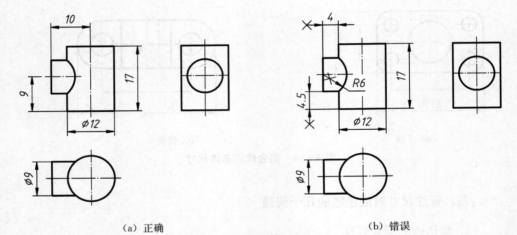

（a）正确　　　　　　　　　　　　　　　　（b）错误

图 4-36　相贯体的尺寸标注

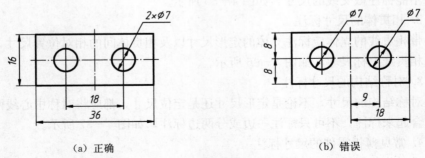

（a）正确　　　　　　　　　　　　　　　　（b）错误

图 4-37　对称结构的尺寸标注

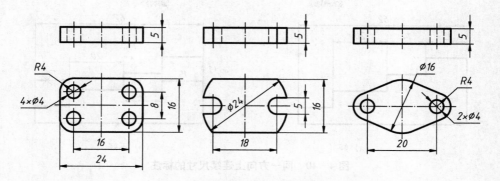

图 4-38　常见底板的尺寸标注

五、尺寸标注的清晰布置

为了便于读图，尺寸标注要力求清晰。尺寸标注清晰布置的几点要求如下：

（1）同一形体的尺寸尽量集中标注在一个视图上，且应尽可能标注在形状特征明显的视图上。如图 4-39 中的底板尺寸尽量集中标注在俯视图上，竖板尺寸尽量集中标注在主视图上。

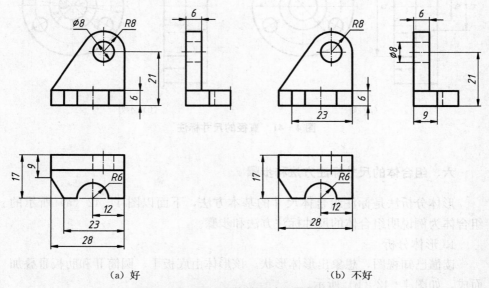

（a）好　　　　　　　　　　　　　　　　　（b）不好

图 4-39　同一形体的尺寸尽量集中标注

（2）同一方向上的连续尺寸，尽量布置在同一条线上，并避免标注成封闭链，如图 4-40 所示。

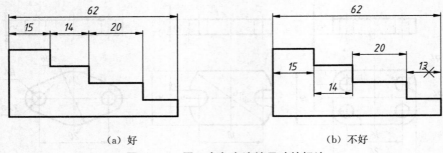

(a) 好   (b) 不好

图 4‑40　同一方向上连续尺寸的标注

（3）尺寸尽量标注在视图的外部，以保持图形清晰，便于读图，如图 4‑40 所示。

（4）尺寸应尽量避免注在虚线上。

（5）两个以上回转体直径尺寸尽量标注在非圆视图上，半径尺寸必须标注在反映圆弧实形的视图上，如图 4‑41 所示。

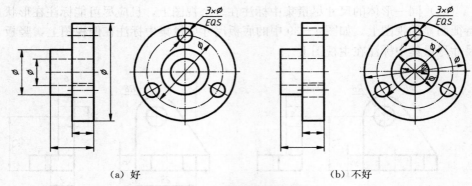

(a) 好   (b) 不好

图 4‑41　直径的尺寸标注

六、组合体的尺寸标注方法和步骤

形体分析法是标注组合体尺寸的基本方法，下面以图 4‑42（a）所示的组合体为例说明组合体的尺寸标注方法和步骤。

1. 形体分析

读懂已知视图，想象出形体形状。该形体由底板Ⅰ、圆筒Ⅱ和肋板Ⅲ叠加而成，如图 4‑42（b）所示。

2. 确定尺寸基准

长度方向以圆筒轴线作为基准；宽度方向以前后基本对称面作为基准；高度方向以底板的底面为基准。如图 4‑42（a）所示。

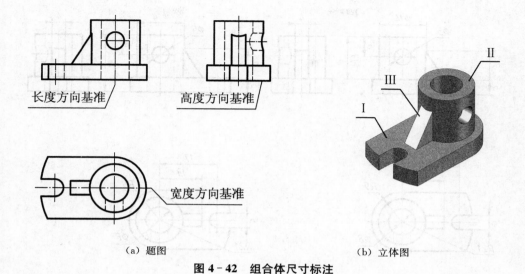

长度方向基准　　高度方向基准

宽度方向基准

（a）题图　　　　　　　　　　　　（b）立体图

图 4 - 42　组合体尺寸标注

3. 逐个标注各个形体的定形和定位尺寸

逐个标注各个形体的定形和定位尺寸，如图 4 - 43（a）、图 4 - 43（b）、图 4 - 43（c）所示。

4. 标注总体尺寸

因该立体长度方向具有回转面结构，所以不必标注总长；标注总高尺寸 18 后，圆筒高度尺寸 13 不再标注；总宽尺寸即为底板右端半圆的直径 18。标注结果如图 4 - 43（d）所示。

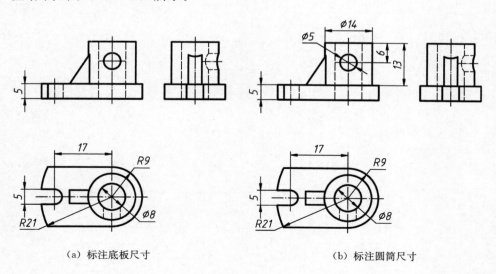

（a）标注底板尺寸　　　　　　　　　　（b）标注圆筒尺寸

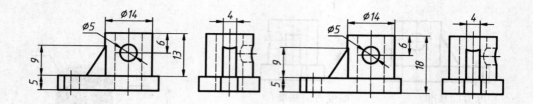

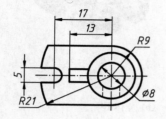

（c）标注肋板尺寸

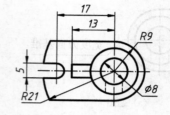

（d）标注总体尺寸

图 4‑43 组合体的尺寸标注

第五章 轴测图

在工程上应用正投影法绘制的多面正投影图，可以完全确定物体的形状和大小，且作图简便，度量性好，依据这种图样可制造出所表示的物体。但它缺乏立体感，直观性较差，要想象物体的形状，需要运用正投影原理把几个视图联系起来看，对缺乏读图知识的人难以看懂。

轴测图是一种单面投影图，在一个投影面上能同时反映出物体三个坐标面的形状，并接近于人们的视觉习惯，形象、逼真，富有立体感。但是轴测图一般不能反映出物体各表面的实形，因而度量性差，同时作图较复杂。因此，在工程上常把轴测图作为辅助图样来说明机器的结构、安装、使用等情况；在设计中，用轴测图帮助构思、想象物体的形状，以弥补正投影图的不足，如图5-1所示。

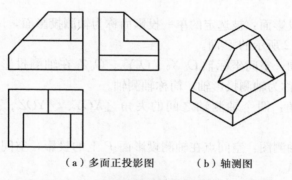

（a）多面正投影图　　（b）轴测图

图5-1 多面正投影图与轴测图的比较

第一节 轴测图的基本知识

一、轴测图的形成

轴测图是把空间物体和确定其空间位置的直角坐标系按平行投影法投影到单一投影面上所得的图形，如图5-2所示。

当投射方向 S 垂直于投影面时，形成正轴测图，如图5-2（a）所示；当投射方向 S 倾斜于投影面时，形成斜轴测图，如图5-2（b）所示。

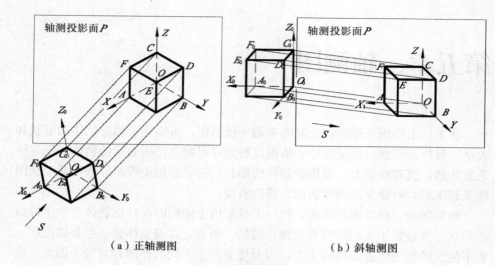

（a）正轴测图   （b）斜轴测图

图 5 - 2   轴测图的形成

二、轴测图的基本术语

（1）轴测投影面：被选定的单一投影面称为轴测投影面，用大写拉丁字母表示，如图 5 - 2 所示的 P 面。

（2）轴测轴：空间坐标轴 O_0X_0、O_0Y_0、O_0Z_0 在轴测投影面 P 上的投影 OX、OY、OZ 称为轴测投影轴，简称轴测轴。

（3）轴间角：两个轴测轴之间的夹角 $\angle XOY$、$\angle YOZ$、$\angle ZOX$ 称为轴间角。

（4）点的轴测图：空间点在轴测投影面 P 上的投影，空间点记为 A_0，其轴测投影记为 A。

（5）轴向伸缩系数：沿轴测轴方向的线段长度与空间物体沿相应坐标轴方向的对应线段长度之比，即：

X 轴的轴向伸缩系数 $p_1 = \dfrac{OA}{O_0A_0}$

Y 轴的轴向伸缩系数 $q_1 = \dfrac{OB}{O_0B_0}$

Z 轴的轴向伸缩系数 $r_1 = \dfrac{OC}{O_0C_0}$

轴间角和轴向伸缩系数是绘制轴测图的重要依据。

三、轴测图的特性

由于轴测图是用平行投影法形成的，所以在原物体和轴测图之间必然保持如下关系：

（1）若空间两直线互相平行，则在轴测图上仍互相平行。如图 5-2 中，若 $A_0F_0 /\!/ B_0D_0$，则 $AF /\!/ BD$。

（2）凡是与坐标轴平行的线段，在轴测图上必平行于相应的轴测轴，且其伸缩系数与相应的轴向伸缩系数相同。如图 5-2 所示：$DE = p_1 \cdot D_0E_0$；$EF = q_1 \cdot E_0F_0$；$BD = r_1 \cdot B_0D_0$。

凡是与坐标轴平行的线段，都可以沿轴向进行作图和测量，"轴测"一词就是"沿轴测量"的意思。而空间不平行于坐标轴的线段在轴测图上的长度不具备上述特性。

四、轴测图的分类

1. 按投射方向分类

按投射方向对轴测投影面相对位置的不同，轴测图可分为两大类：

（1）正轴测图：投射方向垂直于轴测投影面时，得到正轴测图，如图 5-2（a）所示。

（2）斜轴测图：投射方向倾斜于轴测投影面时，得到斜轴测图，如图 5-2（b）所示。

2. 按轴向伸缩系数分类

在上述两类轴测图中，按轴向伸缩系数的不同，每类又可分为三种：

（1）正（或斜）等轴测图（简称正等测或斜等测）：$p_1 = q_1 = r_1$。

（2）正（或斜）二等轴测图（简称正二测或斜二测）：$p_1 = r_1 \neq q_1$，$p_1 = q_1 \neq r_1$，$r_1 = q_1 \neq p_1$。

（3）正（或斜）三轴测图（简称正三测或斜三测）：$p_1 \neq q_1 \neq r_1$。

国家标准规定，工程图样一般采用正等测、正二测、斜二测三种轴测图，其中使用较多的是正等测和斜二测，本章主要介绍这两种轴测图的特性。

第二节　正等轴测图

当三根空间坐标轴 O_0X_0、O_0Y_0、O_0Z_0 对轴测投影面 P 的倾角都相等，并以垂直于轴测投影面 P 的 S 方向为投射方向，这样所得到的正轴测图为正等轴测图，如图 5-3 所示。

一、正等轴测图的轴间角和轴向伸缩系数

如图 5-4（a）所示，在正等轴测图中，轴间角均为 120°，一般将轴测轴 OZ 画成垂直方向，即 OX、OY 都和水平方向成 30°角，各轴向伸缩系数均为

$\cos 35°16' \approx 0.82$。

　　为了简便作图，将轴向伸缩系数简化为 1，即 $p=q=r=1$。采用简化轴向伸缩系数作图时，沿各轴向的所有尺寸都可以用实长度量，作图比较方便，但画出的轴测图比原投影放大了 1.22 倍 $\left(\dfrac{1}{0.82}=1.22\right)$，如图 5-4（b）所示。

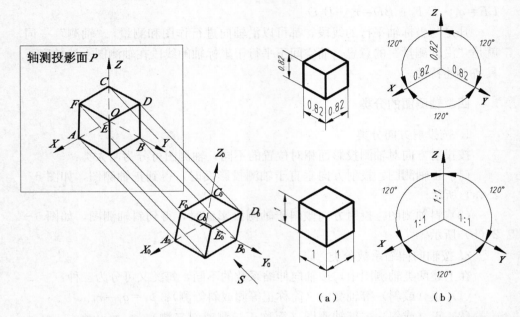

图 5-3　正等轴测图的形成　　图 5-4　正等轴测图的轴间角和轴向伸缩系数

　　1. 简单几何体正等轴测图的画法

　　作平面立体正等轴测图的最基本的方法是坐标法，对于复杂的物体，可以根据其形状特点，灵活运用叠加法、切割法等作图方法。

　　对于简单几何体，可以建立合适的坐标轴，然后按坐标法画出物体上各顶点的轴测投影，再由点连成物体的轴测图。

　　【例 5-1】如图 5-5（a）所示，已知正六棱柱的两视图，画其正等轴测图。

　　作图方法和步骤如下：

　　（1）在视图上确定坐标原点和坐标轴，如图 5-5（a）所示。

　　（2）作轴测轴，然后按坐标分别作出顶面各点的轴测投影，依次连接起来，即得顶面的轴测图Ⅰ Ⅱ Ⅲ Ⅳ Ⅴ Ⅵ，如图 5-5（b）所示。

　　（3）过顶面各点分别作 OZ 的平行线，并在其上向下量取高度 H，得各棱的轴测投影，如图 5-5（c）所示。

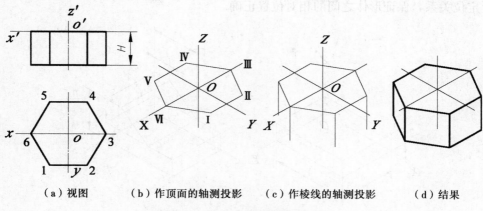

（a）视图　　（b）作顶面的轴测投影　　（c）作棱线的轴测投影　　（d）结果

图5-5　正六棱柱的正等轴测图

（4）依次连接各棱端点，得底面的轴测图，擦去多余的作图线并加深，即完成了正六棱柱的正等轴测图，如图5-5（d）所示。

2.复杂几何体正等轴测图的画法

对于复杂几何体，可以运用形体分析法将物体分成几个简单的形体，然后根据各形体之间的相对位置依次画出各部分的轴测图，即可得到该物体的轴测图。

【例5-2】根据图5-6所示平面立体的三视图，画其正等轴测图。

将物体看作由Ⅰ、Ⅱ两部分叠加而成。作图步骤如图5-6所示。

①画轴测轴，定原点位置，画Ⅰ部分的正等测图，如图5-6（a）所示。

②在Ⅰ部分的正等轴测图的相应位置上画出Ⅱ部分的正等轴测图，如图5-7（b）所示。

③在Ⅰ、Ⅱ部分切割开槽，如图5-7（c）所示。

④然后整理、加深即得这个物体的正等轴测图，如图5-7（d）所示。

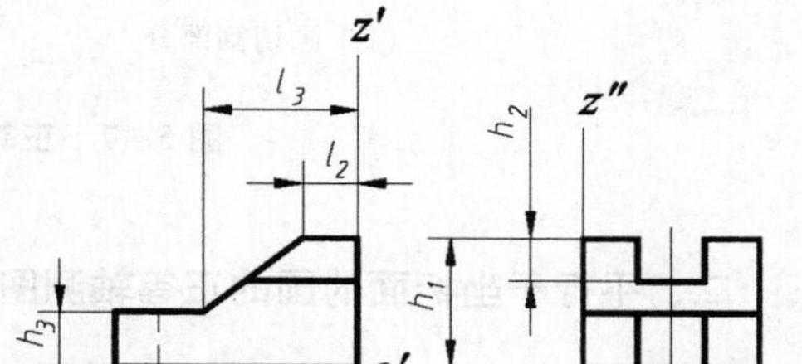

图5-6　平面立体的三视图

用叠加法绘制轴测图时，应首先进行形体分析，并注意各形体在叠加时的定位关系，保证形体之间的相对位置正确。

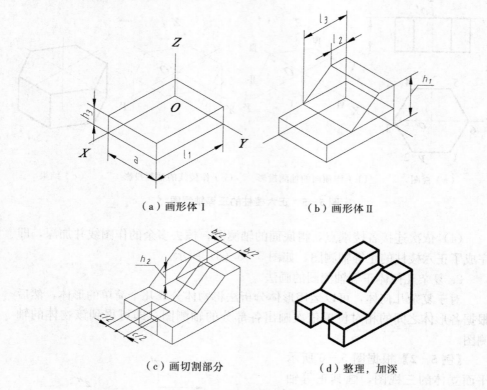

（a）画形体 I　　　　　　　　　（b）画形体 II

（c）画切割部分　　　　　　　　（d）整理，加深

图 5-7　正等轴测图

二、平行于坐标面的圆的正等轴测图

坐标面或其平行面上的圆的正等轴测图是椭圆。三个坐标面上的圆的正等轴测图是大小相等、形状相同的椭圆，只是它们的长、短轴方向不同。用坐标法可以精确作出该椭圆，即按坐标定出椭圆上一系列的点，然后光滑连接成椭圆。但为了简化作图，工程上常采用"菱形法"绘制椭圆。

现以水平面（平行于 XOY 坐标面）上圆的正等轴测图为例，说明用菱形法近似作椭圆的方法，作图步骤如图 5-8 所示。

（1）在正投影图上作该圆的外切正方形，如图 5-8（a）所示。

（2）画轴测轴，根据圆的直径 d 作圆的外切正方形的正等轴测图——菱形。菱形的长、短对角线方向即为椭圆的长、短轴方向。两顶点 3、4 为大圆弧圆心，如图 5-8（b）所示。

（3）连接 D3、C3、A4、B4，两两相交得点 1 和点 2，点 1、2 即为小圆弧的圆心，如图 5-8（c）所示。

（4）以点 3、4 为圆心，以 D3、A4 为半径画大圆弧 DC 和 AB，然后以点 1、2 为圆心，以 D1 和 B2 为半径画小圆弧 AD 和 CB，即得近似椭圆，如图 5-8（d）所示。

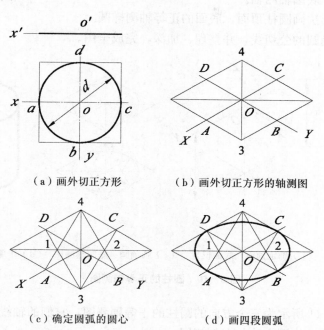

（a）画外切正方形　　　　（b）画外切正方形的轴测图

（c）确定圆弧的圆心　　　　（d）画四段圆弧

图 5-8　用菱形法绘制水平圆的正等轴测图

"菱形法"绘制椭圆，是用四段圆弧来代替椭圆，关键是先作出四段圆弧的圆心，故此方法也称"四心椭圆法"。

如图 5-9 所示为正方体表面上三个内切圆的正等轴测图——椭圆。凡平行于坐标面的圆的正等轴测图均为椭圆，都可以用菱形法作出，只不过椭圆长、短轴的方向不同。椭圆长轴方向是菱形的长对角线方向，短轴方向是菱形的短对角线方向。

【例 5-3】作如图 5-10（a）所示圆柱的正等轴测图。

作图步骤如图 5-10 所示。

①在圆柱的正投影图上确定坐标原点和坐标轴，并作底面圆的外接正

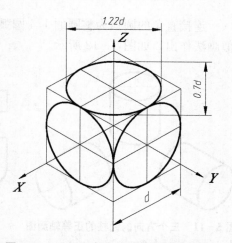

图 5-9　平行于各坐标面圆的正等轴测图

方形。

②画 Z 轴，使其与圆柱轴线重合，定出坐标原点 O，截取圆柱高度 H，画圆柱顶圆、底圆轴测轴。

③用菱形法画圆柱顶面、底面的正等轴测椭圆。

④作两椭圆的公切线，并整理、加深，完成全图。

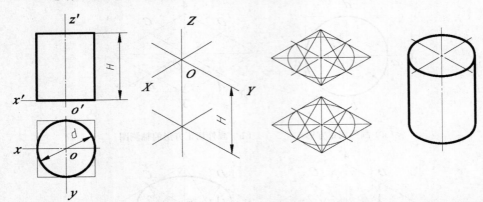

（a）确定坐标轴　　（b）确定顶面、底面位置　　（c）画顶圆、底圆轴测图　　（d）作顶圆、底圆公切线

图 5 - 10　圆柱的正等轴测图

如图 5 - 11 所示为三个方向的圆柱的正等轴测图，它们的轴线分别平行于相应的轴测轴，作图方法与上例相同。

三、圆角正等轴测图的画法

连接直角的圆弧为整圆的 1/4 圆弧，其正等轴测图是 1/4 椭圆弧，可用近似画法作出，如图 5 - 12 所示。

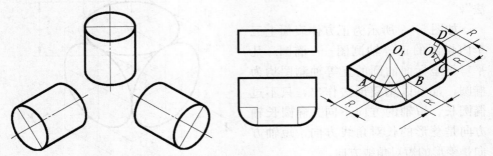

图 5 - 11　三个方向的圆柱的正等轴测图　　图 5 - 12　圆角的正等轴测图的画法

（1）根据已知圆角半径 R，找出切点 A、B、C、D。

（2）过切点分别作圆角邻边的垂线，两垂线的交点即为圆心。

（3）以此圆心到切点的距离为半径画圆弧，即得圆角的正等轴测图。

（4）从圆心 O_1、O_2 向下量取板的厚度，得到底面的圆心，分别画出两段圆弧。

（5）作右端上下两圆弧的公切线，整理、加深，完成作图。

四、综合举例

【例 5 - 4】图 5 - 13 是一个直角支板的正投影图，画其正等轴测图。

作图步骤如图 5 - 14 所示。

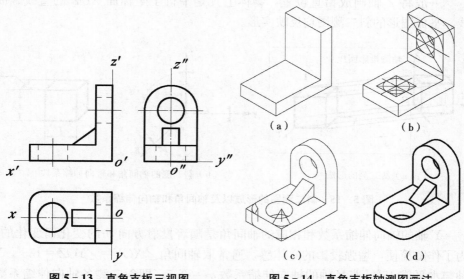

图 5 - 13　直角支板三视图　　　　　图 5 - 14　直角支板轴测图画法

①在正投影图上确定坐标原点和坐标轴，如图 5 - 13 所示。

②画底板和侧板的正等轴测图，如图 5 - 14（a）所示。

③画底板上圆孔、侧板上圆孔及上半圆柱面的正等轴测图，如图 5 - 14（b）所示。

④画底板圆角和中间肋板的正等轴测图，如图 5 - 14（c）所示。

⑤擦去作图线，整理、加深即完成了直角支板的正等测图，如图 5 - 14（d）所示。

第三节　斜二等轴测图

如图 5 - 15（a）所示，如果确定立方体空间位置的直角坐标系的一个坐标面 XOZ 与轴测投影面 P 平行，而投射方向 S 倾斜于轴测投影面 P，这时投射方向与三个坐标面都不平行，得到的轴测图叫正面斜轴测图。本节只介绍其中一种常用的正面斜二等轴测图，简称斜二测。

一、斜二轴测图的轴间角和轴向伸缩系数

从图 5 - 15（a）可以看出，由于坐标面 XOZ 与轴测投影面 P 平行，因此不论投射方向如何，根据平行投影的特性，X 轴和 Z 轴的轴向伸缩系数都等于 1，X 轴和 Z 轴间的轴间角为直角。即：

$$p_1 = r_1 = 1, \quad \angle XOZ = 90°$$

一般将 Z 轴画成铅直位置，物体上凡是平行于坐标面 XOZ 的直线、曲线、平面图形的斜二测图均反映实形。

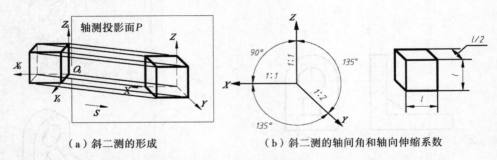

（a）斜二测的形成　　　　　　（b）斜二测的轴间角和轴向伸缩系数

图 5 - 15　斜二测图的形成以及轴间角和轴向伸缩系数

Y 轴的轴向伸缩系数和相应的轴间角是随着投射方向 S 的变化而变化的，为了作图简便，增强投影的立体感，通常取轴间角 $\angle XOY = \angle YOZ = 135°$，$Y$ 轴与水平成 $45°$，选 Y 轴的轴向伸缩系数 $q_1 = 0.5$，即斜二测各轴向伸缩系数的关系是：

$$p_1 = r_1 = 2q_1 = 1$$

斜二测的轴间角和轴向伸缩系数如图 5 - 15（b）所示。

二、平行于坐标面的圆的斜二轴测图

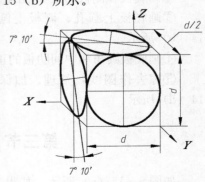

如图 5 - 16 所示，平行于坐标面 XOZ 的圆的斜二测反映实形。平行于另外两个坐标面 XOY、YOZ 的圆的斜二测为椭圆。其长轴与相应轴测轴的夹角为 $7°10'$，长度为 $1.06d$，其短轴与长轴垂直等分，长度为 $0.33d$。

斜二测的椭圆可用近似画法作出。

图 5 - 16　平行于各坐标面的圆的斜二轴测图

三、斜二轴测图的画法

当物体的正面（坐标面 XOZ）形状比较复杂时，采用斜二轴测图较合适。斜二轴测图与正等轴测图作图步骤相同。

【例 5-5】根据物体的正投影图作其斜二轴测图。

作图步骤如图 5-17 所示。

①确定原点，画轴测轴，并作出物体上竖板的斜二测，如图 5-17（b）所示。

②画半圆柱及肋板的斜二测，并在竖板上画圆孔的斜二测，如图 5-17（c）所示。

③擦去作图线，整理、加深即完成全图，如图 5-17（d）所示。

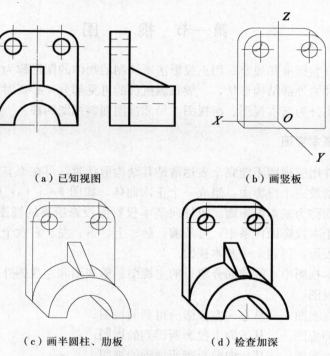

（a）已知视图   （b）画竖板

（c）画半圆柱、肋板   （d）检查加深

图 5-17 支架的斜二测图的画法

第六章　机件的常用表达方法的识读

在生产实际中，机件的结构形状多种多样，对于形状复杂的机件，仅用三个视图往往不能完整、清晰地表达出内外结构形状和大小。因此，国家标准"图样画法"中，明确规定了一系列机件的表达方法，以便根据机件的结构特点，灵活选用，满足表达要求。本章介绍其中一些常用的表达方法，如视图、剖视图、断面图、局部放大图、简化画法及其他规定画法。

第一节　视　　图

根据有关标准和规定，用正投影法所绘制的物体的图形称为视图。视图主要表达机件的外部结构形状，一般只画机件的可见部分，必要时才画其不可见部分。视图分为基本视图、向视图、局部视图和斜视图四种。

一、基本视图

当机件用三视图不能完全表达清楚其结构形状时，可在原有三个投影面的基础上再增设三个投影面，组成一个正六面体，如图 6 - 1 （a）所示。正六面体的六个面称为基本投影面。机件向基本投影面投影所得的视图称基本视图。将机件置于六投影面体系中，可从前、后、上、下、左、右六个方向分别向基本投影面投影，得到六个基本视图。

在基本视图中，除前面介绍过的主视图、俯视图和左视图外，再增加以下三个基本视图：

（1）右视图——从右向左投影所得到的视图；

（2）仰视图——从下向上投影所得到的视图；

（3）后视图——从后向前投影所得到的视图。

六个基本投影面在展开时仍保持 V 面不动，其他投影面按图 6 - 1 （b）所示箭头方向展开至与 V 面共面。

展开后，六个基本视图的配置关系如图 6 - 2 所示。在同一张图纸内，若按图 6 - 2 规定的位置配置视图时，一律不标注视图的名称。各视图间仍保持着"三等关系"，即：主、俯、后、仰四个视图长相等；主、左、后、右四个视图高平齐；俯、左、仰、右四个视图宽相等。各视图仍保持着"方位对应关系"，除后视图外，其他视图靠近主视图的一侧表示物体的后面，远离主视图

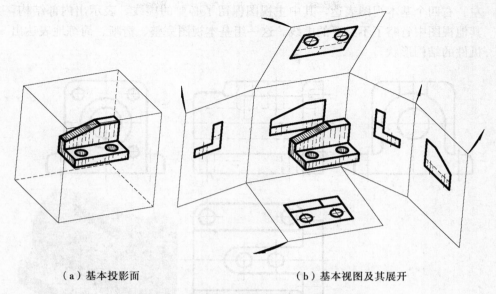

（a）基本投影面 （b）基本视图及其展开

图 6‑1 基本投影面、基本视图及其展开

的一侧表示物体的前面。

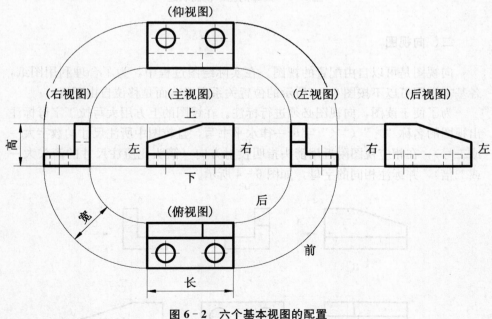

图 6‑2 六个基本视图的配置

实际画图时，应根据机件的结构特点和复杂程度，选用必要的基本视图。
如图 6‑3 所示的阀体，具有前后对称，而左右不对称的特点，采用了主、俯、左、右四个基本视图表达，其中主视图保留了必要的虚线，表示出内部结构，其他视图中省略了不必要的虚线。这一组基本视图完整、清晰、简练地表达出机件的结构形状。

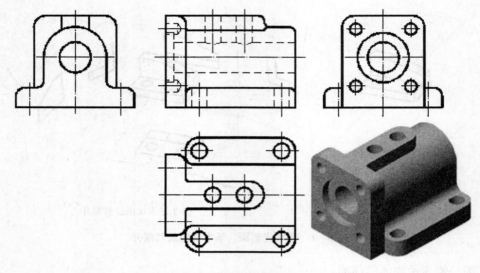

图 6-3　阀体的基本视图表达

二、向视图

向视图是可以自由配置的视图。在实际绘图过程中，为了合理利用图纸，各基本视图可以不按图 8-2 所示的位置关系配置，而是移位自由配置。

为了便于读图，向视图必须进行标注。在视图的上方用大写拉丁字母标注出视图的名称"×"（"×"字母一律水平书写，且较图中所注尺寸的数字大一或二号），在相应视图附近用箭头指明投射方向（箭头比所注尺寸的箭头大一或二倍），并标注相同的字母，如图 6-4 所示。

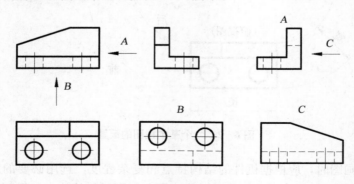

图 6-4　向视图及其标注

向视图是基本视图的另一种表达方式，是移位配置的基本视图，其投射方向应与基本视图的投射方向一一对应，表示投射方向的箭头应尽可能配置在主视图上，而表示后视图投射方向的箭头可配置在左视图或右视图上。

三、局部视图

局部视图是将机件的某一部分向基本投影面投射所得到的视图。

如图6-5所示，主、俯视图已将机件的主体结构表示清楚，尚缺左右两凸缘的形状。将两凸缘分别向两基本投影面投射（图中 A 与 B 箭头所指），便得 "A" 与 "B" 两个局部视图。两个局部视图清楚地表示了凸缘的形状，分别替代了左、右两个基本视图，达到了既清楚表达局部结构，又不重复表达主体结构形状的目的。

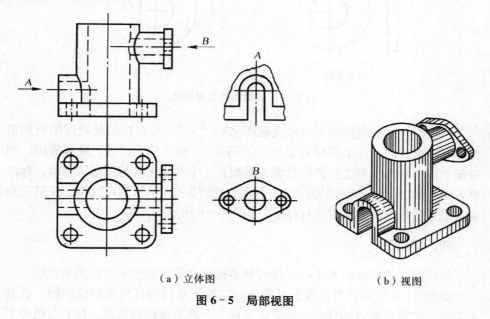

（a）立体图　　　　　　　　　（b）视图

图 6-5　局部视图

局部视图尽量配置在箭头所指的投射方向上，并画在有关视图附近，以便于看图，如图6-5所示中 "A" 局部视图；也可以按第三角画法配置在视图上所需表示的局部结构附近，并用细点画线将两者相连，无中心线的图形可用细实线联系两图，如图6-6所示；必要时也允许配置在其他位置，以便于布置图面，如图6-5所示中 "B" 局部视图。

局部视图的断裂边界以波浪线（或双折线）表示，如图6-5所示中 "A" 局部视图。当所表示的局部结构是完整的，且外轮廓线又成封闭时，波浪线可省略不画，如图6-5所示中 "B" 局部视图。波浪线只能画在机件实体的断裂处，不能超越轮廓线或画在空洞处，如图6-7所示。

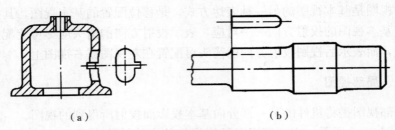

（a）　　　　　　　　　　　（b）

图 6-6　局部视图按第三角画法配置

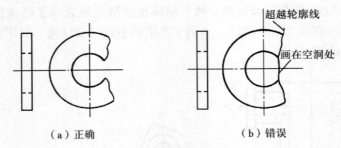

（a）正确　　　　　　　　（b）错误

图 6-7　波浪线的正误画法

　　一般应在局部视图的上方标注视图名称"×"，并在相应的视图附近用箭头指明投射方向，注上同样的字母，如图 6-5 所示中的"A"局部视图。当局部视图与基本视图之间仍按投影关系配置，中间又无其他图形隔开时，标注可省略。如图 6-5 所示中的"A"及下方的箭头与"A"均可省略。按第三角画法配置的局部视图无需另行标注，如图 6-6 所示。

四、斜视图

　　斜视图是将机件向不平行于任何基本投影面的平面投射所得到的视图。

　　如图 6-8 所示，当机件上某部分的结构不平行与任何基本投影面，在基本视图上不能反映该部分的实形时，可选一个新的辅助投影面，使它与机件上倾斜部分的主要平面平行，然后将机件的倾斜部分向该辅助投影面投射，将此面连同其投影按投射方向旋转，重合于与它垂直的投影面，获得倾斜部分实形的视图，即斜视图。

　　斜视图一般按投影关系配置，如图 6-8（b）所示；必要时，也可配置在其他位置，如图 6-8（c）所示；在不致引起误解时，允许将图形旋转成水平或垂直位置，如图 6-8（d）所示。

　　由于斜视图只是为了表达倾斜部分的结构形状，画出了它的实形后，就不必再画出其余部分的投影，故常用波浪线（或双折线）将图形断开。波浪线的画法与局部视图中的画法相同。

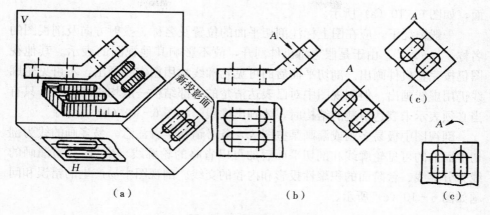

（a）   （b）   （c）

图 6-8　斜视图（一）

　　斜视图一定要注明视图名称"×"，并在相应的视图附近用箭头指明投射方向，标注同样的字母，如图 6-8（b）和图 6-8（c）所示。如斜视图经旋转后画出，此时的标注形式为"×⌒"，旋转符号的箭头指向应与旋转方向一致，表示该视图名称的字母应靠近旋转符号的箭头端，如图 6-8（d）所示。

第二节　剖　视　图

一、剖视的基本概念

　　当机件内部形状比较复杂时，视图上就会出现很多虚线，这样既不利于看图，又不便于标注尺寸，如图 6-9 所示。

　　为了清楚地表达机件内部的结构形状，常采用剖视的方法。如图 6-10 所示，假想用剖切面（平面或曲面）剖开机件，移去处在观察者和剖切面中间的部分，将其余部分向投影面投射所得的图形，称为剖视图（简称剖视）。图 6-10（a）、图 6-10（b）表示用通过机件对称平面的正平面作为剖切面剖切后，把主视图画成剖视图。

　　画剖视图时，为了清楚地表达内部结构，剖切平面应尽量通过这些结构（如孔、槽）的轴线、对称中心线和对称平

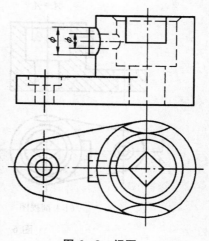

图 6-9　视图

面，如图 6-10（a）所示。

一般情况下，应在图上标注剖切平面的位置及名称、投射方向及剖视图的名称"×—×"。由于是假想将机件剖开，故不影响其他视图的表示。其他视图仍按完整机件画出。剖切平面后的可见轮廓线均用粗实线画出，不可见轮廓线仍用虚线画出。但剖视图中对已表达清楚的内部结构一般均省略虚线，只有当必须表示未表达清楚的结构时，才画出虚线，如图 6-10（b）所示。

剖视图中极易多画或漏画某些图线，务必请初学者注意。易多画的线为剖切平面前的可见轮廓线和剖切平面后的可以省略的轮廓线（虚线）；易漏画的线为分界线、台阶面的积聚性投影和内腔的交线。剖视图中易产生的错误和问题如图 6-10（c）所示。

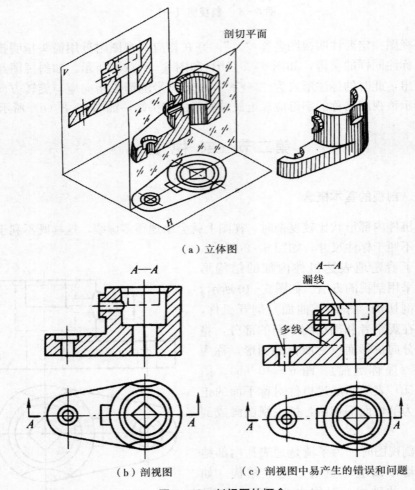

（a）立体图

（b）剖视图　　　　　　（c）剖视图中易产生的错误和问题

图 6-10　剖视图的概念

剖视图中，在剖切平面所接触的机体实体部分（亦称剖面区域）上应画出剖面符号。

二、剖视图的画法

1. 画剖视图的方法

（1）确定剖切平面的位置。画剖视图时，剖切面一般为平面。为了清晰地表达机件的内部结构，避免剖切后产生不完整的结构要素，剖切平面的位置应尽量与机件的对称面重合或通过机件上孔、槽的轴线、对称中心线，并且使剖切平面平行或垂直于某一投影面。如图 6-12（a）所示机件，当主视图采用剖视图时，用通过机件前后对称面的正平面作为剖切面。

（2）画出剖切后的投影。剖开机件后，移去前半部分，并将剖切平面与机件相接触的截断面（剖面区域）的轮廓以及剖切平面后机件的剩余部分结构的可见部分，一并向正投影面投影。注意要仔细分析剩余部分的结构以及剖面区域的形状，以免画错或漏画。

（3）画剖面符号。在剖面区域内画上剖面符号。机件的剖面符号按国家标准（GB/T 4457.5—1984）规定，不同材料用不同的剖面符号表示。各种材料的剖面符号见表 6-1。

表 6-1   常用材料的剖面符号

材料名称	剖面符号	材料名称	剖面符号
金属材料（通用剖面符号）	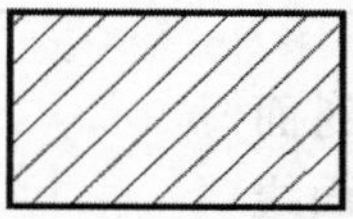	木质胶合板	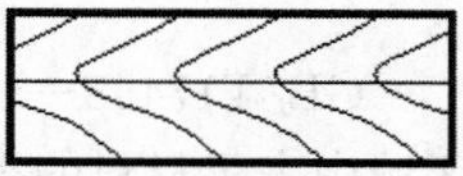
非金属材料（已有规定剖面符号者除外）	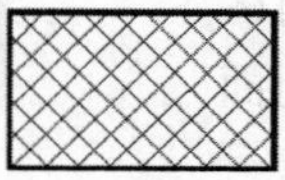	基础周围的泥土	
线圈绕组元件	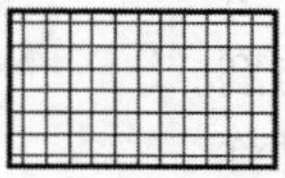	混凝土	

续表

材料名称	剖面符号	材料名称	剖面符号
转子、电枢、变压器、电抗器等的迭钢片		钢筋混凝土	
型砂、填沙、粉末冶金、砂轮、陶瓷刀片、硬质合金刀片等		砖	
玻璃及供观察用的其他透明材料		格网（筛网、过滤网）	
木材 纵断面		液体	
木材 横断面			

GB/T17453—1998 规定，若不需在剖面区域中表示材料的类别时，可采用通用剖面线表示。通用的剖面线应以间隔均匀的细实线绘制，其角度最好与图形的主要轮廓线或剖面区域的对称线成 45°角，如图 6-11 所示。剖面线间隔因剖面区域的大小而异，一般为 2～4mm。剖面区域内，标注数字、字母等处的剖面线必须断开，同一机件在各剖视图中，所有的剖面线方向和间隔必须一致。当画出的剖面线与图形中的主要轮廓线或剖面区域的对称线平行时，该图形的剖面线可画成与图形中的主要轮廓线或剖面区域的对称线成 30°或 60°角的平行线，但其倾斜方向仍与其他图形的剖面线一致，如图 6-12 所示。

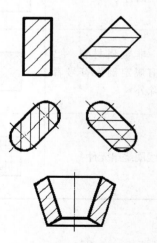

图 6-11 通用剖面线的画法

114

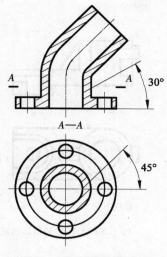

图 6 - 12　剖面线的画法

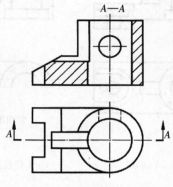

图 6 - 13　剖视图的标注

2. 剖视图的标注

标注的目的是为了在看图时了解剖切位置和投射方向，便于找出投影的对应关系。

（1）剖切符号。在与剖视图相对应的视图上，用剖切符号（线宽 1～1.5b、长度约为 5mm 的断开粗实线）标出剖切位置，并尽可能不与图形轮廓线相交。

（2）投射方向。在剖切符号的起、迄处，用箭头画出投射方向，箭头应与剖切符号垂直。

（3）剖视图名称。在剖切符号的起、迄和转折处，用水平的大写拉丁字母标出，但当转折处地位有限又不致引起误解时，允许省略标注。在相应的剖视图上方用相同的字母标出剖视图的名称"×—×"，如图 6 - 13 所示的 A—A 剖视。

（4）省略标注。剖视图在下列情况下可以省略或简化标注：

①当剖视图按投影关系配置，中间又没有其他图形隔开时，可以省略箭头。如图 6 - 12 所示的 A—A 剖视。

②当单一剖切平面通过机件的对称面或基本对称的平面，且剖视图按投影关系配置，中间又没有其他图形隔开时，可以省略标注。如图 6 - 10（b）、图 6 - 13 所示的剖视图，其剖切符号、剖视名称和箭头均可以省略。

3. 画剖视图时应注意的问题

（1）由于剖视图是假想把机件剖开，所以当一个视图画成剖视图时，其他视图的投影不受影响，仍按完整的机件画出，如图 6 - 14（a）所示。

（2）剖切平面后面的可见部分应全部画出，不能遗漏，如图 6 - 14（a）所示。

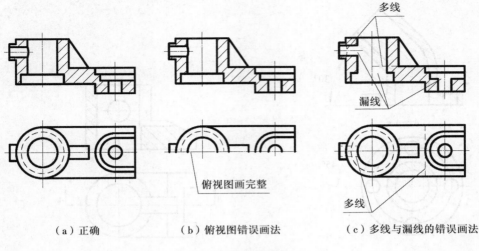

| （a）正确 | （b）俯视图错误画法 | （c）多线与漏线的错误画法 |

图中标注：多线、漏线、俯视图画完整、多线

图 6-14　剖视图画法

（3）在剖视图中，对于已经表达清楚的内部不可见结构，其虚线一般省略不画。在其他视图上，虚线的问题也按同样原则处理。只有对于没有表达清楚的不可见结构，才画出虚线，如图 6-14（a）所示。

在剖视图中容易产生的错误和问题如图 6-14（b）、（c）所示。

三、剖视图的分类

按剖切面剖开机件范围的大小不同，剖视图分为全剖视图、半剖视图和局部剖视图。

1. 全剖视图

用剖切平面完全地剖开机件所得的剖视图称为全剖视图，如图 6-10 和如图 6-15 所示。

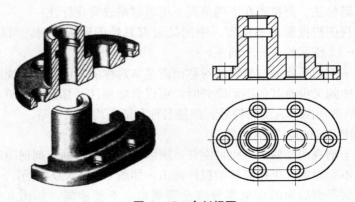

图 6-15　全剖视图

全剖视图主要用于内部结构比较复杂、外形比较简单的机件，或者用于外形虽然复杂但已在其他视图上表达清楚的机件。其标注规则，同前面所述。

2.半剖视图

当机件具有对称平面时，在垂直于对称平面的投影面上投影所得的视图，可以对称中心线为界，一半画成剖视，另一半画成视图，这种剖视图称为半剖视图，如图6-16所示。

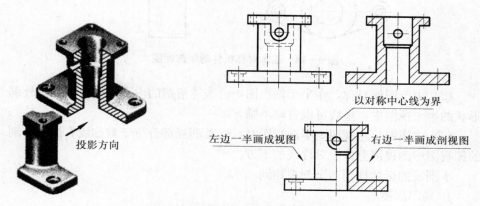

投影方向

以对称中心线为界

左边一半画成视图　　右边一半画成剖视图

图6-16　半剖视图的形成及画法

半剖视图主要用于内、外结构形状都需要表达的对称机件，如图6-17所示。当机件的形状接近于对称，且不对称部分已另有图形表达清楚时，也可以画成半剖视图，如图6-18所示。

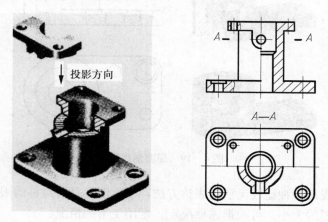

投影方向

A——A

A—A

图6-17　半剖视图

画半剖视图时必须注意：

（1）在半剖视图中，半个外形视图和半个剖视图的分界线应画成点画线，不能画成实线。

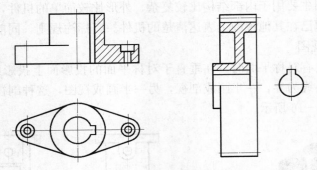

图 6 - 18 基本对称机件的半剖视图

（2）由于图形对称，在半个剖视图中已表达清楚的内部结构，在表达外部形状的半个视图中，虚线可以省略不画。

（3）主视图、左视图为半剖视图时，通常剖视部分位于对称线右侧，半剖的俯视图中剖视部分位于对称线的下方。

半剖视的标注规则与全剖视相同

3．局部剖视图

用剖切平面局部地剖开机件所得的剖视图称为局部剖视图，如图 6 - 19 所示。机件局部剖切后，其视图部分与剖视图部分以波浪线为分界线。

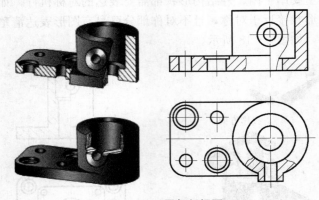

图 6 - 19 局部剖视图

局部剖视是一种比较灵活的表达方法，不受图形是否对称的限制，剖切位置及剖切范围的大小，可根据需要决定。常用于下列情况：

（1）机件的外形简单，只有局部内形需要表达，不必画成全剖视时，如图 6 - 20 所示。

（2）机件的内外形状均需表达，但因不对称而不能采用半剖视时，如图 6 - 21 所示。

118

（3）对称机件的轮廓线与对称中心线重合，不宜采用半剖视时，如图6-22所示。

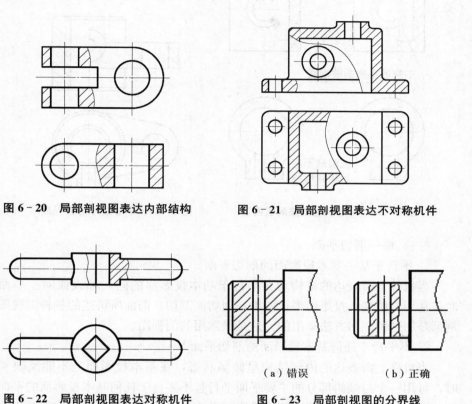

图6-20　局部剖视图表达内部结构　　　　图6-21　局部剖视图表达不对称机件

图6-22　局部剖视图表达对称机件　　　　图6-23　局部剖视图的分界线

（a）错误　　　　（b）正确

画局部剖视图时必须注意：

①浪线不应与图样上其他图线重合，如图6-23所示，也不得超出视图的轮廓线或通过中空部分，如图6-24所示。

②机件上被剖结构是回转体时，可将该结构的中心线作为局部剖视与视图的分界线，如图6-25所示。

③局部剖视图可以单独使用，也可以配合其他剖视使用。局部剖视图运用得好，可使图形简明清晰。但在一个视图中，局部剖切的数量不宜过多，否则会使图形过于破碎。

④对于剖切位置明显的局部剖视，一般可省略标注。若剖切位置不够明显时，则应进行标注。

四、剖切平面的种类及剖切方法

根据剖切平面的位置和数量的不同，可以得到各种剖切方法。

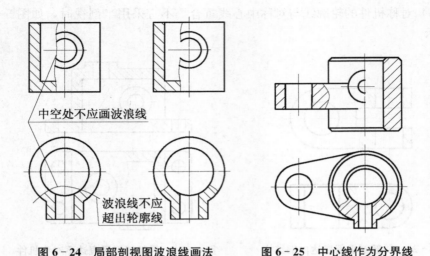

图 6 - 24 局部剖视图波浪线画法　　**图 6 - 25 中心线作为分界线**

（一）单一剖切平面

1. 平行于某一基本投影面的剖切平面

当机件上需表达的结构均在平行于基本投影面的同一轴线或同一平面上时，常用与该基本投影面平行的单一剖切面剖切。前面所讲述的各种剖视图图例都是用这种剖切方法画出的。这是最常用的剖视图。

2. 不平行于任何基本投影面的剖切平面

当机件上需表达的内部结构呈倾斜状态，在基本投影面上不能反映实形时，可用一个与倾斜部分的主要平面平行且不平行于任何基本投影面的平面剖切，再投影到与剖切平面平行的投影面上，即可得到该倾斜部分内部结构的实形，这种剖切方法称为斜剖。如图 6 - 26（b）所示的"A—A"全剖视图就是用单一的斜剖切平面剖切画出的，它表达了机件上倾斜部分的内部结构及宽度。

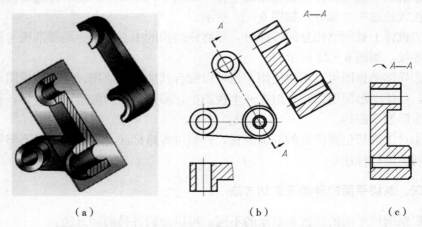

（a）　　　　　　　　（b）　　　　　　　　（c）

图 6 - 26 用不平行于任何基本投影面的单一剖切平面剖切

120

用斜剖得到的剖视图必须按规定标注，如图 6 - 26 所示。画此类剖视图时，一般应按投影关系配置在与剖切符号相对应的位置，必要时也可以将剖视图配置在其他适当位置，在不致引起误解时，允许将图形旋转，但必须在旋转后的剖视图上方指明旋转方向，并水平标注字母，如图 6 - 26（c）所示，也可以将旋转角度值标注在字母之后。

3. 单一剖切平面的识读

【例 6 - 1】识读如图 6 - 27 所示机件的剖视图。

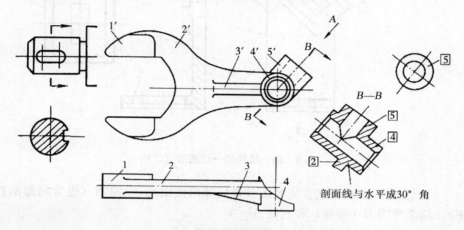

图 6 - 27　机件的一组图形（一）

（1）分析：这组图包含主视图、局部视图（俯视），它们按投影关系配置，可不加标注；斜视图 A，未按投影关系配置；$B—B$ 剖视图是采用斜剖画出的，其画图过程是：

剖——用正垂面 B 剖开机件，其经过路线见主视图中的剖切符号。

移——移走机件左侧大部。

画——将机件"剩余"部分画在与剖切平面 B 平行的投影面上，然后将投影面展开与 V 面取平。$B—B$ 剖视图按投影关系配置。注意：图中的剖面线与水平成30°角。

标——见图。

（2）机件结构说明：此件由五部分组合：

第一部分：Ⅰ（1、$1'$）——近似半圆柱体，两个。

第二部分：Ⅱ（2、$2'$ ②）——板，左端呈 U 形。

第三部分：Ⅲ（3、$3'$）——肋板，三棱柱。

第四部分：Ⅳ（4、$4'$、④）——圆筒，内孔口部倒角。

第五部分：Ⅴ（$5'$、⑤）——圆筒，与圆筒Ⅳ相贯，位于圆筒Ⅳ上部和后部。

圆筒Ⅳ、Ⅴ内孔和外圆直径都相等。

【例 6-2】识读如图 6-28 所示机件采用斜剖画出的剖视图。

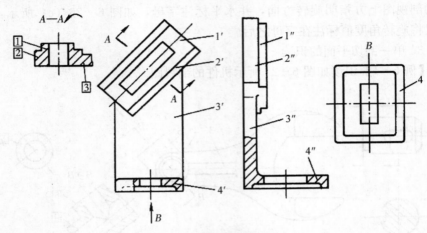

图 6-28　机件的一组图形（二）

（1）分析：这组图包含主视图（含局部剖视图）、左视图（也含局部剖视图）、局部视图 B（仰视）和剖视 A—A。

A—A 是采用斜剖画出的，其画图过程是：

剖——用正垂面 A 剖开机件，其经过路线见主视图中剖切符号。

移——说明略。

画——未按投影关系配置，并且将图形旋转。

标——在转正后的剖视图上方像斜视图那样加以标注。

（2）机件结构说明：此件由四部分组合：

第一部分：Ⅰ（1′、1″、①）——矩形板。

第二部分：Ⅱ（2′、2″②）——矩形板，矩形板工和Ⅱ叠加，中央有矩形孔贯穿。

第三部分：Ⅲ（3′、3″、③）——平板。

第四部分：Ⅳ（4、4′、4″）——矩形板，底面有一矩形坑，顶面有一矩形孔通矩形坑。

【例 6-3】识读如图 6-29 所示机件的剖视图。

（1）分析：这组图包含主视图、A—A 剖视图（H 面剖视图）、B—B 剖视图。

B—B 是采用斜剖画出的，其画图过程是：

剖——用正垂面 B 剖开机件，其经过路线见主视图中的剖切符号。

122

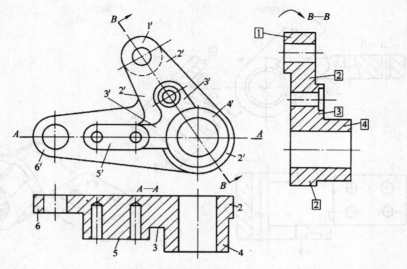

图 6-29 机件的一组图形（三）

移——说明略。

画——未按投影关系配置，而且将图形旋转。

标——采用斜视图方式标注。

（2）机件结构说明：此件由六部分组合：

第一部分：Ⅰ（1′、①）——圆凸台，中央有一孔。

第二部分：（2、2′②）——板、琵琶形。顶端有一孔与凸台Ⅰ相通。

第三部分：Ⅲ（3、3′、③）——板，呈Ⅴ形，有一沉孔。

第四部分：Ⅳ（4、4′、④）——圆筒。

第五部分：Ⅴ（5、5′）——长圆形凸台，钻有两孔（不通孔）。

第六部分：Ⅵ（6、6′）——板，左端有一孔。

如图 6-30 所示为系此件的立体图，供参阅。

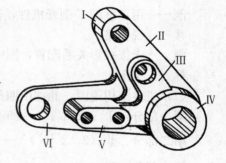

图 6-30 机件立体图（一）

【例 6-4】识读如图 6-31 所示机件的剖视图。

（1）分析：如图 6-31（a）包含主视图（含局部剖视图 B—B 剖视图）、俯视图（含局部视图 A—A）和 C—C 剖视图（采用斜剖）。

C—C 剖视图的画图过程是：

123

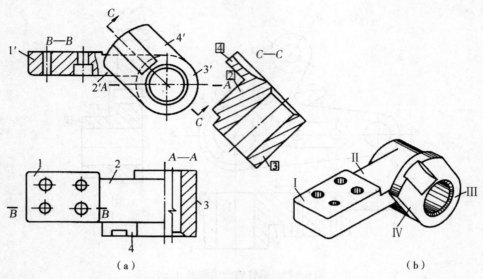

图 6-31 机件的一组图形（四）

剖——用正垂面 C 剖开机件，其经过路线见主视图中的剖切符号。

移——说明略。

画——未按投影关系配置，图中剖面线与水平成 30～。

标——见图。

（2）机件结构说明：此件由四部分组合：

第一部分：Ⅰ（1、1′）——平板，上有沉孔两组，光孔两个。

第二部分：Ⅱ（2、2′ ②）——平板，较板Ⅰ薄。

第三部分：Ⅲ（3、3′、③）——圆筒，孔口前端倒角。

第四部分：Ⅳ（4、4′、④）——平板，上端侧面呈弧形，前有一槽，槽底呈曲面，平板前面与圆筒Ⅲ的前端面平齐，后面贴板Ⅱ。

如图 6-31（b）所示是此件的立体图，供参阅。

【例 6-5】识读如图 6-32 所示机件的剖视图。

（1）分析：这组图包含主视图、俯视图和 A—A 剖视图。主视图可看作是局部视图，因为右侧的机件结构未全部画出，用波浪线将其省略了。在主视图中还有一处局部剖视，以显示圆筒Ⅰ内形，因其剖切位置容易推知，故未作标注。A—A 是采用斜剖画出的，其画图过程是：

剖——用铅垂面 A 剖开机件，其经过路线见俯视图中的剖切符号。

移——说明略。

画——未按投影关系配置，图中剖面线与水平成 30°角。

124

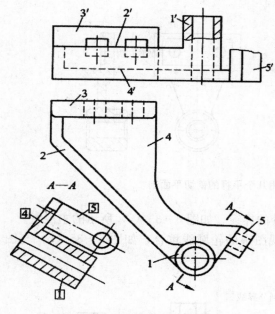

图 6-32　机件的一组图形（五）

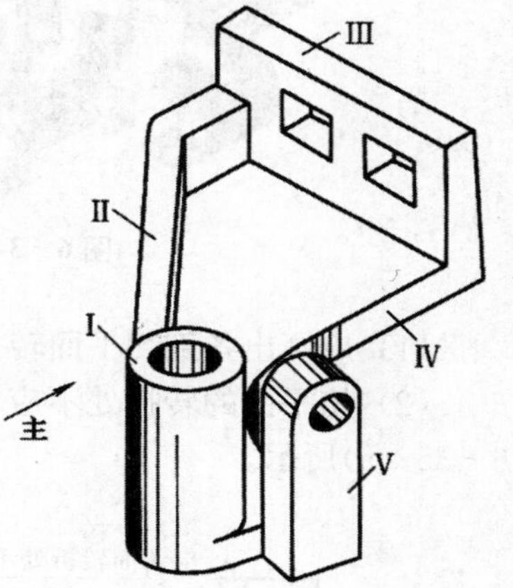

图 6-33　机件立体图（二）

标——见图。

（2）机件结构说明：此件由五个部分组合：

第一部分：Ⅰ（1、1'、①）——圆筒。

第二部分：Ⅱ（2、2'）——弯板。

第三部分：Ⅲ（3、3'）——矩形板，上有两个方孔。

第四部分：Ⅳ（4、4'、④）——平板。

第五部分：Ⅴ（5、5'、⑤）——平板，上部呈半圆形，有一圆孔。

如图 6-33 所示是此件的立体图，供参阅。

（二）几个平行的剖切平面

1. 阶梯剖切和画图过程

当机件需表达的结构层次较多，且机件上孔、槽的轴线或对称面位于几个互相平行的平面上时，可以用几个平行的剖切平面剖开机件，再向基本投影面投影，这种剖切方法称为阶梯剖。

如图 6-34 所示的机件上有三种不同结构的孔，用两个互相平行的平面分别通过对称面上大圆柱孔和右侧小圆柱孔的轴线剖开机件。这样画出的剖视图，就能把机件的多层次的内部结构完全表达清楚。

用阶梯剖切法画剖视图时，必须注意以下几点：

125

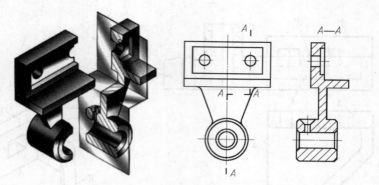

图 6-34　用几个平行的剖切平面剖

（1）应画出各剖切平面转折处的界线，如图 6-35（a）所示的主视图。

（2）切平面的转折处不应与视图中的轮廓线重合，如图 6-35（b）与图 6-35（a）所示。

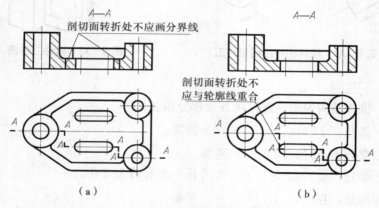

（a）　　　　　　　　　　　　　　（b）

图 6-35　用几个平行剖切平面剖切时常见的错误（一）

（3）在图形内不应出现不完整的要素，如图 6-36（b）所示。只有当两个要素在图形上具有公共对称中心线或轴线时，可以对称中心线或轴线为界各画一半，如图 6-37 所示。

（4）所得剖视图必须标注，在剖切面的起、迄和转折处画出剖切符号表示剖切位置，同时注上大写拉丁字母，并用箭头指明投射方向，在相应的剖视图上方用相同的字母标出剖视图的名称"×—×"，如图 6-34 所示（图中省略了箭头）。

（5）用阶梯剖切也可以获得半剖视图和局部剖视图，如图 6-38 所示。

2. 阶梯剖的识读

【例 6-6】识读如图 6-39（a）所示机件采用阶梯剖画出的全剖视图。

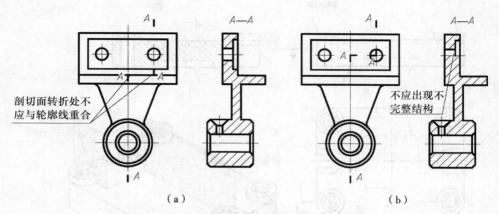

剖切面转折处不
应与轮廓线重合

不应出现不
完整结构

（a）　　　　　　　　　　　　（b）

图 6‑36　用几个平行剖切平面剖切时常见的错误（二）

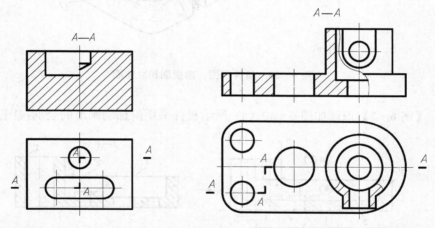

图 6‑37　具有公共对称线的画法　图 6‑38　用两个平行平面剖切的局部剖视图

（1）分析：此件由两部分组合：板和凸台。板的两侧各有一 U 形台阶槽，底面有一方坑。凸台四个，分布于板的四角，有孔通底面，孔口倒角。凸台半径等于板的四圆角半径，因此，板的 Q 面与凸台圆柱面相切，相切处不能画线，板的 P 面在主视中投影实线只能画到凸台轴线，剩下的画虚线。如图 6‑39（a）所示包含主、俯两图，主视应采用阶梯剖。

（2）V 面全剖视图（A—A）的形成［见图 6‑39（b）、图 6‑39（c）所示］，其画图过程是：

剖——使平行于 V 面的剖切平面通过 U 形槽的对称中心线，切完底部方坑后转到衔接平面再通过凸台轴线剖开机件，如图 6‑39（a）俯视中的剖切符号所示。

移、画、标——说明略。

画 A—A 剖视后，主视图应取消。

127

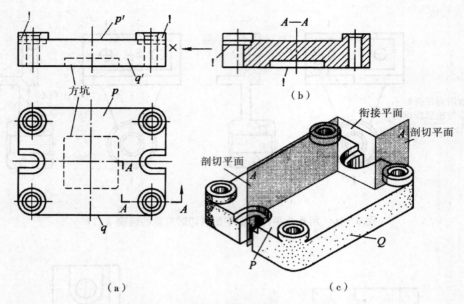

图6-39 机件视图、剖视图和立体图

【例6-7】识读如图6-40（a）所示机件采用阶梯剖画出的全剖视图。

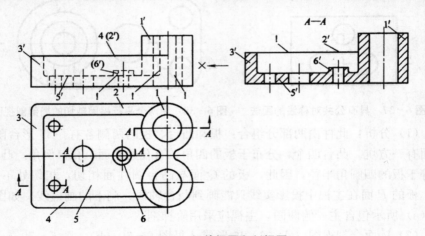

图6-40 机件视图和剖视图

（1）分析：此件由六部分组合：

第一部分：Ⅰ（1、1′）——圆筒，两个，它们的外圆相连。

第二部分：Ⅱ（2、2′）——板。

第三部分：Ⅲ（3、3′）——板。

第四部分：Ⅳ（4、4′）——板。

128

第五部分：V（5、5′）底板，其左侧两角各有一孔，对称中心线上有一孔。

第六部分：Ⅵ（6、6′）——凸台，有一孔通底板。

如图6-40（a）所示的主视图应采用阶梯剖。

（2）V面全剖视图（A—A）的形成［如图6-40（b）所示］，其画图过程是：

剖——用三个平行于V面的剖切平面（衔接平面不计）剖开机件。其经过路线见俯视图中的剖切符号。

移、画、标——说明略。

画剖视A—A后，主视图取消。

【例6-8】识读如图6-41（a）所示机件采用阶梯剖画出的全剖视图。

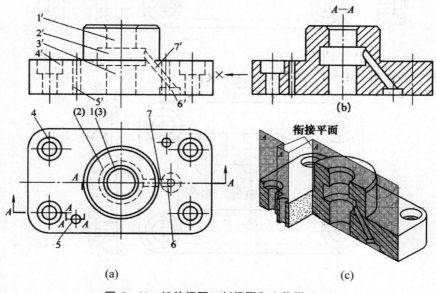

图6-41 机件视图、剖视图和立体图（一）

（1）分析：此件由一圆筒体和一矩形底板组合。圆筒体内的孔分为三段。Ⅰ（1、1′）和Ⅲ（3、3′）直径相等，但孔Ⅰ口部有倒角，孔Ⅱ（2、2′）的直径较大，其右侧有一斜孔Ⅶ（7、7′）与矩形底板的圆坑Ⅵ（6、6′）相通。底板四角各有一沉孔Ⅳ（4、4′），另有光孔V（5、5′）两个。如图6-41（a）所示的主视图应采用阶梯剖。

（2）V面全剖视图（A—A）的形成［如图6-41（b）、（c）所示］，其画图过程是：

剖——用三个平行于V面的剖切平面剖开机件，其经过路线见俯视图中

129

的剖切符号。

移、画、标——说明略。

画剖视 A—A 后，主视图取消。

【例 6 - 9】识读如图 6 - 42（a）所示机件采用阶梯剖画出的全剖视图。

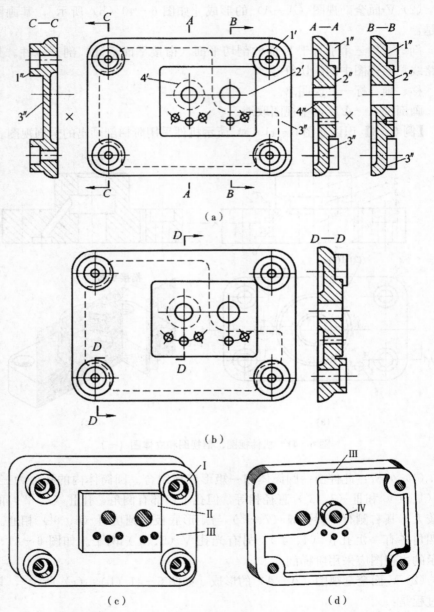

（a）

（b）

（c）　　　　　　　　（d）

图 6 - 42　机件视图、剖视图和立体图（二）

（1）分析：如图 6-42（a）包含主视图和三个单一剖切平面全剖视 A—A、B—B（以上两图相当于左视）、C—C（相当于右视），如果将 A—A 剖视图改为阶梯剖，使其剖切平面经过凸台，则 C—C 剖视图就可删掉了。

如图 6-42（a）、（c）所示机件由四部分组合：

第一部分：Ⅰ（1'、1"）——圆凸台，四个，分布于机件四角，各有一沉孔通背面。

第二部分：Ⅱ（2'、2"）——矩形凸台，从 A—A 剖视图看出，矩形凸台左侧有较小的光孔三个（只剖到一个），较大的光孔一个，此光孔直通背面的凸台Ⅳ。从 B—B 剖视图可知，矩形凸台右侧有不通孔两个（只剖到一个），较大的光孔一个。

第三部分：Ⅲ（3'、3"）——矩形板，它的背面有一凹坑，凹坑的形状用细虚线显示在主视图中，凹坑的深度在 A—A、B—B、C—C 中都有表示。

第四部分：Ⅳ（4'、4"）——圆凸台，处于矩形板Ⅲ背面的凹坑中［如图 6-42（d）所示］。

（2）将 A—A 剖视图改为阶梯剖的全剖视图 D—D［如图 6-42（b）所示］，其画图过程是：

剖——剖切平面的经过路线如图 6-42（b）主视图中的剖切符号。

移、画、标——说明略。

新的一组图包括：主视图、D—D 和 B—B 剖视。A—A、C—C 取消。

（三）几个相交的剖切面

1. 几个相交的剖切面剖切和画图过程

当机件的内部结构用一个剖切平面不能表达完全，而其整体结构具有明显的回转轴线时，可以用几个相交的剖切面（交线垂直于某一基本投影面）剖开机件，并将那个不平行于投影面的剖切平面剖开的结构及其有关部分旋转到与选定的基本投影面平行后再进行投影，这种剖切方法称为旋转剖，如图 6-43 所示。

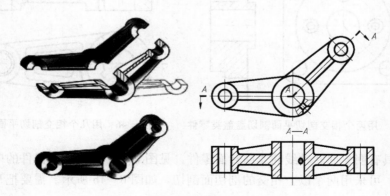

图 6-43　用两个相交剖切平面剖切

用旋转剖切法画剖视图时，必须注意以下几点：

（1）应先剖切再旋转后投影的方法绘制剖视图。

（2）位于剖切面后的结构要素一般不应旋转，仍按原来位置投影，如图6-43所示的小油孔的两个投影。

（3）当剖切后产生不完整要素时，应将该部分按不剖画出，如图6-44所示。

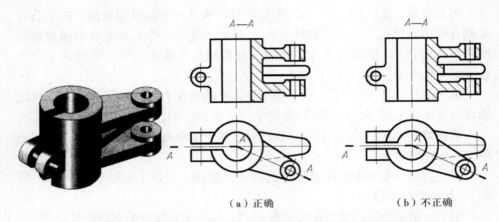

（a）正确　　　　　　　　（b）不正确

图6-44　用几个相交剖切平面剖切后产生不完整结构要素时的画法

（4）剖视图必须进行标注，如图6-43、图6-44所示。

（5）用旋转剖切同样可以获得半剖视图和局部剖视图。

这种剖切方法常用于下列情况：

①盘盖类零件上孔、槽等的形状，如图6-45所示。

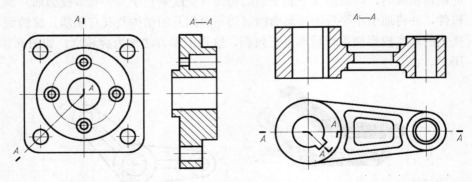

图6-45　用两个相交剖切平面剖切盘盖类零件　　图6-46　用几个相交剖切平面剖切

②具有明显回转轴线的非回转面零件，见图6-44所示。当机件的内部结构较多，可采用两个以上相交的剖切面剖切，如图6-46所示。需要把几个剖

切面展开成与某一基本投影面平行后再投影，即采用展开画法，此时应在剖视图上方标注"×—×展开"，如图 6-47 所示。

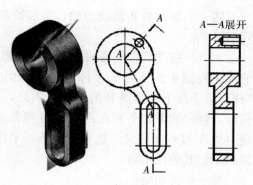

图 6-47　展开画法

2. 用几个相交的剖切面剖切机件的识读

【例 6-10】识读如图 6-48(a)所示机件采用两个相交剖切平面剖切后画出的全剖视图。

(1) 分析：此件由五部分组合。

第一部分：Ⅰ（1′、1″）——平板，两块，各有一孔。

第二部分：Ⅱ（2′、2″）——圆筒，上方有槽。

第三部分：Ⅲ（3′、3″）——平板，两块，与 W 面倾斜。

第四部分：Ⅳ（4′、4″）——圆筒，两只，位于平板Ⅲ末端。

第五部分：Ⅴ（5′、5″）——平板，与平板Ⅲ方向不一致。

如图 6-48（a）所示中的主视应保留，左视应改为剖视图。

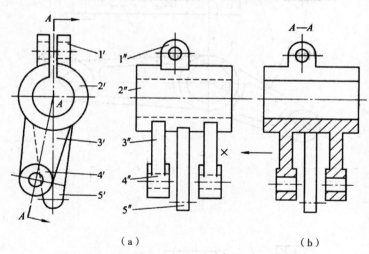

（a）　　　　　　　　　（b）

图 6-48　机件视图和剖视图

(2) W 面全剖视图（A—A）的形成［如见图 6-48（b）所示］，其画图过程是：

剖——用两个相交的剖切平面剖开机件，其经过路线见主视图中的剖切符号。两剖切平面的交线垂直于 V 面且与圆筒Ⅱ轴线重合。

移——说明略。

133

转——以圆筒Ⅱ轴线为轴，将被倾斜剖切平面剖到的结构"旋转"到与W面平行。

画——按"旋转"后的投影关系画图，平板Ⅲ在剖视A—A中的长度要按它在主视图中的实际长度画。剖切平面从圆筒Ⅱ的槽子处剖开机件，没有"伤"着平板Ⅰ和圆筒Ⅱ的上壁，因此，在A—A剖视图中该处不画剖面线。另外，倾斜的剖切平面在剖平板Ⅲ和圆筒Ⅳ时，也剖到了平板Ⅴ的一部分，使平板Ⅴ变得不完整。这种情况下，平板Ⅴ应该按未剖处理，如A—A剖视图所示。其余说明略。

标——说明略。

画A—A剖视后，左视图取消。

【例6-11】识读如图6-49（a）所示机件采用两个相交剖切平面剖切后画出的全剖视图。

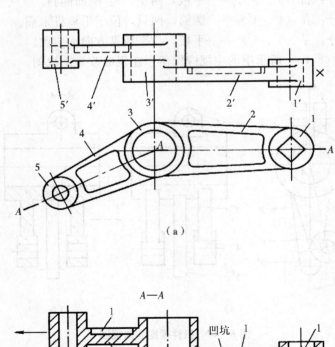

（a）

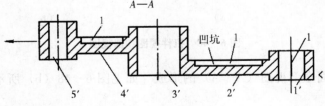

（b）

134

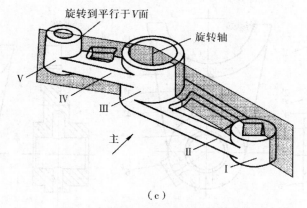

旋转到平行于V面

旋转轴

V

Ⅳ

Ⅲ

主

Ⅱ

Ⅰ

（c）

图 6‑49　机件视图、剖视和立体图

（1）分析：此件由五部分组合。

第一部分：Ⅰ（1、1″）——圆柱体，中央有方孔。

第二部分：Ⅱ（2、2″）——板，上有凹坑，凹坑形状见俯视图，凹坑深度见主视图。

第三部分：Ⅲ（3、3′）——圆筒。

第四部分：Ⅳ（4、4′）——板，上有凹坑。

第五部分：Ⅴ（5、5′）——圆筒。

如图 6‑49（a）所示的俯视图应保留，主视图应改为剖视图。

（2）V 面全剖视图（A—A）的形成［如图 6‑49（b）所示］，其画图过程是：

剖——剖切平面经过路线见俯视图中的剖切符号。两剖切平面的交线垂直于 H 面且与圆筒Ⅲ轴线重合。

移——说明略。

转——"旋转"时以圆筒Ⅲ轴线为轴。其余说明略。

画——经过"旋转"后，圆筒 V 在 A—A 剖视和俯视图中的投影已不应"对正"。因剖切平面通过凹坑，凹坑处的板较薄，而板的其余部分厚度一致，所以 A—A 剖视中画有"！"的线不可漏画。另外，圆柱Ⅰ中的方孔剖开后，中间有一条实线，也不要漏画。

标——说明略。

画 A—A 剖视后，原主视图取消。

【例 6‑12】识读如图 6‑50（a）所示机件采用两个相交剖切平面剖切后画出的全剖视图。

（1）分析　此件由六部分组合：

第一部分：Ⅰ（1′、1″）——半圆筒，中间挖了一道弧形槽。

135

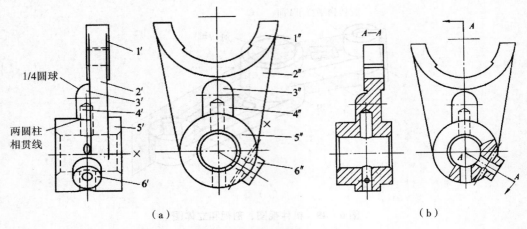

图 6‑50　机件视图和剖视图

第二部分：Ⅱ（2′、2″）——平板，其前后侧面与半圆筒Ⅰ和圆筒Ⅴ相切。

第三部分：Ⅲ（3′、3″）——球体（1/4）。

第四部分：Ⅳ（4′、4″）——半圆柱体，它与球体Ⅲ相切。

第五部分：Ⅴ（5′、5″）——圆筒，其内孔两端倒角。从圆筒下面钻一孔，直达形体Ⅲ、Ⅳ，孔的末端那个三角形就是钻头残孔的投影。

第六部分：Ⅵ（6′、6″）——圆凸台，有一斜孔直通圆筒Ⅴ，在此斜孔的垂直方向又有一孔与之相通（见左视图）。图 6‑50（a）所示中左视图中可作一局部剖视图［如图 6‑50（b）所示］，显示斜孔结构。主视图则应改为全剖视图。

（2）Ⅴ面全剖视图（A—A）的形成［如图 6‑50（b）所示］，其画图过程是：

剖——两个相交的剖切平面的经过路线见左视图中的剖切符号。

移、转、画、标——说明略。

画图 6‑50（b）后，图 6‑50（a）全部取消。

【例 6‑13】识读图 6‑51（a）所示机件用三个相交的剖切平面剖切后画出的全剖视图。

（1）分析：此件由五部分组合。

第一部分：Ⅰ（1、1′）——长圆形柱体，中央有长圆孔。

第二部分：Ⅱ（2、2′）——板，连接Ⅰ、Ⅲ。

第三部分：Ⅲ（3、3′）——圆筒，筒中有一槽。

第四部分：Ⅳ（4、4′）——板，连接形体Ⅲ、Ⅴ。

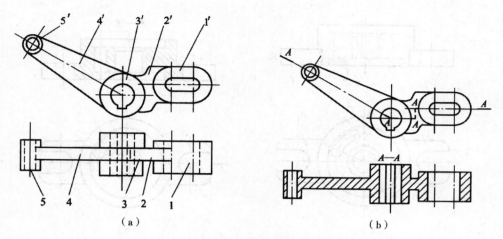

（a）　　　　　　　　　　　　　　　（b）

图6-51　机件视图和剖视

第五部分：Ⅴ（5、5′）——圆筒。根据这个机件的结构特点，如图6-51（a）所示中俯视图应改为剖视图。

（2）H面全剖视图（A—A）的形成［如图6-51（b）所示］，其画图过程是：

剖——用三个剖切平面（衔接平面不计）剖开机件，不同部位的结构要素都被剖到了。其中两个剖切平面平行于H面，一个倾斜于H面却垂直于V面。剖切平面的交线均为正垂线。剖切经过路线见主视图中的剖切符号。

移——说明略。

转——将倾斜剖切平面连同被它切到的结构"旋转"到与H面平行，旋转轴为圆筒Ⅲ的轴线。

画——与阶梯剖相同，衔接平面不应在剖视中留下"痕迹"。A—A剖视图的长度要稍大于原俯视图。其余说明略。

标——说明略。

画图6-51（b）后，图6-51（a）取消。

【例6-14】识读图6-52所示机件用三个相交的剖切面剖切后画出的全剖视图。

（1）分析：此件由五部分组合。

第一部分：Ⅰ（1、1′）——平板，两块，各有一U形槽。

第二部分：Ⅱ（2、2′）——圆柱，它的顶、底面各挖一圆柱坑，坑底中央有一圆孔，孔上口倒角，坑的右后方有一月牙槽，直通上下圆柱坑。如图6-52（a）所示中主视图应改为剖视图。

（2）V面全剖视图（A—A）的形成［如图6-52（b）所示］，其画图过

137

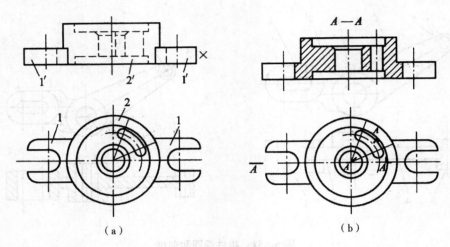

图 6-52　机件视图和剖视

（a）　　　　　　　　　　　（b）

程是：

剖——用三个剖切面（衔接面是柱面，不计）剖开机件，其中一个剖切平面倾斜于 V 面。剖切面交线均为铅垂线，剖切经过路线见俯视图中的剖切符号。

移——说明略。

转——将倾斜剖切平面和被它切到的结构（例如月牙槽）"旋转"到与 V 面平行。旋转轴是圆孔的轴线。

画——衔接面不应在剖视图中留下"痕迹"。其余说明略。

标——说明略。

画图 6-52（b）后，图 6-52（a）取消。

【例 6-15】识读图 6-53（a）所示机件采用四个相交的剖切面剖切后画出的全剖视图。

（1）分析：此件由三部分组合。

第一部分：Ⅰ（1、1'）——方凸台。

第二部分：Ⅱ（2、2'）——矩形板，与凸台Ⅰ同宽，比凸台Ⅰ长，四角各有一沉孔。

第三部分：Ⅲ（3、3'）——圆柱体，其末端外圆倒角。

形体Ⅰ、Ⅱ、Ⅲ叠加后开一圆柱坑，再在圆坑底面中央开一小孔，直通机件底部，在小孔周围均匀分布四个沉孔。如图 6-53（a）所示的主视图应改为剖视图。

（2）V 面剖视图（A—A）的形成［如图 6-53（b）所示］，其画图过程是：

138

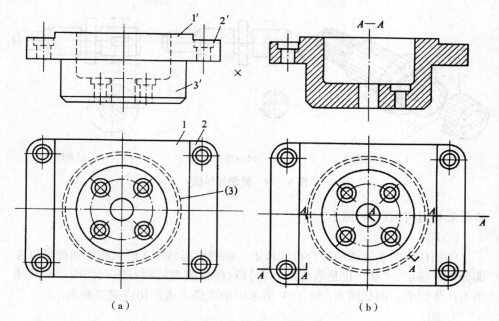

图 6 - 53　机件视图和剖视

剖——用四个剖切面（两个衔接面中一个是平面，一个是柱面）剖开机件，剖切面交线均为铅垂线，机件上不同部位的结构都剖到了，其经过路线见俯视图中的剖切符号。

移——说明略。

转——将倾斜剖切平面和被它切到的结构（例如沉孔）"旋转"到与 V 面平行。旋转轴是圆柱Ⅲ的轴线。

画、标——说明略。

画图 6 - 53（b）后，图 6 - 53（a）取消。

第三节　断　面　图

一、断面图的形成和分类

如图 6 - 54 所示是机件的一组断面图形，该断面图的形成也可以归纳为四个字：剖、移、画、标。现以断面图 "A—A" 为例加以说明。

1. 剖

假想用一剖切平面将机件从需要显示其断面形状的地方切断。断面图 A—A 是用一个剖切平面从键槽中间将机件切断的，剖切平面平行于 W 面。

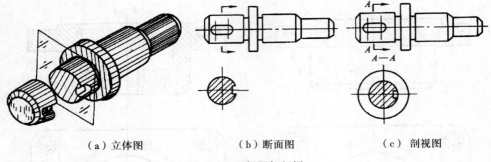

（a）立体图　　　　　　　（b）断面图　　　　　　　（c）剖视图

图 6-54　断面与剖视

断面形状也将画在 W 面上。

2. 移

将挡住画图者视线的部分机件移走。画断面图 $A—A$ 时是将剖切符号以左部分机件移走。"移"也是假想的，它只对即将要画的断面图起作用，对其他图不产生影响。例如图 6-54（a）所示中的机件主视图仍应完整画出。

3. 画

（1）在选定的投影面上（例如 W 面），只将机件的断面图形（也就是机件与剖切平面相接触的部分）画出，而不像剖视图那样将机件"剩余"部分全部画出。在机件的断面图形中仍要画规定的剖面符号。试比较图 6-54（a）所示中 $A—A$ 断面图和 $A—A$ 剖视图。

（2）断面图如果独立地画在相应视图外就叫移出断面，移出断面的轮廓线用粗实线绘制，如图 6-54（a）所示。如果将断面图画在相应视图内部就叫重合断面，重合断面的轮廓线用细实线绘制，当相应视图中的轮廓线与重合断面的图形重叠时，视图轮廓线不可间断，如图 6-55（a）、图 6-55（b）所

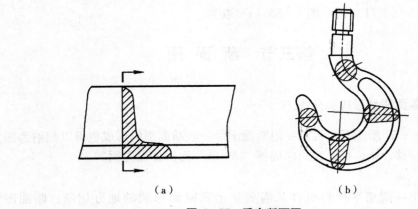

（a）　　　　　　　　　　（b）

图 6-55　重合断面图

140

示。图6-55（a）所示是将机件在 W 面上显现的断面图形直接画在主视图中，图6-55（b）所示中的重合断面请读者自行分析。

（3）关于移出断面配置的规定，见表6-2。

4. 标

画重合断面时，若其图形对称，则只需画对称中心线，不作其他任何标注，如图6-55（b）。若其图形不对称，则需画剖切符号和箭头，但不标注字母，如图6-55（a）。移出断面的标注规定见表6-2。

表6-2 移出断面的配置和标注

移出断面配置位置	图 示	说 明
放在剖切符号（剖切平面积聚线）的延长线	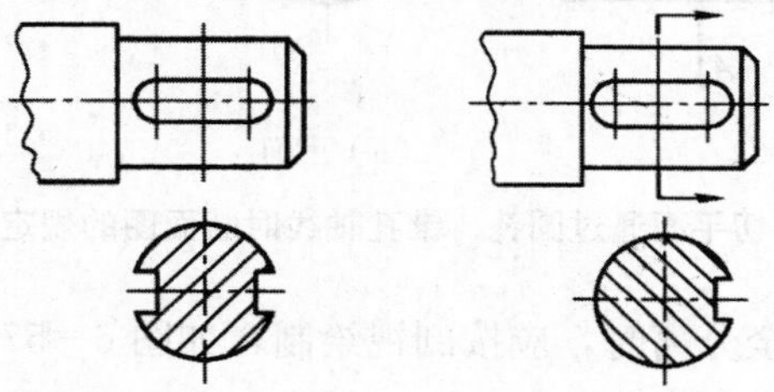 断面形状对称时　　断面形状不对称时	断面图形对称时，只画对称中心线，不作其他任何标注。不对称时，需画剖切符号和箭头，但可不标注字母
放在视图中断处	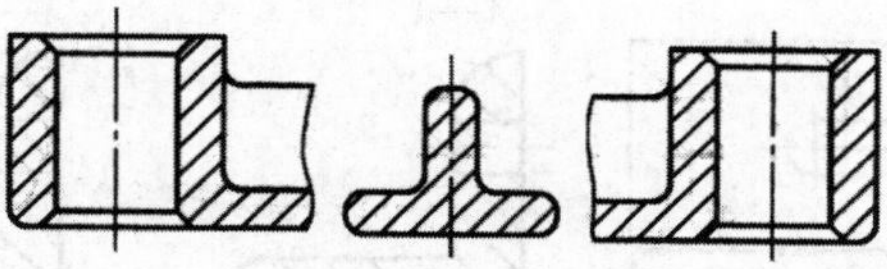	只有断面图形对称时才能放在视图中断处
按投影关系配置	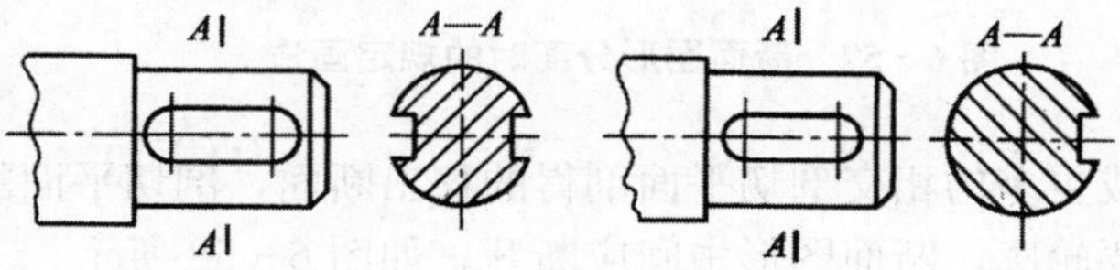 断面形状对称时　　断面形状不对称时	不论断面图形对称与否，都需要画剖切符号和标注字母，但可不画箭头
放在其他位置	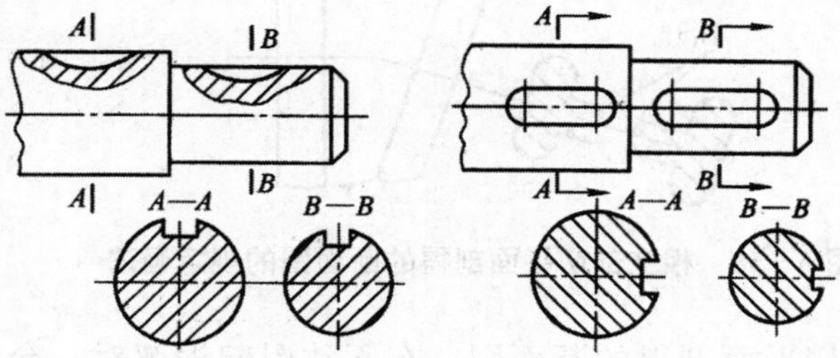 断面形状对称时　　断面形状不对称时	断面图形对称时，需画剖切符号，标注字母，但不画箭头。不对称时，需画剖切符号和箭头，标注字母

141

二、断面图的规定画法

（1）当剖切平面通过圆柱孔、锥孔、锥坑等回转面结构的轴线时，这些结构应按剖视绘制，如图 6-54（a）所示中机件右端圆柱孔处的断面图就是按剖视绘制的。如图 6-56（a）所示中对圆孔的处理也是这样，如果按断面图绘制［如图 6-56（b）所示］，反倒是错误的。

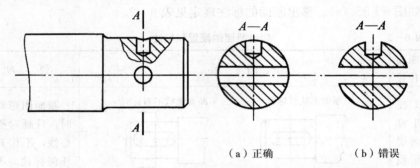

（a）正确　　　　　（b）错误

图 6-56　剖切平面通过圆孔、锥孔轴线时断面图的规定画法

（2）当断面图形完全分离时，应按剖视绘制，如图 6-57 所示。

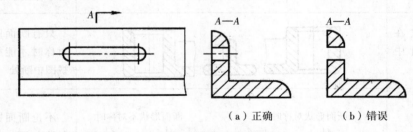

（a）正确　　　　　（b）错误

图 6-57　断面图形分离时的规定画法

（3）由两个或更多的相交剖切平面剖得的移出断面，剖切平面的积聚线应垂直于机件的主要轮廓，断面图形中间应断开，如图 6-58 所示。

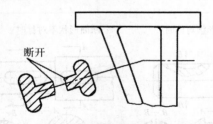

图 6-58　相交剖切平面剖得的断面图的规定画法

（4）倾斜的剖切平面剖得的断面图，在不致引起误解时，允许将图形转

正，但要在断面图上方按斜视图的方式加以标注，后面将看到这种例子。

三、断面图的使用

轴、杆、钩、板等类零件或零件要素，其断面尺寸常有变化，如果将它们画成视图或剖视图，要么表达不清，要么需画很多图。而适当地使用断面图，则不仅图形少和简单，而且表达效果好。例如图 6－59 所示机件，用一个主视图、两个移出断面，一个重合断面（局部）就将它表达得很清楚。这组图中两个移出断面图形对称，而且放在剖切平面积聚线的延长线上，按规定只画对称中心线，不作任何标注。键槽处的重合断面没有全部画出，只画了局部图形，这种方法在表达机件肋板的断面形状多有应用，如图 6－60 所示。

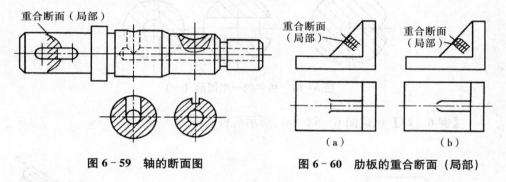

图 6－59　轴的断面图　　　　图 6－60　肋板的重合断面（局部）

用断面图表达钩类零件，则更显优越，如图 6－55（b）所示吊钩，用一个主视和几个重合断面图就将它显示得清清楚楚，而加画视图和剖视是无论如何达不到这种效果的。

四、断面图识读

【例 6－16】识读图 6－61 所示机件各图。

（1）分析：这组图包含主视图、局部视图（仰视，显示长圆形槽）、三个断面图。两个断面图形不对称，一个断面图形对称，都按规定标注或不标注。另外，切到圆孔、锥孔的断面按剖视绘制，三角槽和长圆形槽不能按剖视绘制。

（2）机件结构说明：此件由五段共轴线的圆柱组合。

第一部分：Ⅰ（1′、1″）——圆柱，上有三角槽两条。

第二部分：Ⅱ（2′、2″）——圆柱。

第三部分：Ⅲ（3′、3″）——圆柱，上有一圆孔。另有一长圆槽，跨圆柱Ⅱ、Ⅲ。

第四部分：Ⅳ（4′、4″）——圆柱。

143

第五部分：Ⅴ（5′、5″）——圆柱，顺其轴线钻有一孔，另有一长圆槽和锥孔与之相通。

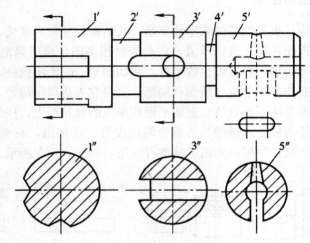

图 6-61　机件的一组图形（一）

【例 6-17】识读图 6-62（a）所示机件各图。

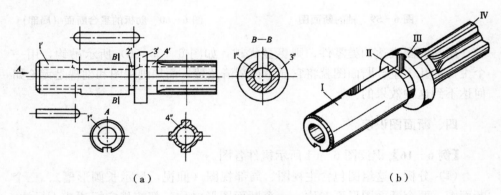

（a）　　　　　　　　　　　　　　　　（b）

图 6-62　机件的一组图形（二）

（1）分析：如图 6-62（a）包含主视图、B—B 剖视图、局部（左）视图 A、两条长圆槽局部视图（上为局部俯视，下为局部仰视，规定可不予标注）、一个移出断面图。对各图都按规定加了或不加标注。还有一个立体图〔如图 6-62（b）所示〕。

（2）机件结构说明：此件由四部分组合。

第一部分：Ⅰ（1′、1″）——圆筒，左端外圆倒角，上壁有一与内孔相通的长圆槽，此槽纵跨Ⅰ、Ⅱ、Ⅲ。下壁也有一槽，不通内孔。

第二部分：Ⅱ（2′）——圆筒，外圆直径较小

第三部分：Ⅲ（3′、3″）——圆筒，外圆直径较大。

第四部分：Ⅳ（4′、4″）——圆筒，外圆上有四齿。

【例 6-18】识读图 6-63 所示机件各图。

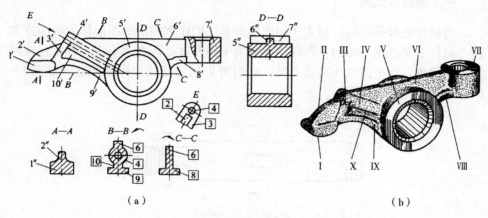

（a）　　　　　　　　　　　　　（b）

图 6-63　机件的一组图形（三）

（1）分析：如图 6-63（a）所示包含主视图（右端圆筒作了局部剖视）、
D—D 剖视图（相当于左视）、斜视图 E、三个断面图（A—A、B—B、C—
C），其中 B—B、C—C 剖切平面倾斜，画图时将其图形转正，在其上方按斜
视图方式加以标注。

（2）机件结构说明：此件由十部分组合。

第一部分：Ⅰ（1′、1″）——板，下面为曲面。

第二部分：Ⅱ（2′、2″、[2]）——肋板，连接形体Ⅰ和Ⅲ。

第三部分：Ⅲ（2′、[3]）—平板，连接形体Ⅰ和Ⅳ。

第四部分：Ⅳ（4′、[4]）——圆筒，内孔斜通圆筒Ⅴ的内孔。

第五部分：Ⅴ（5′、5″）——圆筒，孔口倒角。

第六部分：Ⅵ（5′、5″、[6]）——肋板，连接形体Ⅳ、Ⅴ、Ⅶ。

第七部分：Ⅶ（7′、7″）——圆筒，上孔口倒角。

第八部分：Ⅷ（8′、8″）——弯板，连接形体Ⅴ、Ⅶ。

第九部分：Ⅸ（9′、[9]）——弯板，连接形体Ⅰ、Ⅴ。

第十部分：Ⅹ（10′、[10]）——肋板，连接形体Ⅳ和Ⅸ。

145

第四节　其他表达方法

一、局部放大图

将机件的部分结构，用大于原图形所采用的比例画出的图形称为局部放大图。机件上某些细小结构，在视图上常由于图形过小而表达不清，并给标注尺寸带来困难，将全图放大又无必要。此时可以用局部放大图来表达，如图6-64所示Ⅰ、Ⅱ两处。

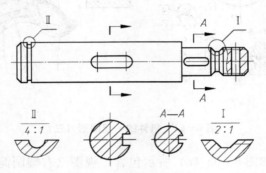

图6-64　局部放大图

局部放大图可画成视图、剖视、断面，它与被放大部分的表达方式无关，如图6-64所示。局部放大图应尽量配置在被放大部位的附近。

画局部放大图时，应用细实线圈出被放大的部位。当同一机件上有几处需放大时，必须用罗马数字依次标明被放大的部位，并在局部放大图的上方标注出相应的罗马数字和所采用的比例，如图6-64所示。

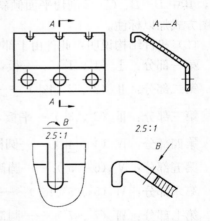

图6-65　几个局部放大图表达同一结构

当机件上仅有一处需放大时，放大图的上方只需标明所采用的比例。必要时可由几个图形来表达同一个被放大部分的结构，如图6-65所示。

二、简化画法

简化画法及说明见表6-3。

序号	简化画法	说　　明
1	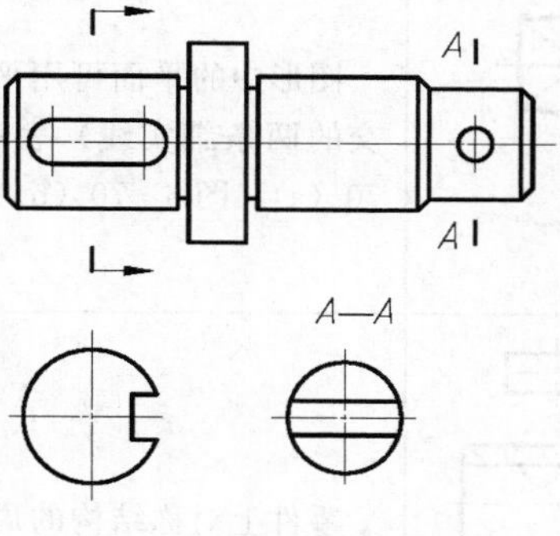 图 6‑66　剖面线的省略	在不致引起误解时，零件图中的移出断面允许省略剖面符号，但剖切位置与断面图的标注不能省略，如图6‑66所示
2	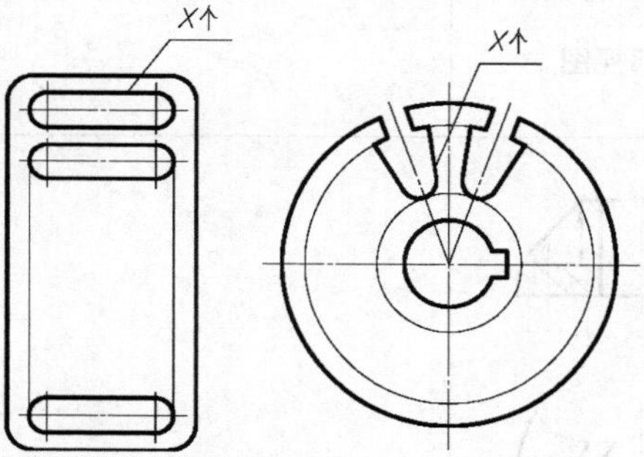 图 6‑67　相同结构的简化	当机件具有若干相同的结构（如齿、槽等），并按一定规律分布时，只需画出几个完整的结构，其余用细实线连接，并注明该结构的总数，如图6‑67所示
3	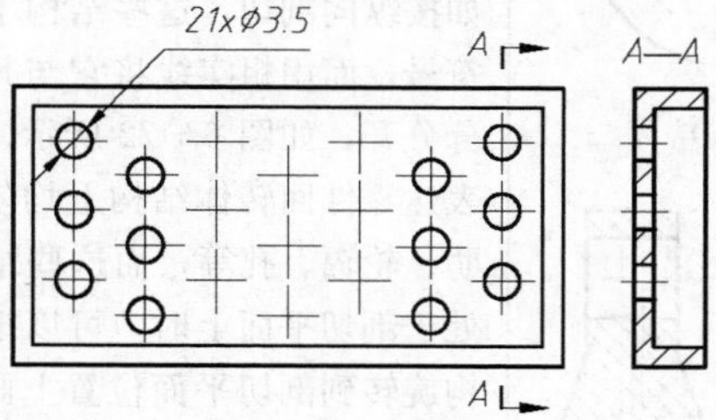 图 6‑68　按规律分布的等直径孔的简化	若干直径相同且成规律分布的孔（圆孔、螺孔、沉孔等），可以仅画出一个或几个，其余只需用点画线表示其中心位置，并在零件图中注明孔的总数，如图6‑68所示
4	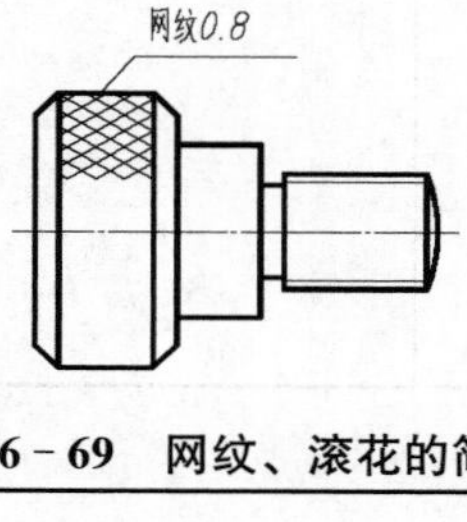 图 6‑69　网纹、滚花的简化	网状物、编织物或机件上的滚花部分，可在轮廓线附近用细实线示意画出一小部分，并在零件图上或技术要求中注明这些结构的具体要求，如图6‑69所示

序号	简化画法	说　明
5	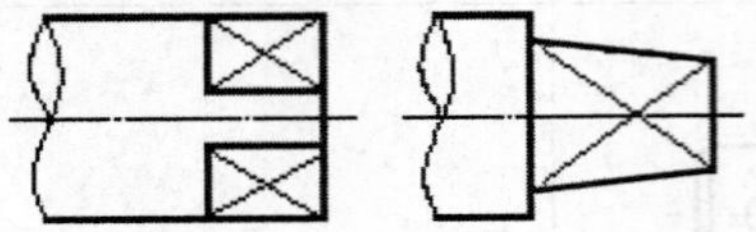 （a）　　　　（b） 图 6-70　平面的表示	图形中的平面可用平面符号（相交的两条细实线）表示，如图 6-70（a）、图 6-70（b）所示
6	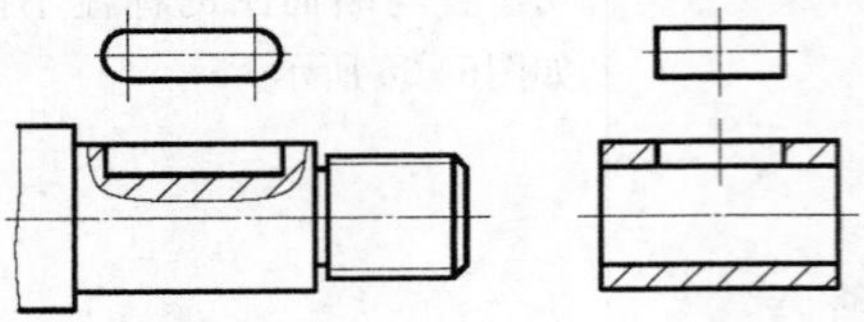 （a）　　　　（b） 图 6-71　对称结构的局部视图	零件上对称结构的局部视图可按图 6-71（a）、图 6-71（b）绘制
7	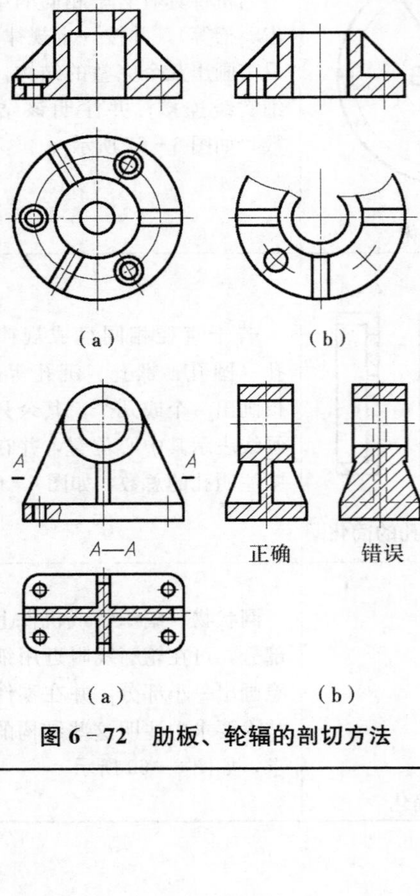 （a）　　　　（b） 　　　　　　　正确　　错误 A—A （a）　　　　（b） 图 6-72　肋板、轮辐的剖切方法	对机件上的肋、轮辐及薄壁等，如按纵向剖切，这些结构不画剖面符号，而用粗实线将它与其邻接部分分开，如图 6-72 所示。当需要表达零件回转体结构上均匀分布的肋、轮辐、孔等，而这些结构又不处于剖切平面上时，可以把这些结构旋转到剖切平面位置上画出，如图 6-72（a）、图 6-72（b）所示

148

序号	简化画法	说　明
8	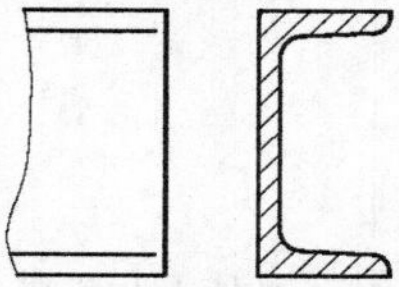 图 6-73　斜度不大结构的画法 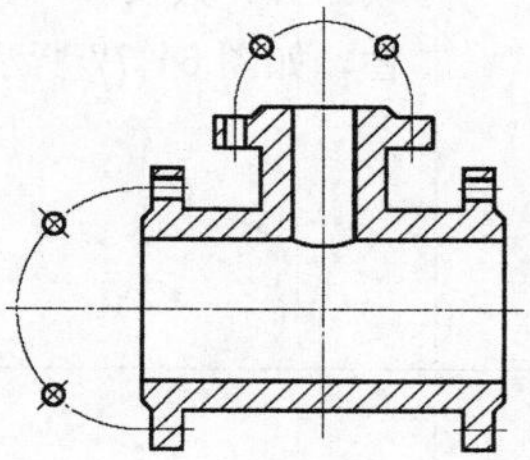 图 6-74　圆柱法兰上孔的简化	机件上斜度不大的结构，如一个图形已表示清楚，其他视图可只按小端画出，如图 6-73 所示。圆柱形法兰和类似机件上均匀分布的孔，可按图 6-74 方法绘制
9	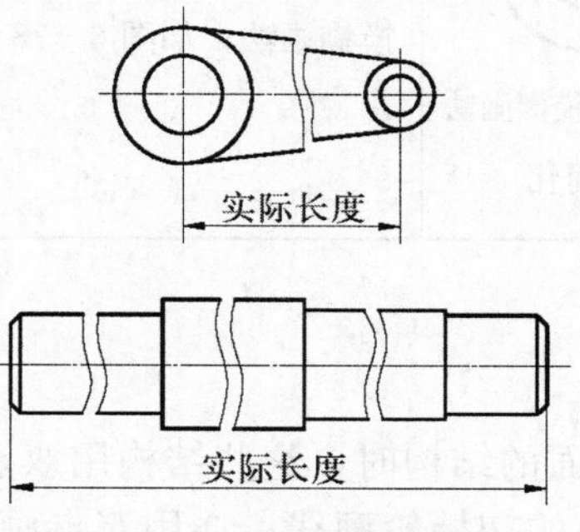 实际长度 实际长度 图 6-75　较长机件的简化	较长的机件（轴、杆、型材、连杆等）沿长度方向的形状一致或按一定规律变化时，可断开后缩短绘制，但必须标注实际长度尺寸，如图 6-75 所示
10	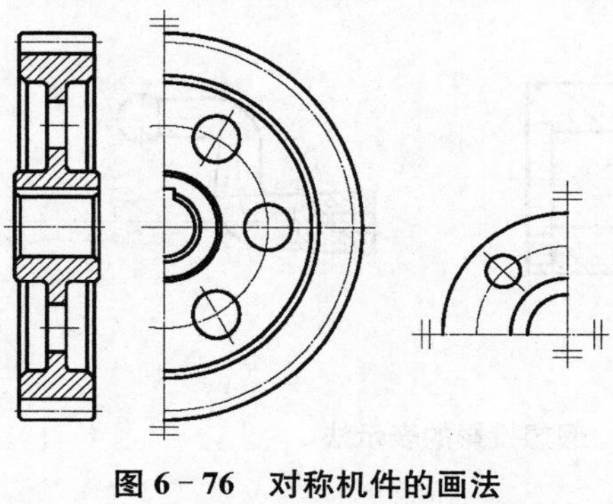 图 6-76　对称机件的画法	在不致引起误解时，对称机件的视图允许只画出整体的一半或四分之一，并在对称中心线的两端画出两条与其垂直的平行细实线，如图 6-76 所示

续表 3

序号	简化画法	说　明
11	*A—A* 用圆代替椭圆 *A* *A* *A* *A* **图 6-77　倾斜圆投影的简化**	机件上与投影面倾斜角≤30°的圆或圆弧，其投影可以用圆或圆弧代替，如图 6-77 所示
12	（a）用直线代替相贯线　（b）相贯线模糊画法 **图 6-78　过渡线、相贯线的简化**	在不致引起误解时，图形中的过渡线、相贯线可以简化，例如用直线或圆弧代替非圆曲线。可以采用模糊画法，如图 6-78 所示。

三、其他规定画法

（1）当需要表示位于剖切平面前面的结构时，这些结构用双点画线绘制，如图 6-79（a）所示。对机件加工前的初始轮廓线，亦用双点画线绘制，如图 6-79（b）所示。

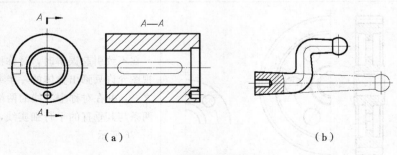

（a）　　　　　　　　　　　（b）

图 6-79　假想投影的表示法

（2）在剖视图的剖面中可再作一次局部剖。采用这种表达方法时，两者的剖面线应同方向、同间隔，但要互相错开，并用引出线标注其名称，如图 6 - 80 所示。当剖切位置明显时，也可省略标注。

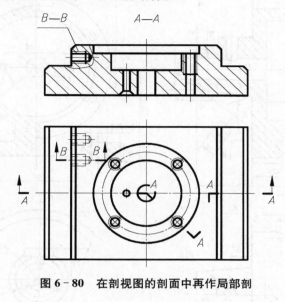

图 6 - 80   在剖视图的剖面中再作局部剖

第五节   综合应用举例

熟悉掌握了机件的各种表达方法，就能根据机件的结构特点，选用适当的表达方法。在正确、完整、清晰地表达机件各部分形状的前提下，应力求制图简便。下面以图 6 - 81（a）所示的泵体为例，说明表达方案的选择和尺寸标注。

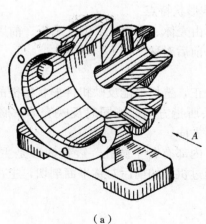

（a）

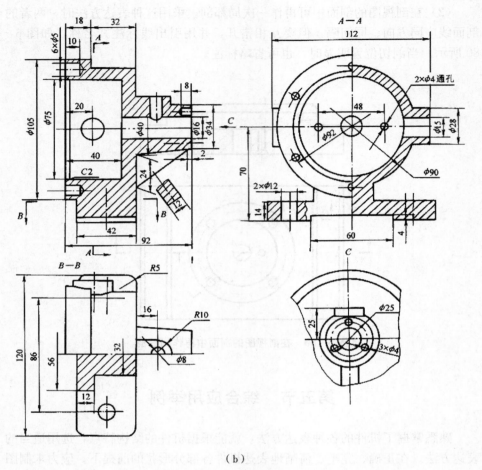

（b）

图 6-81 泵体

1. 分析机件的结构形状特点

图 6-81 所示泵体由壳体、底板、T 型支承板、前后圆凸台、顶部长圆凸台及肋组成。整个机件前后对称。

2. 选择主视图

泵体以工作位置放正，选择最能反映机件形状特征的视图作为主视图。经分析比较，按图中箭头所指方向，能同时反映壳体、底板、支承板、凸台和肋，故作为主视图投射方向。

因机件外形简单、内部有若干圆孔，表达内形是主要的。选择平行于 V 投影面的单一剖切面通过机件的前后对称平面剖切，主视图画成全剖视图〔见图 6-81（b）〕。

3. 选择其他视图

选取其他视图是为了补充表达主视图中没有表达清楚的部分。在选用其他视图时,应使表达目的清楚,每一个视图应有具体的表达重点。如左视图采用半剖视,表达了壳体及圆凸台,并采用局部剖视表示底板上的圆孔;俯视图采用半剖视,表达了长圆凸台、T形支承板及底板的真形;C向局部视图表达了壳体背面三个均布的圆孔、长圆凸台及肋的位置。

肋在以上视图中均未表达清楚,故以移出断面表示。

4. 标注尺寸

如同标注组合体尺寸,先要按形体分析正确地确定长、宽、高三个方向的主要尺寸基准;然后再从轴测图或实物模型量取尺寸,逐个分析并标注各个基本体的定形尺寸和定位尺寸;最后考虑总体尺寸。选取泵体的左端面、前后对称平面和底面分别作为长、宽、高三个方向的主要尺寸基准。逐个分析并标注各个基本形体的定形尺寸和定位尺寸。标出机件的总长尺寸92,总宽尺寸即为底板宽度尺寸120,总高尺寸即为壳体中心高70与壳体外圆柱面半径52.5(直径ϕ105)之和。

除此之外,还需强调以下几点:

(1)标注同一轴线的圆柱、圆锥和回转体的直径尺寸时,一般应标注在投影非圆的剖视图中,避免标注在投影为同心圆的视图中,如图中尺寸ϕ75、ϕ105等。

(2)在采用半剖视或局部剖视以后,有些尺寸线不能完整地画出来,此尺寸线应画成略超过圆心或对称中心线后断开。但尺寸数值仍应按完整数值注出,如图中尺寸ϕ92、ϕ90、56等。

(3)应尽量把外形尺寸和内形尺寸分开标注,以便于看图,如主视图中外形尺寸18、32注在图形外面,内形尺寸20、40注在图形里面。

(4)如必须在剖面线中标注尺寸数字时,则在数字处应将剖面线断开,以保证数字清晰,如左视图中尺寸4。

(5)可以通过标注尺寸来帮助表达机件上的某些结构,从而减少视图或剖视。如左视图中尺寸"2×ϕ4通孔",已说明是通孔,就不必再在其他视图中画剖视来表示该两孔了。

如图6-82、图6-83和图6-84所示是同一轴承架的三种表达方案。下面分析其表达特点。

如图6-82采用两个基本视图、一个局部视图、一个移出断面和一个重合断面表示。主视图局部剖表示ϕ10与ϕ32圆孔贯通。左视图两个局部剖,上方的局部剖既表示了ϕ32通孔,又表示了它与ϕ10圆孔贯通(与主视图重复),下方的局部剖表示了两个ϕ14通孔。局部视图A表示了轴承孔后背的真形。B—B断面表示了相互垂直的肋板的真实形状。可以看出,主视图的局部剖是多余的。

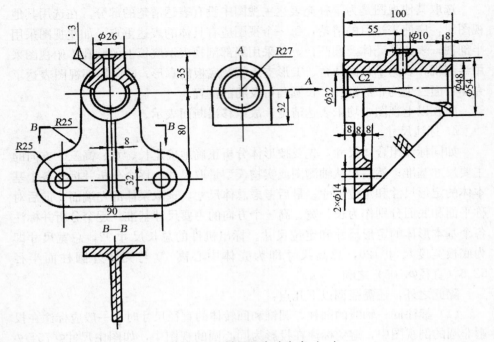

图 6-82　轴承架表达方案（一）

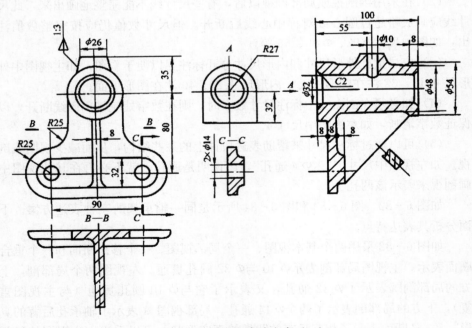

图 6-83　轴承架表达方案（二）

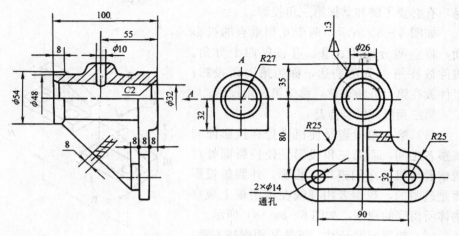

图 6 - 84　轴承架表达方案（三）

如图 6 - 83 采用三个基本视图、一个局部视图（同上）、一个剖视和一个移出断面表示。主视图画外形。左视图全剖表示 ϕ10 与 ϕ32 圆孔贯通。俯视图全剖表示肋板的截面真形。C—C 剖视表示了 ϕ14 通孔。从中可以看出，俯视图表示的肋板等结构已在主、左视图中表示清楚，故可省略俯视图。C—C剖视表示的 ϕ14 通孔可用文字说明，故可省略 C—C 剖视。

如图 6 - 84 重新选择了主视图的投射方向，用两个基本视图、一个局部视图和两个重合断面表示。主视图以中心线为界画出局部剖，表示两孔贯通，并用重合断面表示肋板的宽度。左视图画出外形，并用重合断面表示肋板的宽度。从主、左视图的投影关系中，还能看出肋板相互垂直及其他结构的形状与位置。

综上所述，可选择不同的方向作为主视图的投射方向，可采用不同的表达方法表示同一结构。在正确、完整、清晰地表示物体形状的前提下，应力求制图简便。图 6 - 82 和图 6 - 83 分别用 B—B 断面和剖视表示相互垂直的肋板，分别用局部剖和 C—C 剖视表示 ϕ14 通孔。图 6 - 84 通过主、左视图和两个重合断面表示垂直的肋板，用文字标注表示 2×ϕ14 为通孔。由此得出，图 6 - 84 是一种既简便又清晰的表达方案。

第六节　第三角投影

在 GB/T 17451—1998 中规定，我国优先采用第一角投影绘制技术图样，必要时才允许使用第三角投影。在国际技术交流中，经常会遇到某些国家采用第三角投影法绘制的图样，为了更好地进行国际间的技术交流和发展国际贸易，有必要了解和掌握第三角投影。

如图 6-85 所示，两个互相垂直的投影面，将空间分成 I、II、III、IV 四个分角。机件放在第一分角表达，称为第一角投影；机件放在第三分角表达，称为第三角投影。

第三角投影的特点是：

（1）第一角投影是使机件处在投影面与观察者之间，而第三角投影是使投影面处在观察者与机件之间进行正投影，并假想投影面是透明的，观察者用视线在透明板上观察物体所得到的视图，如图 6-86（a）所示。

（2）投影面展开时，仍是 V 面保持不动，H 面绕其与 V 面的交线向上旋转，W 面绕其与 V 面的交线向右旋转，如图 6-86（a）所

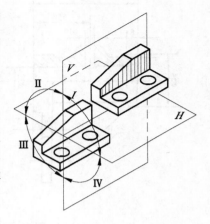

图 6-85　分角的划分

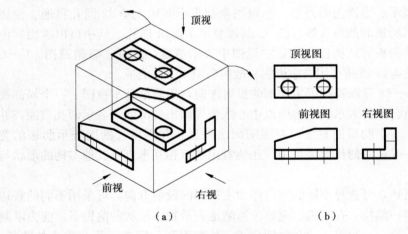

（a）　　　　　　　　（b）

图 6-86　第三角投影

示箭头的方向。展开后，H 面、V 面和 W 面处在同一平面内，从而得到的三视图是前视图（从前向后投影）、顶视图（从上向下投影）和右视图（从右向左投影）。展开后三视图的配置如图 6-86（b）所示。

（3）第三角投影的视图间同样符合"长对正、高平齐、宽相等"的投影关系。要注意的是：在顶视图和右视图中，靠近前视图的内边是机件的前面，外边是机件的后面。

第三角投影也有 6 个基本视图。即在三视图的基础上再增加后视图、底视图、左视图。

六个基本视图的展开与配置如图6-87所示。

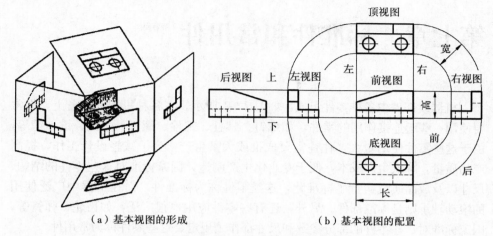

（a）基本视图的形成   （b）基本视图的配置

图6-87　第三角投影法中基本视图的形成与配置

如图6-88（a）、图6-88（b）所示，分别为支承座三视图的第一角投影法和第三角投影法三视图的画法。

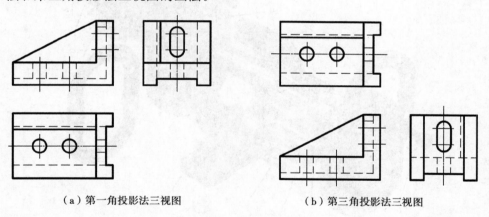

（a）第一角投影法三视图   （b）第三角投影法三视图

图6-88　支承座三视图

第七章 标准件和常用件

　　机器或部件由各种零件组成，如图7-1所示。在各种机器和设备上，经常要使用一些起连接作用的零件，如螺钉、螺柱、螺栓、螺母、垫圈、键、销等，由于这些零件使用量大，往往需要成批或大量生产。为了减轻设计工作，提高产品质量，降低生产成本，便于专业化生产制造，国家标准对这些零件的结构、尺寸以及成品质量实行了标准化，这类零件称为标准件。而在机器中广泛使用的滚动轴承则是标准部件。另外，还有些零件应用也很广泛，如齿轮、弹簧等，国家标准对这些零件的部分参数和尺寸都作了规定，这些零件称为常用件。

1-螺栓；2-螺母；3-圆柱销；4-传动齿轮轴；5-齿轮轴；6-内六角圆柱头螺钉；7-左端盖；8-垫片；9-泵体；10-右端盖；11-键；12-密封圈；13-轴套；14-压紧螺母；15-螺母；16-垫圈；17-传动齿轮

图7-1　齿轮泵中的标准件和常用件

　　为了绘图方便，国家标准对标准件和常用件的一些结构要素的画法作了规定。凡是有规定画法的按规定画法画，没有规定画法的按正投影法画。

　　本章将介绍标准件和常用件的基本知识、规定画法、规定标记和标注方法。

第一节　螺纹和螺纹连接件

一、圆柱螺旋线及螺纹的形成

1. 圆柱螺旋线的形成

如图 7 - 2（a）所示，当动点 A 沿圆柱表面的母线作等速直线运动，而母线又同时绕圆柱轴线作等角速旋转运动时，动点 A 的运动轨迹称为圆柱螺旋线。该圆柱面称为导圆柱面。

圆柱螺旋线有三个基本要素：

（1）导圆柱直径 d——形成圆柱螺旋线的圆柱面的直径。

（2）导程 S——动点旋转一周时，沿圆柱面轴线方向所移动的距离。

（3）旋向——圆柱螺旋线按动点旋转的方向分为右旋和左旋两种。

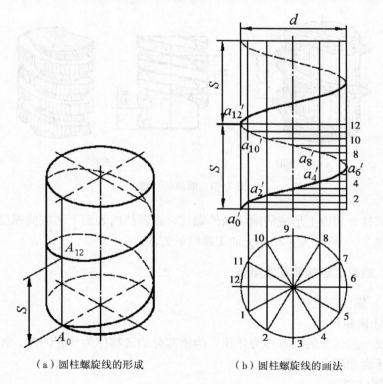

（a）圆柱螺旋线的形成　　　　（b）圆柱螺旋线的画法

图 7 - 2　圆柱螺旋线

2. 圆柱螺旋线投影图的画法

根据导圆柱直径 d、导程 S 和旋向可以绘制出圆柱螺旋线的投影图，画法如图 7-2（b）所示，作图步骤如下：

（1）首先画出直径为 d 的导圆柱的两面投影，然后将其水平投影圆和正面投影的导程 S 分成相同等份，如图所示为 12 等份。

（2）自圆周各等份点向正面投影作垂线，由导程上各等份点作水平线，垂直线与水平线相应的各交点 a_0'、a_1'、a_2'、a_3'… 即为螺旋线上各点的正面投影。

（3）依次光滑连接这些点，并判断可见性，即得到该螺旋线的正面投影——正弦曲线。螺旋线的水平投影重影在该导圆柱的水平投影圆周上。

3. 螺纹的形成

螺纹是指螺钉、螺栓、螺母和丝杠等零件上起连接和传动作用的部分。它是在圆柱或圆锥表面上沿着螺旋线所形成的具有相同剖面的连续凸起和沟槽，螺纹可以认为是由平面图形（如三角形、矩形、梯形）围绕与它共面的轴线做螺旋运动所形成的螺旋体，如图 7-3 所示。

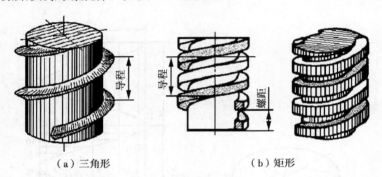

（a）三角形　　　　　　　　　　（b）矩形

图 7-3　螺纹的形成

在圆柱外表面上形成的螺纹叫外螺纹，在圆柱内表面上形成的螺纹叫内螺纹。如图 7-4 所示为在车床上加工螺纹的方法。

二、螺纹的结构和基本要素

（一）螺纹的结构

1. 牙顶和牙底

螺纹凸起部分的顶部称为牙顶，沟槽部分的底部称为牙底。内、外螺纹的牙顶和牙底如图 7-5 所示。

2. 螺纹端部

为了便于加工、装配以及防止螺纹端部碰伤损坏，一般在螺纹端部制成一定的形状，常见的型式如图 7-6 所示。

3. 螺纹尾部结构

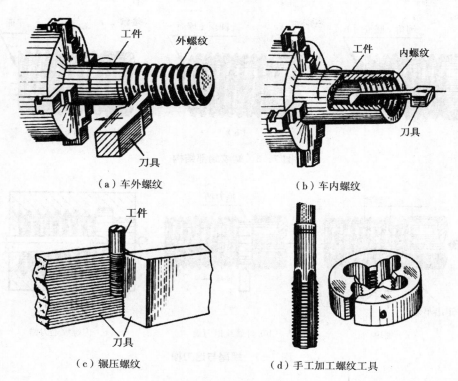

（a）车外螺纹　　　　　　　　　（b）车内螺纹

（c）辗压螺纹　　　　　　　　（d）手工加工螺纹工具

图 7－4　螺纹的形成

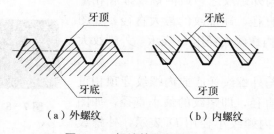

（a）外螺纹　　　　　　　　（b）内螺纹

图 7－5　螺纹的牙顶和牙底

　　车削螺纹的车刀达到螺纹终止处时，将逐渐退离工件，出现一段逐渐变浅的不完整的螺纹，称为螺纹收尾，简称螺尾，如图 7－7（a）所示。为了避免出现螺尾，便于退刀，在螺纹终止处预先车削出一个槽，称为螺纹退刀槽，如图 7－7（b）、图 7－7（c）所示。

　　（二）螺纹的基本要素

　　1. 螺纹牙型

　　通过轴线断面上的螺纹轮廓形状称螺纹牙型，螺纹的牙型角如图 7－8 所示。螺纹的牙型标志着螺纹的特征。常见的螺纹牙型有三角形、梯形等。

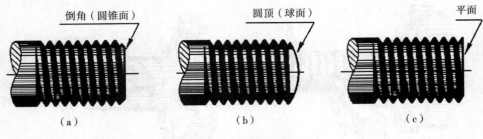

（a）　　　　　　　　（b）　　　　　　　　（c）

图 7 - 6　螺纹端部结构

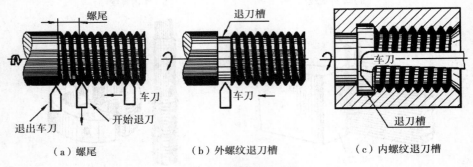

（a）螺尾　　　　　（b）外螺纹退刀槽　　　　（c）内螺纹退刀槽

图 7 - 7　螺尾与退刀槽

2. 螺纹直径

（1）大径：与外螺纹牙顶或内螺纹牙底相重合的假想圆柱的直径，即螺纹的最大直径，如图 7 - 9 所示。其中内螺纹大径用 D 表示，外螺纹大径用 d 表示。

（2）小径：与外螺纹牙底或内螺纹牙顶相重合的假想圆柱的直径，即螺纹的最小直径，如图 7 - 9 所示。其中内螺纹小径用 D_1 表示，外螺纹

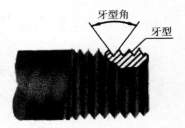

图 7 - 8　螺纹的牙型

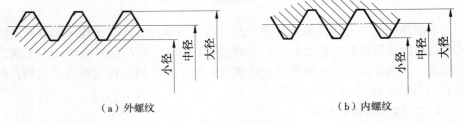

（a）外螺纹　　　　　　　　（b）内螺纹

图 7 - 9　螺纹的直径

小径用 d_1 表示。

（3）中径：母线通过牙型上沟槽和凸起宽度相等处的假想圆柱的直径，如图 7 - 9 所示。其中内螺纹中径用 D_2 表示，外螺纹中径用 d_2 表示。

（4）公称直径：代表螺纹规格尺寸的直径，通常指螺纹大径的基本尺寸。

3. 螺纹线数

螺纹有单线和多线之分。沿一条螺旋线形成的螺纹称为单线螺纹；沿两条或两条以上且在轴向等距分布的螺旋线所形成的螺纹称为多线螺纹。螺纹线数用 n 表示，$n=1$ 为单线螺纹，如图 7 - 10（a）所示；$n=2$ 为双线螺纹，如图 7 - 10（b）所示。

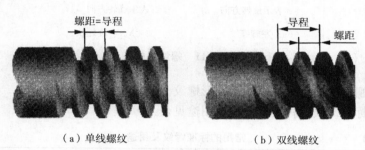

（a）单线螺纹　　　　　　　　（b）双线螺纹

图 7 - 10　螺纹的线数、导程、螺距

4. 螺距和导程

（1）螺距：相邻两牙在螺纹中径线上对应两点间的轴向距离，用 P 表示，如图 7 - 10 所示。

（2）导程：同一条螺纹上相邻两牙在中径线上对应两点间的轴向距离，用 P_h 表示。对于单线螺纹，$P_h=P$；对于多线螺纹，$P_hS=nP$。

5. 旋向

螺纹的旋向分为右旋和左旋，顺时针方向旋入的螺纹为右旋螺纹，逆时针方向旋入的螺纹为左旋螺纹。用螺旋法则判断，如图 7 - 11 所示。常用的为右旋螺纹。

两个相互旋合的内外螺纹必须满足以上五个基本要素完全相同。其中，螺纹牙型、大径和螺距是决定螺纹的最基本的要素，称为螺纹三要素。为了便于设计、制造、选用，国家标准对螺纹的三要素作了规定，凡这三要素符合标准的称为标准螺纹。螺纹牙型符合标准，而大径和螺距不符合标准的称为特殊螺纹。牙型不符合标准的称为非标准螺纹。

三、螺纹分类、标注及基本尺寸

螺纹按用途可分为连接螺纹和传动螺纹两大类。

连接螺纹用于连接固定两个或多个零件，常见的有普通螺纹、管螺纹等；传动螺纹用于传递动力和运动，有梯形螺纹、矩形螺纹等。普通螺纹、管螺

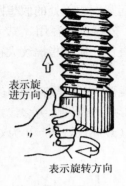

（a）左旋螺纹　　　　　　　（b）右旋螺纹

图 7-11　螺纹旋向

纹、梯形螺纹等均为标准螺纹；矩形螺纹为非标准螺纹。

常用标准螺纹的种类、牙型及用途见表 7-1。

表 7-1　　　　　　　　　　　常用的标准螺纹及用途

螺纹种类		牙型符号	外形及牙型图	用　途
普通螺纹	粗牙普通螺纹	M	60°	常用的连接螺纹，粗牙螺纹一般用于机件的连接，细牙螺纹一般用于细小精密或薄壁零件上
	细牙普通螺纹			
连接螺纹　管螺纹	非螺纹密封的管螺纹	G	55°	用于管接头、旋塞、阀门及其附件
	螺纹密封的管螺纹	R_C R_P R	55°	用于管子、管接头、旋塞、阀门和其他螺纹的附件

164

螺纹种类		牙型符号	外形及牙型图	用　途
传动螺纹	梯形螺纹	T_r	30°	用于承受两个方向均有轴向力的传动，尤其是机床丝杆等的传动

1. 普通螺纹

普通螺纹是最常见的连接螺纹，牙型为三角形，牙型角为 $60°$，内、外螺纹旋合后，牙顶和牙底间有一定间隙。普通螺纹分为粗牙和细牙两种，它们的牙型相同，当螺纹的大径相同时，细牙螺纹的螺距和牙型高度较粗牙为小。当普通螺纹的公称直径 $d(D) \leqslant 68mm$ 时，有粗牙螺纹和细牙螺纹之分，而 $d(D) \geqslant 68mm$ 时，均为细牙普通螺纹。

（1）普通螺纹的标记。完整的螺纹标记由螺纹代号、公差带号和旋合长度代号（或数值）组成。各代号间用"-"隔开。

普通螺纹分为粗牙和细牙两种。粗牙普通螺纹用字母 M 及"公称直径"表示，如 M20 等。细牙普通螺纹用字母 M 及"公称直径×螺距"表示，如 M8×1、M16×1.5 等。当螺纹为左旋时，在后面加 LH 字，如 M10LH，M16×1.5LH 等。

螺纹公差代号包括中径公差代号和顶径公差代号。若两者相同，则合并标注一个即可；若两者不同，则应分别标出，前者为中径，后者为顶径。

旋合长度代号除 N 不标外，对于短或长旋合长度，应标出代号 S 或 L，也可注明旋合长度的数值。示例如下：

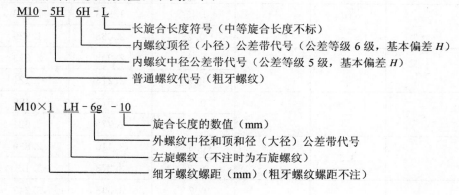

165

M20 × 2 6H / 5g6g

———— 外螺纹中径公差带代号为5g，顶径公差带代号为6g

———— 内螺纹中径和顶径公差带代号

（2）普通螺纹的直径、螺距、基本尺寸，见表7-2。

表7-2　　　　　　　　普通螺纹基本尺寸（GB/T196—2003）

公称直径 D、d			螺距 P	中径 D_2 或 d_2	小径 D_1 或 d_1
第一系列	第二系列	第三系列			
1	—	—	0.25*	0.838	0.729
			0.2	0.870	0.783
—	1.1	—	0.25*	0.938	0.829
			0.2	0.970	0.883
1.2	—	—	0.25*	1.038	0.929
			0.2	1.070	0.983
—	1.4	—	0.3*	1.205	1.075
			0.2	1.270	1.183
1.6	—	—	0.35*	1.373	1.221
			0.2	1.470	1.383
—	1.8	—	0.35*	1.573	1.421
			0.2	1.670	1.583
2	—	—	0.4*	1.740	1.567
			0.25	1.838	1.729
—	2.2	—	0.45*	1.908	1.713
			0.25	2.038	1.929
2.5	—	—	0.45*	2.208	2.013
			0.35	2.273	2.121
3	—	—	0.5*	2.675	2.459
			0.35	2.773	2.621
—	3.5	—	(0.6*)	3.110	2.850
			0.35	3.273	3.121
4	—	—	0.7*	3.545	3.242
			0.5	3.675	3.459

166

公称直径 D、d			螺距 P	中径 D_2 或 d_2	小径 D_1 或 d_1
第一系列	第二系列	第三系列			
—	4.5	—	(0.75*)	4.013	3.688
			0.5	4.175	3.959
5	—	5.5	0.8*	4.480	4.134
			0.5	4.675	4.459
			0.5	5.175	4.959
6	—	—	1*	5.350	4.917
			0.75	5.513	5.188
—	—	7	1*	6.350	5.917
			0.75	6.513	6.188
8	—	—	(1.25*)	7.188	6.647
			1	7.350	6.917
			0.75	7.513	7.188
—	—	9	1.25*	8.188	7.647
			1	8.350	7.917
			0.75	8.513	8.188
10	—	—	1.5*	9.026	8.376
			1.25	9.188	8.647
			1	9.350	8.917
			0.75	9.513	9.188
—	—	11	(1.5*)	10.026	9.376
			1	10.350	9.917
			0.75	10.513	10.188
12	—	—	1.75*	10.863	10.106
			1.5	11.026	10.376
			1.25	11.188	10.647
			1	11.350	10.917
			(0.75)	11.513	11.188

续表 2

公称直径 D、d			螺距 P	中径 D_2 或 d_2	小径 D_1 或 d_1
第一系列	第二系列	第三系列			
—	14[①]	—	2*	12.701	11.835
			1.5	13.026	12.376
			(1.25)	13.188	12.647
			1	13.350	12.917
			(0.75)	13.513	13.188
—	—	15	1.5	14.026	13.376
			(1)	14.350	13.917
16	—	—	2*	14.701	13.835
			1.5	15.026	14.376
			1	15.350	14.917
			(0.75)	15.513	15.188
—	—	17	1.5	16.026	15.376
			(1)	16.350	15.917
—	18	—	2.5*	16.376	15.294
			2	16.701	15.835
			1.5	17.026	16.376
			1	17.350	16.917
			(0.75)	17.513	17.188
20	—	—	2.5*	18.376	17.294
			2	18.701	17.835
			1.5	19.026	18.376
			1	19.350	18.917
			(0.75)	19.513	19.188
—	22	—	2.5*	20.376	19.294
			2	20.701	19.835
			1.5	21.026	20.376
			1	21.350	20.917
			(0.75)	21.513	21.188

公称直径 D、d			螺距 P	中径 D_2或d_2	小径 D_1或d_1
第一系列	第二系列	第三系列			
24	—	—	3*	22.051	20.752
			2	22.701	21.835
			1.5	23.026	22.376
			1	23.350	22.917
			(0.75)	23.513	23.188
—	—	25	2	23.701	22.835
			1.5	24.026	23.376
			(1)	24.350	23.917
—	—	26	1.5	25.026	24.376
—	27	—	3*	25.051	23.752
			2	25.701	24.835
			1.5	26.026	25.376
			1	26.350	25.917
			(0.75)	26.513	26.188
—	—	28	2	26.701	25.835
			1.5	27.026	26.376
			1	27.350	26.917
30	—	—	3.5*	27.727	26.211
			3	28.051	26.752
			2	28.701	27.835
			1.5	29.026	28.376
			1	29.350	28.917
			(0.75)	29.513	29.188
—	—	32	2	30.701	29.835
			1.5	31.026	30.376

公称直径 D、d			螺距 P	中径 D_2 或 d_2	小径 D_1 或 d_1
第一系列	第二系列	第三系列			
—	33	—	3.5*	30.727	29.211
			3	31.051	29.752
			2	31.701	30.835
			1.5	32.026	31.376
			(1)	32.350	31.917
			(0.75)	32.513	32.188
—	—	35[②]	1.5	34.026	33.376
36	—	—	4*	33.402	31.670
			3	34.051	32.752
			2	34.701	33.835
			1.5	35.026	34.376
			(1)	35.530	34.917
—	—	38	1.5	37.026	36.376
—	39	—	4*	36.402	34.670
			3	37.051	35.752
			2	37.701	36.835
			1.5	38.026	37.376
			(1)	38.350	37.917
—	—	40	(3)	38.051	36.752
			(2)	38.701	37.835
			1.5	39.026	38.376
42	—	—	4.5*	39.077	37.129
			(4)	39.402	37.670
			3	40.051	38.752
			2	40.701	39.835
			1.5	41.026	40.376
			(1)	41.350	40.917

续表5

公称直径 D、d			螺距 P	中径 D_2 或 d_2	小径 D_1 或 d_1
第一系列	第二系列	第三系列			
—	45	—	4.5*	42.077	40.129
			(4)	42.402	40.670
			3	43.051	41.752
			2	43.701	42.835
			1.5	44.026	43.376
			(1)	44.350	43.917
48	—	—	5*	44.752	42.587
			4	45.402	43.670
			3	46.051	44.752
			2	46.701	45.835
			1.5	47.026	46.376
			(1)	47.350	46.917
—	—	50	(3)	48.051	46.752
			(2)	48.701	47.835
			1.5	49.026	48.376
—	52	—	5*	48.752	46.587
			(4)	49.402	47.670
			3	50.051	48.752
			2	50.701	49.835
			1.5	51.026	50.376
			(1)	51.350	50.917
—	—	55	(4)	52.402	50.670
			(3)	53.051	51.752
			2	53.701	52.835
			1.5	54.026	53.376
56	—	—	5.5*	52.428	50.046
			4	53.402	51.670
			3	54.051	52.752
			2	54.701	53.835
			1.5	55.026	54.376
			(1)	55.350	54.917

续表6

公称直径 D、d			螺距 P	中径 D_2 或 d_2	小径 D_1 或 d_1
第一系列	第二系列	第三系列			
—	—	58	(4)	55.402	53.670
			(3)	56.051	54.752
			2	56.701	55.835
			1.5	57.026	56.376
—	60	—	(5.5)	56.428	54.046
			4	57.402	55.670
			3	58.051	56.752
			2	58.701	57.835
			1.5	59.026	58.376
			(1)	59.350	58.917
—	—	62	(4)	59.402	57.670
			(3)	60.051	58.752
			2	60.701	59.835
			1.5	61.026	60.376
64	—	—	6*	60.103	57.505
			4	61.402	59.670
			3	62.051	60.752
			2	62.701	61.835
			1.5	63.026	62.376
			(1)	63.350	62.917
—	—	65	(4)	62.402	60.670
			(3)	63.051	61.752
			2	63.701	62.835
			1.5	64.026	63.376
—	68	—	6*	64.103	61.505
			4	65.402	63.670
			3	66.051	64.752
			2	66.701	65.835
			1.5	67.026	66.376
			(1)	67.350	66.917

公称直径 D、d			螺距 P	中径 D_2 或 d_2	小径 D_1 或 d_1
第一系列	第二系列	第三系列			
		70	(6)	66.103	63.505
			(4)	67.402	65.670
			(3)	68.051	66.752
			2	68.701	67.835
			1.5	69.026	68.376
72	—	—	6	68.103	65.505
			4	69.402	67.670
			3	70.051	68.752
			2	70.701	69.835
			1.5	71.026	70.376
			(1)	71.350	70.917
—	—	75	(4)	72.402	70.670
			(3)	73.051	71.752
			2	73.701	72.835
			1.5	74.026	73.376
—	76	—	6	72.103	69.505
			4	73.402	71.670
			3	74.051	72.752
			2	74.701	73.835
			1.5	75.026	74.376
			(1)	75.350	74.917
—	—	78	2	76.701	75.835
80	—	—	6	76.103	73.505
			4	77.402	75.670
			3	78.051	76.752
			2	78.701	77.835
			1.5	79.026	78.376
			(1)	79.350	78.917
—	—	82	2	80.701	79.835

公称直径D、d			螺距 P	中径 D_2或d_2	小径 D_1或d_1
第一系列	第二系列	第三系列			
—	85	—	6	81.103	78.505
			4	82.402	80.670
			3	83.051	81.752
			2	83.701	82.835
			(1.5)	84.026	83.376
90	—	—	6	86.103	83.505
			4	87.402	85.670
			3	88.051	86.752
			2	88.701	87.835
			(1.5)	89.026	88.376

注：①表中"①"表示 M14×1.25 仅用于火花塞；"②"表示 M35×1.5 仅用于滚动轴承锁紧螺母。

②直径优先选用第一系列，其次第二系列，尽可能不用第三系列。

③尽可能不用括号内的螺距。

④用"＊"表示的螺距为粗牙。

2. 非螺纹 55°密封管螺纹（GB/T7306—2000）

标准规定连接形式有两种：第一种为圆柱内螺纹和圆锥外螺纹的连接；第二种为圆锥内螺纹和圆锥外螺纹连接。两种连接形式都具有密封性能，必要时，允许在螺纹副内加入密封填料。

（1）圆柱内螺纹基本牙型、基准平面尺寸分部位置及尺寸计算，见表7-3。

表 7-3   圆柱内螺纹的牙型及尺寸计算

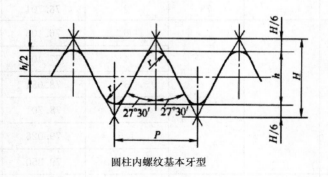

圆柱内螺纹基本牙型

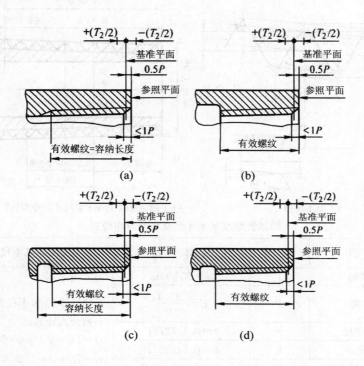

(a)　　　　　　　　　(b)

(c)　　　　　　　　　(d)

圆锥（圆柱）内螺纹上各主要尺寸的分布位置

名　称	代　号	计 算 公 式	螺纹的基本尺寸
牙型角	α	$\alpha = 55°/mm$	螺纹中径和小径的数值按下列公式计算：$d_2 = D_2 = d - 0.640327P$ $d_1 = D_1 = d - 1.280654P$
螺　距	P	$P = \dfrac{25.4}{n}$	
圆弧半径	r	$r = 0.137329P$	
牙型高度	h	$h = 0.640327P$	
原始三角形高度	H	$H = 0.960491P$ $\dfrac{H}{6} = 0.160082P$	

（2）圆锥螺纹基本牙型。其基本牙型、尺寸分布位置及尺寸计算见表 7-4。在螺纹的顶部和底部 $H/6$ 处倒圆。圆锥管螺纹有 1∶16 的锥角，可以使管螺纹越旋越紧，使配合更紧密，可用在压力较高的管接头处。

表 7 - 4 　　　　　　　　　　　　圆锥螺纹基本牙型及尺寸计算

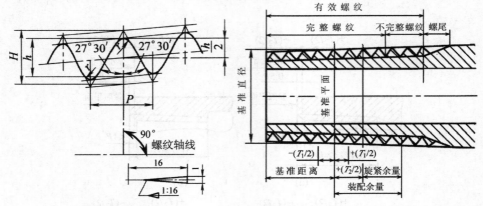

（a）基本牙型　　　　　　　　（b）圆锥螺纹上各主要尺寸的分布位置

圆锥管螺纹基本牙型及尺寸分布位置

术 语	代 号	计 算 公 式	螺纹的基本尺寸
牙型角	α	$\alpha = 55°/mm$	螺纹中径和小径的数值按下列公式计算：
螺 距	P	$P = \dfrac{25.4}{n}$	
圆弧半径	r	$r = 0.137278P$	$d_2 = D_2 = d - 0.640327P$
牙型高度	h	$h = 0.640327P$	$d_1 = D_1 = d - 1.280654P$
原始三角形高度	H	$H = 0.960237P$	
螺纹牙数	n	n 为每 25.4mm 内的牙数	

在表 7 - 4 中，基准直径：设计给定的内锥螺纹或外锥螺纹的基本大径；基准平面：垂直于锥螺纹轴线，具有基准直径的平面，简称基面；基准距离：从基准平面到外锥螺纹小端的距离，简称基距；完整螺纹：牙顶和牙底均具有完整形状的螺纹；不完整螺纹：牙底完整而牙顶不完整的螺纹；螺尾：向光滑表面过渡的牙底不完整的螺纹；有效螺纹：由完整螺纹和不完整螺纹组成的螺纹，不包括螺尾。圆锥管螺纹形状特征如图 7 - 12 所示。

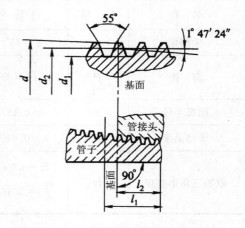

图 7 - 12　圆锥管螺纹的形状特征

（3）螺纹的基本尺寸及其极限偏差，见表 7 - 5。

表 7－5　　　　　　　　　　　螺纹的基本尺寸及其极限偏差

1	2	3	4	基准平面内的基本直径			基 准 距 离				
尺寸代号	每25.4mm内所包含的牙数 n	螺距 P	牙高 h	大径（基准直径）$d=D$	中径 $d_2=D_2$	小径 $d_1=D_1$	基本	极限偏差 $\pm T_1/2$		最大	最小
		mm					mm	mm	圈数	mm	
1/16	28	0.907	0.581	7.723	7.142	6.561	4	0.9	1	4.9	3.1
1/8	28	0.907	0.581	9.728	9.147	8.566	4	0.9	1	4.9	3.1
1/4	19	1.337	0.856	13.157	12.301	11.445	6	1.3	1	7.3	4.7
3/8	19	1.337	0.856	16.662	15.806	14.950	6.4	1.3	1	7.7	5.1
1/2	14	1.814	1.162	20.955	19.793	18.631	8.2	1.8	1	10.0	6.4
3/4	14	1.814	1.162	26.441	25.279	24.117	9.5	1.8	1	11.3	7.7
1	11	2.309	1.479	33.249	31.770	30.291	10.4	2.3	1	12.7	8.1
1¼	11	2.309	1.479	41.910	40.431	38.952	12.7	2.3	1	15.0	10.4
1½	11	2.309	1.479	47.803	46.324	44.845	12.7	2.3	1	15.0	10.4
2	11	2.309	1.479	59.614	58.135	56.656	15.9	2.3	1	18.2	13.6
2¼	11	2.309	1.479	75.1 84	73.705	72.226	17.5	3.5	1½	21.0	14.0
3	11	2.309	1.479	87.884	86.405	84.926	20.6	3.5	1½	24.1	17.1
4	11	2.30 ½ 9	1.479	113.030	111.551	110.072	25.4	3.5	1½	28.9	21.9
5	11	2.309	1.479	138.430	136.951	135.472	28.6	3.5	1½	32.1	25.1
6	11	2.309	1.479	163.830	162.351	160.872	28.6	3.5	1½	32.1	25.1

13	14	15	16	17	18	19	20
装配余量		外螺纹的有效螺纹不小于基准距离分别为			圆锥内螺纹基准平面轴向位置的极限偏差 $\pm T_1/2$	圆柱内螺纹直径的极限偏差 $\pm T_1/2$	轴向圈数
		基本	最大	最小		径 向	
mm	圈数	mm			mm		
2.5	2¾	6.5	7.4	5.6	1.1	0.071	1¼
2.5	2¾	6.5	7.4	5.6	1.1	0.071	1¼
3.7	2¾	9.7	11	8.4	1.7	0.104	1¼
3.7	2¾	10.1	11.4	8.8	1.7	0.104	1¼
5.0	2¾	13.2	15	11.4	2.3	0.142	1¼
5.0	2¾	14.5	16.3	12.7	2.3	0.142	1¼

13	14	15	16	17	18	19	20
装配余量		外螺纹的有效螺纹不小于			圆锥内螺纹基准平面轴向位置的极限偏差±$T_1/2$	圆柱内螺纹直径的极限偏差±$T_1/2$	轴向圈数
		基准距离分别为					
		基本	最大	最小		径 向	
mm	圈数	mm			mm		
6.4	2¾	16.8	19.1	14.5	2.9	0.180	1¼
6.4	2¾	19.1	21.4	16.8	2.9	0.180	1¼
6.4	2¾	19.1	21.4	16.8	2.9	0.180	1¼
7.5	3¼	23.4	25.7	21.1	2.9	0.180	1¼
9.2	4	26.7	30.2	23.2	3.5	0.216	1½
9.2	4	29.8	33.3	26.3	3.5	0.216	1½
10.4	4½	35.8	39.3	32.3	3.5	0.216	1½
11.5	5	40.1	43.6	36.6	3.5	0.216	1½
11.5	5	40.1	43.6	36.6	3.5	0.216	1½

（4）螺纹代号及标记示例。管螺纹的标记由螺纹特征代号和尺寸代号组成。螺纹特征代号如下：

R_c——圆锥内螺纹；

R_p——圆柱内螺纹；

R_1——与 R_p 配合使用的圆锥外螺纹；

R_2——与 R_c 配合使用的圆锥外螺纹。

标记示例：

尺寸代号为 3/4 的右旋圆锥内螺纹的标记为 $R_c3/4$。

尺寸代号为 3/4 的右旋圆柱内螺纹的标记为 $R_p3/4$。

与 R_c 配合使用尺寸代号为 3/4 的右旋圆锥外螺纹的标记为 $R_23/4$。

与 R_p 配合使用尺寸代号为 3/4 的右旋网锥外螺纹的标记为 $R_13/4$。

当螺纹为左旋时，应在尺寸代号后加注"LH"。如尺寸代号为 3/4 左旋圆锥内螺纹的标记为 $R_c3/4LH$。

表示螺纹副时，螺纹特征代号为"R_c/R_2"或"R_p/R_1"。前面为内螺纹的特征代号，后面为外螺纹的特征代号，中间用斜线分开。

圆锥内螺纹与圆锥外螺纹的配合：$R_c/R_23/4$：

圆柱内螺纹与网锥外螺纹的配合：$R_p/R_13/4$；

左旋圆锥内螺纹与圆锥外螺纹的配合 $R_c/R_23/4LH$。

3. 55°非密封管螺纹（GB/T7307—2001）

标准规定管螺纹其内、外螺纹均为圆柱螺纹，不具备密封性能（只是作为机械连接用），若要求连接后具有密封性能，可在螺纹副外采取其他密封方式。

（1）牙型及牙型尺寸计算，见表 7－6。

　　　　　　　　　　圆锥螺纹基本牙型及尺寸计算

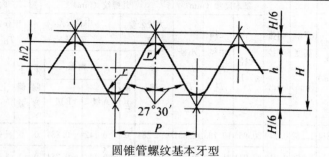

圆锥管螺纹基本牙型

术　语	代　号	计　算　公　式	螺纹的基本尺寸
牙型角	α	$\alpha=55°$（mm）	螺纹中径和小径的基本尺 寸按下列公式计算： $d_2=D_2=d-0.640327P$ $d_1=D_1=d-1.280654P$
螺距	P	$P=\dfrac{25.4}{n}$	
圆弧半径	r	$r=0.137329P$	
牙型高度	h	$h=0.640327P$	
原始三角形高度	H	$H/6=0.160082P$	
螺纹牙数	n	n 为每 25.4mm 内的牙数	

（2）55°非密封管螺纹的基本尺寸和公差。外螺纹的上偏差（es）和内螺纹的下偏差（EI）为基本偏差，基本偏差为零。对内螺纹中径和小径只规定一种公差，下偏差为零，上偏差为正。对外螺纹中径公差分为 A 和 B 两个等级，对外螺纹大径，规定了一种公差，均是上偏差为零，下偏差为负。螺纹的牙顶在给出的公差范围内允许削平。

55°非密封管螺纹的基本尺寸和公差见表 7－7。

表 7－7　　　　　　　　　　　　　**螺纹的基本尺寸和公差**

螺纹的尺寸代号	每25.4mm 内的牙数 n/mm	螺距 P (mm)	牙型高度 h (mm)	圆弧半径 $r\approx$ (mm)	大径 $d=D$	中径 $d_2=D_2$	小径 $d_1=D_1$	下偏差	上偏差	下偏差 A级	下偏差 B级	下偏差	下偏差	上偏差	下偏差	上偏差
					基本尺寸（mm）			外螺纹（mm） 大径公差 T_d		中径公差 T_{d_2} ①		内螺纹（mm） 中径公差 T_{D_2} ①			小径公差 T_{D_1}	
1/16	28	0.907	0.581	0.125	7.723	7.142	6.561	−0.214	0	−0.107	−0.214	0	0	+0.107	0	+0.282
1/8	28	0.907	0.581	0.125	9.728	9.147	8.566	−0.214	0	−0.107	−0.214	0	0	+0.107	0	+0.282
1/4	19	1.337	0.856	0.184	13.157	12.301	11.445	−0.250	0	−0.125	−0.250	0	0	+0.125	0	+0.445
3/8	19	1.337	0.856	0.184	16.662	15.806	14.950	−0.250	0	−0.125	−0.250	0	0	+0.125	0	+0.445

续表

螺纹的尺寸代号	每25.4mm内的牙数 n/mm	螺距 P (mm)	牙型高度 h (mm)	圆弧半径 $r\approx$ (mm)	基本尺寸（mm）			外螺纹（mm）					内螺纹（mm）			
					大径 $d=D$	中径 $d_2=D_2$	小径 $d_1=D_1$	大径公差 T_d		中径公差 T_{d_2} ①			中径公差 T_{D_2} ①		小径公差 T_{D_1}	
								下偏差	上偏差	下偏差		上偏差	下偏差	上偏差	下偏差	上偏差
										A级	B级					
1/2	14	1.814	1.162	0.249	20.955	19.793	18.631	−0.284	0	−0.142	−0.284	0	0	+0.142	0	+0.541
5/8	14	1.814	1.162	0.249	22.911	21.749	20.587	−0.284	0	−0.142	−0.284	0	0	+0.142	0	+0.541
3/4	14	1.814	1.162	0.249	26.441	25.279	24.117	−0.284	0	−0.142	−0.284	0	0	+0.142	0	+0.541
7/8	14	1.814	1.162	0.249	30.201	29.039	27.877	−0.284	0	−0.142	−0.284	0	0	+0.142	0	+0.541
1	11	2.309	1.479	0.317	33.249	31.770	30.291	−0.360	0	−0.180	−0.360	0	0	+0.180	0	+0.640
1⅛	11	2.309	1.479	0.317	37.897	36.418	34.939	−0.360	0	−0.180	−0.360	0	0	+0.180	0	+0.640
1¼	11	2.309	1.479	0.317	41.910	40.431	38.952	−0.360	0	−0.180	−0.360	0	0	+0.180	0	+0.640
1½	11	2.309	1.479	0.317	47.803	46.324	44.845	−0.360	0	−0.180	−0.360	0	0	+0.180	0	+0.640
1¾	11	2.309	1.479	0.317	53.746	52.267	50.788	−0.360	0	−0.180	−0.360	0	0	+0.180	0	+0.640
2	11	2.309	1.479	0.317	59.614	58.135	56.656	−0.360	0	−0.180	−0.360	0	0	+0.180	0	+0.640
2¼	11	2.309	1.479	0.317	65.71	64.231	62.752	−0.434	0	−0.217	−0.434	0	0	+0.217	0	+0.640
2½	11	2.309	1.479	0.317	75.184	73.705	72.226	−0.434	0	−0.217	−0.434	0	0	+0.217	0	+0.640
2¾	11	2.309	1.479	0.317	81.534	80.055	78.576	−0.434	0	−0.217	−0.434	0	0	+0.217	0	+0.640
3	11	2.309	1.479	0.317	87.884	86.405	84.926	−0.434	0	−0.217	−0.434	0	0	+0.217	0	+0.640
3½	11	2.309	1.479	0.317	100.33	98.851	97.372	−0.434	0	−0.217	−0.434	0	0	+0.217	0	+0.640
4	11	2.309	1.479	0.317	113.03	111.551	110.072	−0.434	0	−0.217	−0.434	0	0	+0.217	0	+0.640
4½	11	2.309	1.479	0.317	125.73	124.251	122.772	−0.434	0	−0.217	−0.434	0	0	+0.217	0	+0.640
5	11	2.309	1.479	0.317	138.43	136.95	135.472	−0.434	0	−0.217	−0.434	0	0	+0.217	0	+0.640
5½	11	2.309	1.479	0.317	151.13	149.651	148.172	−0.434	0	−0.217	−0.434	0	0	+0.217	0	+0.640
6	11	2.309	1.479	0.317	163.83	162.351	160.872	−0.434	0	−0.217	−0.434	0	0	+0.217	0	+0.640

注：表中"①"表示对薄壁管件，此公差适用于平均中径，该中径是测量两个互相垂直直径的算术平均值。

（3）螺纹代号及标记示例。55°非密封管螺纹的标记由螺纹特征代号、尺寸代号和公差等级代号组成，螺纹特征代号用字母 G 表示。

标记示例：

外螺纹 A 级　G1½ A；

外螺纹 B 级　G1½ B；

内螺纹　G1½。

当螺纹为左旋时，在公差等级代号后加注"LH"，例如 G1½-LH，G1½
A-LH。

当内、外螺纹装配在一起时，内、外螺纹的标记用斜线分开，左边表示内
螺纹，右边表示外螺纹。例如：G1½/G1½ A；G1½/G1½ B。

4. 梯形螺纹

（1）梯形螺纹的基本牙型与尺寸计算（GB/T 5796.1—2005）。梯形螺纹
有米制和英制两种。我国采用米制梯形螺纹，牙型角为30°。梯形螺纹牙型如
图 7-13 所示。其尺寸计算公式如下：

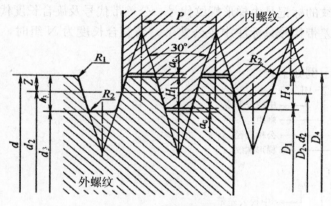

图 7-13　梯形螺纹牙型

$H_1 = 0.5P$

$h_3 = H_1 + a_c = 0.5P + a_c$

$H_4 = H_1 + a_c = 0.5P + a_c$

$Z = 0.25P + H_1/2$

$d_2 = d - 2Z = d - 0.5P$

$D_2 = d - 2Z = d - 0.5P$

$d_3 = d - 2h_3$

$D_1 = d - 2H_1 = d - p$

$D_4 = d + 2a_c$

$R_{1max} = 0.5d_c$

$R_{2max} = a_c$

式中：H_1——基本牙型高度；

　　　P——螺距；

　　　D_4、d——内、外螺纹大径（d 为公称直径）；

D_2、d_2——内、外螺纹中径；

D_1、d_3——内、外螺纹小径；

H_4、h_3——内、外螺纹牙高；

a_c——牙顶间隙；Z 牙顶高；

R_1——外螺纹牙顶圆角；

R_2——牙底四角。

(2) 梯形螺纹代号与标记。在符号 GB/T5796.1—2005 标准时，梯形螺纹用"Tr"表示。单线螺纹用"公称直径×螺距"表示，多线螺纹用"公称直径×导程（P 螺距）"表示。当螺纹为左旋时，需在尺寸规格之后加注"LH"，右旋不注出。

梯形螺纹的标记是由梯形螺纹代号、公差带代号及旋合长度代号组成。梯形螺纹的公差带代号只标注中径公差带。当旋合长度为 N 组时，不注旋合长度代号。

内螺纹示例如下：

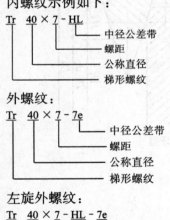

外螺纹：

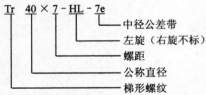

左旋外螺纹：

Tr   40 × 7 - HL - 7e
                    └—— 中径公差带
               └—— 左旋（右旋不标）
          └—— 螺距
      └—— 公称直径
  └—— 梯形螺纹

螺纹的公差带要分别注出内、外公差代号，前者为内螺纹，后者为外螺纹，中间用斜线分开。

螺纹副示例如下：

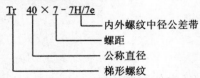

当旋合长度为 L 组时，组别代号 L 写在公差带代号的后面，并用"-"隔开。示例如下：

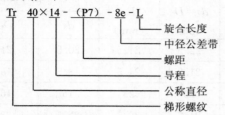

（3）梯形螺纹的直径、螺距、基本尺寸（GB/T 5796.3—2005），见表7-8。

表 7-8 梯形螺纹的基本尺寸

公称直径 d（mm）			螺距 P（mm）	中径 $d_2 = D_2$ （mm）	大径 D_4 （mm）	小径（mm）	
第一系列	第二系列	第三系列				d_3	D_1
8	—		1.5	7.25	8.3	6.2	6.5
—	9		1.5	8.25	9.3	7.2	7.5
			2	8.00	9.5	6.5	7.0
10			1.5	9.25	10.3	8.2	8.5
			2	9.00	10.5	7.5	8.0
—	11	—	2	10.00	11.5	8.5	9.0
			3	9.50	11.5	7.5	8.0
12	—	—	2	11.00	12.5	9.5	10.0
			3	10.50	12.5	8.5	9.0
—	14	—	2	13	14.5	11.5	12
			3	12.5	14.5	10.5	11
16			2	15	16.5	13.5	14
			4	14	16.5	11.5	12
—	18		2	17	18.5	15.5	16
			4	16	18.5	13.5	14
20	—		2	19	20.5	17.5	18
			4	18	20.5	15.5	16
—	22	—	3	20.5	22.5	18.5	19
			5	19.5	22.5	16.5	17
			8	18	23	13	14

183

续表1

公称直径 d（mm）			螺距 P（mm）	中径 $d_2 = D_2$（mm）	大径 D_4（mm）	小 径（mm）	
第一系列	第二系列	第三系列				d_3	D_1
24	—	—	3	22.5	24.5	20.5	21
			5	21.5	24.5	18.5	19
			8	20	25	15	16
—	26	—	3	24.5	26.5	22.5	23
			5	23.5	26.5	20.5	21
			8	22	27	17	18
28	—	—	3	26.5	28.5	24.5	25
			5	25.5	28.5	22.5	23
			8	24	29	19	20
—	30	—	3	28.5	30.5	26.5	27
			6	27	31	23	24
			10	25	31	19	20
32	—	—	3	30.5	32.5	28.5	29
			6	29	33	25	26
			10	27	33	21	22
—	34	—	3	32.5	34.5	30.5	31
			6	31	35	27	28
			10	29	35	23	24
36	—	—	3	34.5	26.5	32.5	33
			6	33	27	29	30
			10	31	27	25	26
—	38	—	3	36.5	38.5	34.5	35
			7	34.5	39	30	31
			10	33	39	27	28
40	—	—	3	38.5	40.5	36.5	37
			7	36.5	41	32	33
			10	35	41	29	30
—	42	—	3	40.5	42.5	38.5	39
			7	38.5	43	34	35
			10	37	43	31	32

续表 2

公称直径 d (mm)			螺距 P (mm)	中径 $d_2 = D_2$ (mm)	大径 D_4 (mm)	小　径 (mm)	
第一系列	第二系列	第三系列				d_3	D_1
44	—	—	3	42.5	44.5	40.5	41
			7	40.5	45	36	37
			12	38	45	31	32
—	46	—	3	44.5	46.5	42.5	43
			8	42.0	47	37	38
			12	40.0	47	33	34
48	—	—	3	46.5	48.5	44.5	45
			8	44	49	39	40
			12	42	49	35	36
—	50	—	3	48.5	50.5	46.5	47
			8	46	51	41	42
			12	44	51	37	38
52	—	—	3	50.5	52.5	48.5	49
			8	48	53	43	44
			12	46	53	39	40
—	55	—	3	53.5	55.5	51.5	52
			9	50.5	56	45	46
			14	48	57	39	41
60	—	—	3	58.5	60.5	56.5	57
			9	55.5	61	50	51
			14	53	62	44	46
—	65	—	4	63	65.5	60.5	61
			10	60	66	54	55
			16	67	67	47	49
70	—	—	4	68	70.5	65.5	66
			10	65	71	59	60
			16	62	72	52	54
—	75	—	4	73	75.5	70.5	71
			10	70	76	64	65
			16	67	77	57	59

185

续表3

公称直径 d（mm）			螺距 P（mm）	中径 $d_2 = D_2$（mm）	大径 D_4（mm）	小 径（mm）	
第一系列	第二系列	第三系列				d_3	D_1
80	—	—	4	78	80.5	75.5	76
			10	75	81	69	70
			16	72	82	62	64
—	85	—	4	83	85.5	80.5	81
			12	79	86	72	73
			18	76	87	65	67
90	—	—	4	88	90.5	58.5	80
			12	84	91	77	78
			18	81	92	70	72
—	95	—	4	93	95.5	90.5	91
			12	89	96	82	83
			18	86.000	97.000	75.000	77
100	—	—	4	98	100.5	95.5	96
			12	94	101	87	88
			20	90	102	78	80
—	—	105	4	103	105.5	100.5	101
			12	99	106	92	93
			20	95	107	83	85
—	110	—	4	108	110.5	105.5	106
			12	104	111	97	98
			20	100	112	88	90
—	—	115	6	112	116	108	109
			12	108	117	99	101
			4	104	117	91	93
120	—	—	6	117	121	113	114
			14	113	122	104	106
			22	109	122	96	98
—	—	125	6	122	126	118	119
			14	118	127	109	111
			22	114	127	101	103

续表4

公称直径 d (mm)			螺距 P (mm)	中径 $d_2=D_2$ (mm)	大径 D_4 (mm)	小 径 (mm)	
第一系列	第二系列	第三系列				d_3	D_1
—	130	—	6	127	131	123	124
			14	123	32	114	116
			22	119	132	106	108
—	—	135	6	132	136	128	129
			14	128	137	119	121
			22	123	137	109	111
140	—	—	6	137	141	133	134
			14	133	142	124	126
			24	128	142	114	116
—	—	145	6	142	146	138	139
			14	138	147	129	131
			24	133	147	119	121
—	150	—	6	147	151	143	144
			14	142	152	132	134
			24	138	152	124	126
—	—	155	6	152	156	148	149
			16	147	157	137	139
			24	143	157	129	131
160	—	—	6	157	161	153	154
			16	152	162	142	144
			28	146	162	130	132

四、螺纹的规定画法

由于螺纹的真实投影比较复杂，而且通常采用专用机床和专用刀具制造。为了简化作图，国家标准 GB/T 4459.1—1995 中规定了螺纹的画法，而无需画出螺纹的真实投影。

1. 外螺纹的规定画法

外螺纹的规定画法如图 7－14～图 7－16 所示。

（1）外螺纹的大径（牙顶）用粗实线表示，小径（牙底）用细实线表示，

187

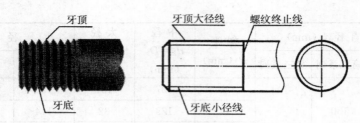

图 7‑14　外螺纹的规定画法

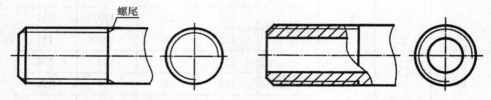

图 7‑15　外螺纹尾画法　　　　　图 7‑16　外管螺纹剖视画法

小径通常画成大径的 0.85 倍，即 $d_1 = 0.85d$。

（2）在非圆视图上，小径线画至螺杆端部，螺纹终止线画成粗实线。

（3）在圆视图上，表示小径的细实线圆约画 3/4 圈，轴上的倒角圆省略不画。

（4）当需要表示螺尾时，螺尾部分的牙底用与轴线成 30°的细实线绘制，如图 7‑15 所示，一般情况下螺尾省略不画。

（5）在剖视图或断面图中，剖面线必须画到粗实线，螺纹终止线只画出牙顶和牙底部分一小段，如图 7‑16 所示。

2. 内螺纹的规定画法

内螺纹画法如图 7‑17 所示。

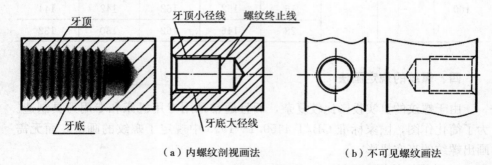

（a）内螺纹剖视画法　　　　　　　（b）不可见螺纹画法

图 7‑17　内螺纹画法

（1）在剖视图中，内螺纹的大径（牙底）用细实线绘制，小径（牙顶）用粗实线绘制，螺纹终止线用粗实线绘制。

（2）在圆视图上，表示大径的细实线圆约画 3/4 圈，孔上的倒角圆省略不画。

（3）在剖视图或断面图中，剖面线必须画到粗实线。

（4）非圆视图上，螺尾部分的画法与外螺纹相同，一般不需画出，如图 7－17（a）所示。

（5）内螺纹未剖切时，其大径、小径和螺纹终止线均用虚线表示，如图 7－17（b）所示。

（6）绘制不通的螺纹孔时，一般应将钻孔深度与螺纹深度分别画出，且钻孔深度一般应比螺纹深度大 0.5D（公称直径），钻头头部的锥角画成120°，如图 7－18 所示。

3. 螺纹孔相交画法

螺纹孔相交时，只画出钻孔的交线，即只在牙顶处画相贯线，如图 7－19 所示。

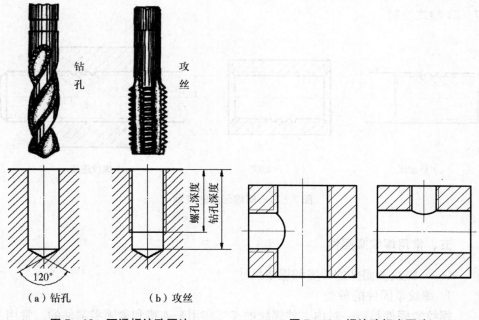

（a）钻孔　　　　　（b）攻丝

图 7－18　不通螺纹孔画法　　　　图 7－19　螺纹孔相交画法

4. 螺纹连接的规定画法

在剖视图中，内、外螺纹的旋合部分按外螺纹的画法绘制，其余部分按各自的画法绘制，如图 7－20 所示。

（1）当剖切面通过螺杆的轴线时，螺杆按不剖绘制。

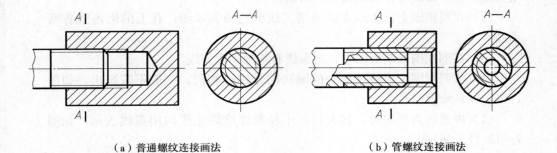

（a）普通螺纹连接画法　　　　　　　　（b）管螺纹连接画法

图 7–20　螺纹连接画法

（2）表示内、外螺纹的大、小径的粗、细实线应对齐。

（3）剖面线画到粗实线，且相邻两零件的剖面线的方向和间隔应不同。

5. 螺纹牙型表示法

按规定画法画出的螺纹，如必须表示牙型时（多用于非标准螺纹），按图 7–21 型式绘制。

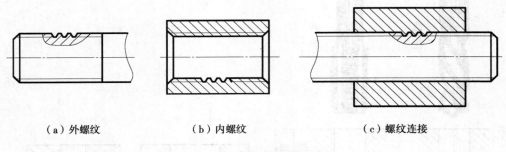

（a）外螺纹　　　　　　　（b）内螺纹　　　　　　　（c）螺纹连接

图 7–21　螺纹牙型的表示

五、常用螺纹紧固件

（一）螺纹紧固件的种类和规格尺寸

1. 螺纹紧固件的种类

螺纹紧固件是以一对内、外螺纹的连接作用来连接和紧固零部件的。常用的有螺栓、螺钉、螺柱、螺母、垫圈等，如图 7–22 所示。螺纹紧固件的种类很多，其结构型式和尺寸都已标准化，又称为标准件。

2. 各种常用的螺纹紧固件说规格、用途与尺寸

标准的螺纹紧固件专门由标准件厂大量生产，设计选用时，无需画出其零件图，只要写出规定的标记，便于采购。标记的一般格式如下：

190

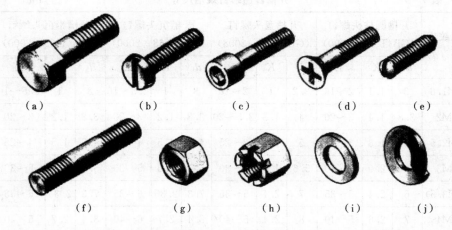

（a）六角头螺栓；（b）开槽盘头螺钉；（c）内六角圆柱头螺钉；（d）十字槽沉头螺钉；（e）开槽锥端紧定螺钉；（f）双头螺柱；（g）六角螺母；（h）六角开槽螺母；（i）平垫圈；（j）弹簧垫圈

图 7 - 22　紧固件的种类

名　称	标准号	规　格

各种常用的螺纹紧固件说规格、用途与尺寸如下：

（1）开槽普通螺钉（GB/T 65—2000、GB/T 67—2008、GB/T 68～GB/T 69—2000）。开槽普通螺钉多用于较小零件的连接，应用广泛，以盘头螺钉应用最广；沉头螺钉用于不允许钉头露出的场合；半沉头螺钉头部弧形，顶端略露在外，比较美观与光滑，在仪器或较精密机件上应用较多；圆柱头螺钉与盘头形似，钉头强度较好。开槽普通螺钉如图 7 - 23 所示，其尺寸见表 7 - 9。

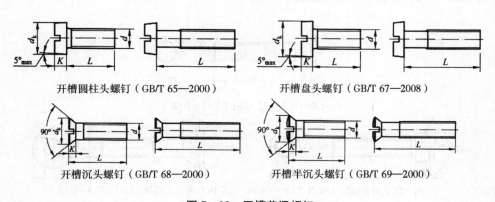

开槽圆柱头螺钉（GB/T 65—2000）　　　开槽盘头螺钉（GB/T 67—2008）

开槽沉头螺钉（GB/T 68—2000）　　　开槽半沉头螺钉（GB/T 69—2000）

图 7 - 23　开槽普通螺钉

表 7-9　　　　　　　　　　　开槽普通螺钉规格尺寸　　　　　　　　　　　（mm）

螺纹规格（d）	开槽圆柱头螺钉 (GB/T 65—2000)			开槽盘头螺钉 (GB/T 67—2008)			开槽沉头螺钉 (GB/T 68—2000)			开槽半沉头螺钉 (GB/T 69—2000)		
	d_k	K	L	d_k	K	L	d_k	K	L	d_k	K	L
M1.6	3	1.1	2~16	3.2	1	2~16	3	1	2.5~16	3	1	2.5~16
M2	3.8	1.4	3~20	4	1.3	2.5~20	3.8	1.2	3~20	3.8	1.2	3~20
M2.5	4.5	1.8	3~25	5	1.5	3~25	4.7	1.5	4~25	4.7	1.5	4~25
M3	5.5	2.0	4~30	5.6	1.8	4~30	5.5	1.6	5~30	5.5	1.65	5~30
(M3.5)	6	2.4	5~35	7	2.1	5~35	7.3	2.35	6~35	7.3	2.35	6~35
M4	7	2.6	5~40	8	2.4	5~40	8.4	2.7	6~40	8.4	2.7	6~40
M5	8.5	3.3	6~50	9.5	3	6~50	9.3	2.7	8~50	9.3	2.7	8~50
M6	10	3.9	8~60	12	3.6	8~60	11.3	3.3	8~60	11.3	3.3	8~60
M8	13	5	10~80	16	4.8	10~80	15.8	4.65	10~80	15.8	4.65	10~80
M10	16	6	12~80	20	6	12~80	18.3	5	12~80	18.3	5	12~80

注：①尽可能不采用括号内的规格。

　　②螺纹公差为 6g；机械性能等级：钢为 4.8、5.8；不锈钢为 A2-50、A2-70；有色金属为 CU2、CU3、AL4；产品等级为 A 级。

（2）内六角螺钉（GB/T 70.1～3—2008）。内六角螺钉头部能埋入机件中（机件中须制出相应尺寸的圆柱形孔），可施加较大的拧紧力矩，连接强度高，一般可代替六角螺栓，用于结构要求紧凑，外形平滑的连接处。内六角螺钉如图 7-24 所示，其尺寸见表 7-10。

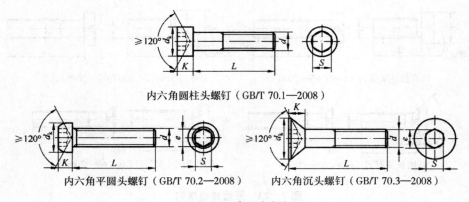

内六角圆柱头螺钉（GB/T 70.1—2008）

内六角平圆头螺钉（GB/T 70.2—2008）　　　　内六角沉头螺钉（GB/T 70.3—2008）

图 7-24　内六角螺钉

表 7-10 内六角螺钉规格尺寸 (mm)

螺纹规格 (d)	内六角圆柱头螺钉 (GB/T 70.1—2008)					内六角平圆头螺钉 (GB/T 70.2—2008)				内六角沉头螺钉 (GB/T 70.3—2008)			
	d_{kmax}		S	K	L	d_{kmax}	S	K	L	d_{kmax}	S	K	L
	光滑头部	滚花头部											
M1.6	3	3.14	1.5	1.6	2.5~16	—	—	—	—	—	—	—	—
M2	3.8	3.98	1.5	2	3~20	—	—	—	—	—	—	—	—
M2.5	4.5	4.68	2	2.5	4~25	—	—	—	—	—	—	—	—
M3	5.5	5.68	2.5	3	5~30	5.7	2	1.65	6~12	5.54	2	1.86	8~30
M4	7	7.22	3	4	6~40	7.6	2.5	2.20	8~16	7.53	2.5	2.48	8~40
M5	8.5	8.72	4	5	8~50	9.5	3	2.75	10~30	9.43	3	3.1	8~50
M6	10	10.22	5	6	10~60	10.5	4	3.3	10~30	11.34	4	3.72	8~60
M8	13	13.27	6	8	12~80	14.0	5	4.4	10~40	15.24	5	4.95	10~80
M10	16	16.27	8	10	16~100	17.5	6	5.5	16~40	19.22	6	6.2	12~100
M12	18	18.27	10	12	20~120	21.0	8	6.6	1 6~50	23.12	8	7.44	20~100
(M14)	21	21.33	12	14	25~140	—	—	—	—	26.52	10	8.4	25~100
M16	24	24.33	14	16	25~160	28.0	10	8.8	20~50	29.01	10	8.8	30~100
M20	30	30.33	17	20	30~200	—	—	—	—	36.05	12	10.6	30~100
M24	36	36.39	19	24	40~200	—	—	—	—	—	—	—	—
M30	45	45.39	22	30	45~200	—	—	—	—	—	—	—	—
M36	54	54.46	27	36	55~200	—	—	—	—	—	—	—	—
M42	63	63.46	32	42	60~200	—	—	—	—	—	—	—	—
M48	72	72.46	36	48	70~300	—	—	—	—	—	—	—	—
M56	84	84.54	41	56	80~300	—	—	—	—	—	—	—	—
M64	96	96.54	46	64	90~300	—	—	—	—	—	—	—	—

注：①公称长度系列为：2.5、3、4、5、6、8、10、12、(14)、16、20、25、30、35、40、45、50、(55)、60、(65)、70、80、90、100、110、120、130、140、150、160、180、200、300。

②尽可能不采用括号内的规格。

③螺纹公差12.9级为5g、6g，其他等级为6g；产品等级为A级。

④机械性能等级：钢——GB/T 70.2、GB/T 70.3 为 8.8、10.9、12.9；GB/T 70.1 当 3mm≤d≤39mm 为 8.8、10.9、12.9，d<3mm 或 d>39mm 按协议；不锈钢——d≤24mm 为 A2-70、A3-70、A4-70、A5-70，24mm<d≤39mm 为 A2-50、A3-50、A4-50、A5-50，d>39mm 按协议；有色金属——CU2、CU3。

(3) 内六角花形螺钉（GB/T2671.1~2—2004、GB/T2672—2004、GB/T2673—2007、GB/T 2674—2004）。内六角花形螺钉的内六角可承受较大的拧紧力矩，连接强度高，可替代六角头螺栓。其头部可埋入零件沉孔中，外形平滑，结构紧凑。内六角花形螺钉如图 7-25 所示，其尺寸见表 7-11。

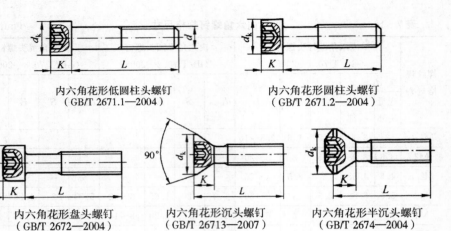

内六角花形低圆柱头螺钉
（GB/T 2671.1—2004）

内六角花形圆柱头螺钉
（GB/T 2671.2—2004）

内六角花形盘头螺钉
（GB/T 2672—2004）

内六角花形沉头螺钉
（GB/T 26713—2007）

内六角花形半沉头螺钉
（GB/T 2674—2004）

图 7-25　内六角花形螺钉

表 7-11　　　　　　　　　　内六角花形螺钉规格尺寸　　　　　　　　　　（mm）

螺纹规格(d)	内六角花形低圆柱头螺钉 GB/T 2671.1—2004			内六角花形圆柱头螺钉 GB/T 2671.2—2004			内六角花形盘头螺钉 GB/T 2672—2004			内六角花形沉头螺钉 GB/T 2673—2007			内六角花形半沉头螺钉 GB/T 2674—2004		
	d_k	K	L	d_k	K	L	d_k	K	L	d_k	K	L	d_k	K	L
M2	3.8	1.55	3~20	3.8	2	3~20	4	1.6	3~20	—	—	—	3.8	1.2	3~20
M2.5	4.5	1.85	3~25	4.5	2.5	4~25	5	2.1	3~25	—	—	—	4.7	1.5	3~25
M3	5.5	2.40	4~30	5.5	3	5~30	5.6	2.4	4~30	—	—	—	5.5	1.65	4~30
(M3.5)	6	2.60	5~35	—	—	—	7.0	2.6	5~35	—	—	—	7.3	2.35	5~35
M4	7	3.10	5~40	7	4	6~40	8.0	3.1	5~40	—	—	—	8.4	2.7	5~40
M5	8.5	3.65	6~50	8.5	5	8~50	9.5	3.7	6~50	—	—	—	9.3	2.7	6~50
M6	10	4.4	8~60	10	6	10~60	12	4.6	8~60	11.3	3.3	8~60	11.3	3.3	8~60
M8	13	5.8	10~80	13	8	12~80	16	6	10~80	15.8	4.65	10~80	15.8	4.65	10~60
M10	16	6.9	12~80	16	10	45~100	20	7.5	12~80	18.3	0	12~80	18.3	5	12~60
M12	—	—	—	1 8	12	55~120	—	—	—	22	6	20~80	—	—	—
(M14)	—	—	—	21	14	60~140	—	—	—	25.5	7	25~80	—	—	—
M16	—	—	—	24	16	65~160	—	—	—	29	8	25~80	—	—	—
(M18)	—	—	—	27	18	70~180	—	—	—	—	—	—	—	—	—
M20	—	—	—	30	20	80~200	—	—	—	36	10	35~80	—	—	—

注：①公称长度系列为：10、12、(14)、16、20、25、30、35、40、45、50、(55)、60、(65)、70、80。
②尽可能不采用括号内的规格。
③螺纹公差除 GB/T 2671.2 的 12.9 级为 5g、6g 外，其余均为 6g；产品等级为 A 级。
④机械性能等级：钢——GB/T 2671.1 为 4.8、5.8；GB/T2671.2 当 $d<3mm$ 按协议，3mm≤d ≤20mm 为 8.8、9.8、10.9、12.9；GB/T 2672、GB/T 2673、GB/T 2674 为 4.8；不锈钢——GB/T 2671.1 为 A2-50、A2-70、A3-50、A3-70；GB/T 2671.2 为 A2-70、A3-70、A4-70、A5-70；GB/T 2672、GB/T 2673、GB/T 2674 为 A2-70、A3-70；有色金属——均为 CU2、CU3。

(4) 十字槽普通螺钉（GB/T 818—2000、GB/T 819.1—2000、GB/T 820—2000、GB/T 822—2000）。十字槽普通螺钉用途与开槽普通螺钉相同，可互相代用，可分为十字槽盘头螺钉、十字槽沉头螺钉、十字槽半沉头螺钉、十字槽圆柱头螺钉几种类型。各种十字槽普通螺钉旋拧时对中性好，易于实现自动化装配，槽形强度好，不易拧秃，外形美观，生产效率高。但须用与螺钉相应规格的十字形旋具进行装卸。十字槽普通螺钉如图7-26所示，其尺寸见表7-12。

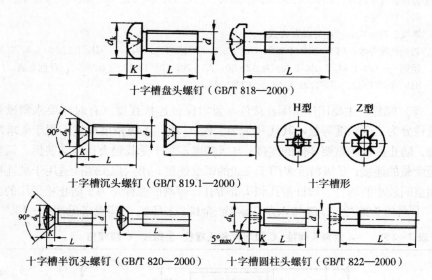

图 7-26　十字槽普通螺钉

表 7-12　　　　　　　　　　十字槽普通螺钉规格尺寸　　　　　　　　（mm）

螺纹规格（d）	十字槽盘头螺钉 GB/T 818—2000			十字槽沉头螺钉 GB/T 819.1—2000、十字槽半沉头螺 GB/T 820—2000			十字槽号 No.	十字槽圆柱头螺钉 GB/T 822—2000			十字槽号 No.
	d_k	K	L	d_k	K	L		d_k	K	L	
M1.6	3.2	1.3	3~16	3	1	3~16	0	—	—	—	
M2	4	1.6	3~20	3.8	1.2	3~20	0	—	—	—	
M2.5	5	2.1	3~25	4.7	1.5	3~25	1	4.5	1.8	3~25	1
M3	5.6	2.4	4~30	5.5	1.65	4~30	1	5.5	2.0	4~30	2
(M3.5)	7	2.6	5~35	7.3	2.35	5~35	2	6.0	2.4	5~35	2
M4	8	3.1	5~40	8.4	2.7	5~40	2	7.0	2.6	5~40	2
M5	9.5	3.7	6~45	9.3	2.7	6~50	2	8.5	3.3	6~50	2
M6	12	4.6	8~60	11.3	3.3	8~60	3	10.0	3.9	8~60	3

195

螺纹规格 (d)	十字槽盘头螺钉 GB/T 818—2000			十字槽沉头螺钉 GB/T 819.1—2000、十字槽半沉头螺 GB/T 820—2000			十字槽号 No.	十字槽圆柱头螺钉 GB/T 822—2000			十字槽号 No.
	d_k	K	L	d_k	K	L		d_k	K	L	
M8	16	6	10～60	15.8	4.65	10～60	4	13.0	5.0	10～80	4
M10	20	7.5	12～60	18.3	5	12～60	4	—	—	—	—

注：①公称长度系列为：3、4、5、6、8、10、12、(14)、16、20、25、30、35、40、45、50、(55)、60、70、80。

②螺纹公差为6g；产品等级为A级。

③机械性能等级：钢——GB/T 818、GB/T 819.1、GB/T 820 为4.8；GB/T 822 为4.8、5.8；不锈钢——GB/T 818、GB/T 820 为A2-50、A2-70；GB/T 822 为A2-70；有色金属 GB/T 818、GB/T820、GB/T822 为CU2、CU3、AL4。

（5）螺栓。主要用作紧固连接件，要求保证连接强度（有时还要求紧密性）。连接件分为三个精度等级，其代号为A、B、C级。A级精度最高，用于要求配合精确、防止振动等重要零件的连接；B级精度多用于受载较大且经常装拆、调整或承受变载的连接；C级精度多用于一般的螺纹连接。小六角头螺栓适用于被连接件表面空间较小的场合。螺杆带孔和头部带孔、带槽的螺栓是为了防止松脱用的。

①六角头螺栓-C级与六角头螺栓-全螺纹-C级，其规格见表 7-13。

表 7-13　　　六角头螺栓-C级与六角头螺栓-全螺纹-C级规格

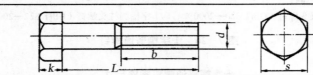

螺纹规格 d (mm)	头部尺寸 k (mm)		螺杆长度 L (mm)		L 系列尺寸 (mm)
	(公称)	最大	GB5780—2000 部分螺纹	GB5781—2000 全螺纹	
M5	3.5	8	25～50	10～50	6，8，10，12，16，20，25，30，35，40，45，50，(55)，60，(65)，70，80，90，100，110，120，130，140，150，160，180，200，220，240，260，280，300，320，340，360，380，400，420，440，460，480，500
M6	4	10	30～60	12～60	
M8	5.3	13	40～80	16～80	
M10	6.4	16	45～100	20～100	
M12	7.5	18	55～120	25～120	
M16	10	24	65～160	35～160	
M20	12.5	30	80～200	40～200	
M24	15	36	100～240	50～240	
M30	18.7	46	120～300	60～300	
M36	22.5	55	140～300	70～360	
M42	26	65	180～240	80～420	
M48	30	75	200～480	100～480	
M56	35	85	240～500	110～500	
M64	40	95	260～500	120～500	

注：尽可能不采用括号内的规格。

②六角头螺栓-A级和B级与六角头螺栓-全螺纹-A级和B级，其规格见表7-14。

表7-14   六角头螺栓-A级和B级与六角头螺栓-全螺纹-A级和B级规格

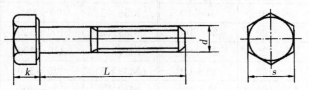

螺纹规格 d (mm)	头部尺寸（mm）		螺杆长度 L（mm）		L系列尺寸（mm）
	（公称）k	（公称）s	GB5782—2000 部分螺纹	GB5783—2000 全螺纹	
M3	2	5.5	20～30	6～30	
M4	2.8	7	25～40	8～40	
M5	3.5	8	25～50	10～50	
M6	4	10	30～60	12～60	
M8	5.3	13	35～80	16～80	
M10	6.4	16	40～100	20～100	0，25，30，35，40，45，50，55，60，（65），70，80，90，100，110，120，130，140，150，160，180，200，220，240，260，280，300，320，340，360，380，400
M12	7.5	18	45～120	25～100	
M16	10	24	55～160	35～100	
M20	12.5	30	65～200	40～100	
M24	15	36	80～240	40～100	
M30	18.7	46	90～300	40～100	
M36	22.5	55	110～360	40～100	
M42	26	65	130～400	80～500	
M48	30	75	140～400	100～500	
M56	35	85	160～400	110～500	
M64	40	95	200～400	120～500	

注：尽可能不采用括号内的规格。

③六角头螺栓-细牙-A级和B级与六角头螺栓-细牙-全螺纹-A级和B级，其规格见表7-15。

表7-15   角头螺栓-细牙-A级和B级与六角头螺栓-细牙-全螺纹-A级和B级

螺纹规格 $D \times p$ (mm)	螺杆长度 L (mm)		螺纹规格 $D \times p$ (mm)	螺杆长度 L (mm)	
	GB5785—2000 部分螺纹	GB5786—2000 全螺纹		GB 5785—2000 部分螺纹	GB 5786—2000 全螺纹
M8×1	35~80	16~80	M30×2	90~300	40~200
M10×1	40~100	20~100	(M33×2)	100~320	65~340
M12×1	45~120	25~120	(M36×3)	110~300	40~200
(M14×1.5)	50~140	30~140	(M39×3)	120~380	80~380
M16×1.5	55~160	35~160	M42×3	130~400	90~400
(M18×1.5)	60~180	40~180	(M45×3)	130~400	90~400
(M20×1.5)	65~200	40~200	M48×3	140~400	100~400
(M20×2)	65~200	40~200	(M52×4)	150~400	100~400
(M22×2)	70~220	45~220	M56×4	160~400	120~400
(M24×2)	80~240	40~200	(M60×4)	160~400	120~400
M27×2	90~260	55~280	M64×4	200~400	130~400
L 系列尺寸	16、18、20、25、30、35、40、45、50、55、60、75、70、160、180、200、220、240、260、280、300、320、340、380、400				

注：尽可能不采用括号内的规格。

(6) 六角型螺母。其用途是与螺栓、螺柱、螺钉配合使用，连接坚固构件。C 级用于表面粗糙、对精度要求不高的连接；A 级用于螺纹直径 ≤16mm；B 级用于螺纹直径＞16mm，表面光洁，对精度要求较高的连接。开槽螺母用于螺杆末端带孔的螺栓，用开口销插入固定锁紧。六角形螺母型号规格见表 7-16 与表 7-17。

表 7-16　　　　　　　　　　六角形螺母型号

图 示	螺母品种	国家标准	螺纹规格范围
六角螺母	1 型六角螺母-C 级	GB/T 41—2000	M5~M64
	1 型六角螺母-A 和 B 级	GB/T 6170—2000	M1.6~M64
	1 六角螺母-细牙-A 和 B 级	GB/T 6171—2000	M8×1~M64×4
	六角薄螺母-A 和 B 级-倒角	GB/T 6172.1—2000	M1.6~M60
	六角薄螺母-细牙-A 和 B 级	GB/T 6173—2000	M8×1~M64×4
	六角薄螺母-A 和 B 级-无倒角	GB/T 6174—2000	M1.6~M10
	2 型六角螺母-A 和 B 级	GB/T 6175—2000	M5~M36
	2 型六角螺母-细牙-A 和 B 级	GB/T 6176—2000	M8×1~M64×4
六角开槽螺母	1 型六角开槽螺母-C 级	GB/T 6179—1986	M5~M36
	1 型六角开槽螺母-A 和 B 级	GB/T 6178—1986	M4~M36
	2 型六角开槽螺母-A 和 B 级	GB/T 6180—1986	M4~M36
	六角开槽薄螺母-A 和 B 级	GB/T 6181—1986	M5~M36

表 7‑17　　　　　　　　　　　六角形螺母规格　　　　　　　　　（mm）

螺纹规格 d	扳手尺寸 s	螺母最大高度								
		六角螺母				六角开槽螺母			六角薄螺母	
		1 型 C 级	1 型 A 级和 B 级	2 型 A 级和 B 级	1 型 C 级	薄型	1 型	2 型	B 级 无倒角	A 级和 B 级 有倒角
						A 级和 B 级				
M1.6	3.2	—	1.3	—	—	—	—	—	1	1
M2	4	—	1.6	—	—	—	—	—	1.2	1.2
M2.5	5	—	2	—	—	—	—	—	1.6	1.6
M3	5.5	—	2.4	—	—	—	—	—	1.8	1.8
M4	7	—	3.2	—	—	5	—	2.2	2.2	
M5	8	5.6	4.7	5.1	7.6	5.1	6.7	7.1	2.7	2.7
M6	10	6.4	5.2	5.7	8.9	5.7	7.7	8.2	3.2	3.2
M8	13	7.94	6.8	7.5	10.94	7.5	9.8	10.5	4	4
M10	16	9.54	8.4	9.3	13.54	9.3	12.4	13.3	5	5
M12	18	12.17	10.8	12	17.17	12	15.8	17	—	6
(M14)	21	13.9	12.8	14.1	18.9	14.1	17.8	19.1	—	7
M16	24	15.9	14.8	16.4	21.9	16.4	20.8	22.4	—	8
(M18)	27	16.9	15.8	—	—	—	—	—	—	9
M20	30	19	18	20.3	25	20.3	24	26.3	—	10
(M22)	34	20.2	19.4	—	—	—	—	—	—	11
M24	36	22.3	21.5	23.9	30.3	23.9	29.5	31.9	—	12
(M27)	41	24.7	23.8	—	—	—	—	—	—	13.5
M30	46	26.4	25.6	28.6	35.4	28.6	34.6	37.6	—	15
(M33)	50	29.5	28.7	—	—	—	—	—	—	16.5
M36	55	31.9	31	34.7	40.9	34.7	40	43.7	—	18
(M39)	60	34.3	33.4	—	—	—	—	—	—	19.5
M42	65	34.9	34	—	—	—	—	—	—	21
(M45)	70	36.9	36	—	—	—	—	—	—	22.5
M48	75	38.9	38	—	—	—	—	—	—	24
(M52)	80	42.9	42	—	—	—	—	—	—	26
M56	85	45.9	45	—	—	—	—	—	—	28
(M60)	90	48.9	48	—	—	—	—	—	—	30
M64	95	52.4	51	—	—	—	—	—	—	32

注：螺纹规格带括号的尽可能不采用。

（7）垫圈。常用垫圈有平垫圈和弹簧垫圈。

①平垫圈。其用途是置于螺母与构件之间，保护构件表面避免在紧固时被螺母擦伤。常见平垫圈的品种及主要尺寸见表 7 - 18 及表 7 - 19。

表 7 - 18　　　　　　　　　**常见平垫圈的品种**

垫圈名称	国家标准	规格范围（mm）
小垫圈-A 级	GB/T 848—2002	1.6～36
平垫圈-A 级	GB/T 97.1—2002	1.6～64
平垫圈-倒角型-A 级	GB/T 97.2—2002	5～64
平垫圈-C 级	GB/T 95—2002	5～36
大垫圈-A 级和 C 级	GB/T 96.1—2002	A 级：3～36
	GB/T 96.2—2002	C 级：3～36
特大垫圈-C 级	GB/T 5287—2002	5～36

表 7 - 19　　　　　　　　　**平垫圈的规格及主要尺寸**　　　　　　　　　（mm）

公称尺寸（螺纹规格/d）	内 径 d_1		外 径 d_2				厚 度 h			
	产品等级		小垫圈	平垫圈	大垫圈	特大垫圈	小垫圈	平垫圈	大垫圈	特大垫圈
	A 级	C 级								
1.6	1.7	—	3.5	4	—	—	0.3	0.3	—	—
2	2.2	—	4.5	5	—	—	0.3	0.3	—	—
2.5	2.7	—	6	6	—	—	0.5	0.5	—	—
3	3.2	—	5	7	9	—	0.5	0.5	0.8	—
4	4.3	—	8	—	12	—	0.5	0.8	1	—
5	5.3	5.5	9	10	15	18	1	11	1.2	2
6	6.4	6.6	11	12	18	22	1.6	1.6	1.6	2
8	8.4	9	15	16	24	28	1.6	1.6	2	3
10	10.5	11	18	20	30	34	1.6	2	2.5	3
12	13	13.5	20	24	37	44	2	2.5	3	4
14	15	15.5	24	28	44	50	2.5	2.5	3	4
16	17	17.5	28	30	50	56	2.5	3	3	5
20	21	22	34	37	60	72	3	3	4	6
24	25	26	39	44	72	85	4	4	5	6
30	31	33	50	56	92	105	4	4	6	6
36	37	39	60	66	110	125	5	5	8	8

②弹簧垫圈。其用途是装在螺母和构件之间，防止螺母松动。有标准型弹簧垫圈（GB/T 93—1987）、轻型弹簧垫圈（GB/T859—1987）和重型弹簧垫圈（GB/T 7244—1987），其主要尺寸见表7-20。

表 7-20 　　　　　　　　　　弹簧垫圈主要尺寸规格　　　　　　　　　　mm

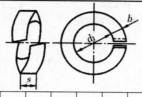

螺纹直径		2	2.5	3	4	5	6	8	10	12	16	20	24	30	36	42	48
d_1		2.1	2.6	3.1	4.1	5.1	6.1	8.1	10.2	12.2	16.2	20.2	24.5	30.5	36.5	42.5	48.5
标准型	s	0.5	0.65	0.8	1.1	1.3	1.6	2.1	2.6	3.1	4.1	5	6	7.5	9	10.5	12
	b	0.5	0.65	0.8	1.1	1.3	1.6	2.1	2.6	3.1	4.1	5	6	7.5	9	10.5	12
轻型	s	—	—	0.6	0.8	1.1	1.3	1.6	2	2.5	3.2	4	5	6	—	—	—
	b	—	—	1	1.2	1.5	2	2.5	3	3.5	4.5	5.5	7	—	—	—	—
重型	s	—	—	—	—	—	1.8	2.4	3	3.5	4.8	6	7.1	9	10.8	—	—
	b	—	—	—	—	—	2.6	3.2	3.8	4.3	5.3	6.4	7.5	9.3	11.1	—	—

（二）螺纹紧固件的比例画法

螺纹紧固件的结构型式和尺寸可以根据其标记在有关标准中查阅。为了简化作图，在画图时，一般采用比例画法，即除公称长度外，其余各部分尺寸都按与公称直径 d 的比例确定。如图7-27所示为常用紧固件的比例画法。螺栓头部的画法与螺母画法相同。

（三）常用螺纹紧固件的用途及其连接画法

螺栓、螺柱和螺钉都制成圆柱外螺纹，其长短是由被连接零件的厚度决定的。螺栓连接用于被连接件都不太厚，允许钻成通孔的情况，如图7-28（a）所示。螺柱连接用于被连接件之一较厚，不便或不允许钻成通孔的情况。螺柱两端都有螺纹，一端用于旋入被连接件的螺纹孔内，另一端用于紧固，如图7-28（b）所示。螺钉连接则用于不经常拆卸和受力较小的连接中，按其用途又分为连接螺钉［如图7-28（c）所示］。

螺母是和螺栓或螺柱等一起进行连接的。垫圈一般放在螺母下面，可避免螺母旋紧时损伤被连接零件的表面，弹簧垫圈可防止螺母松动。

1. 螺栓连接的画法

螺栓连接由螺栓、螺母、垫圈构成，被连接件的通孔直径 d_0 应略大于螺栓大径，可以根据装配精度的不同，查阅机械设计手册确定，一般可以按 $1.1d$ 画出。螺栓连接的画法如图7-29所示。

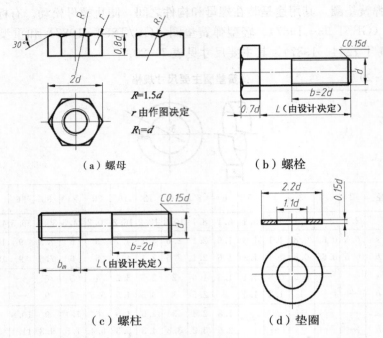

（a）螺母

$R=1.5d$
r 由作图决定
$R_1=d$

（b）螺栓

（c）螺柱

（d）垫圈

图 7‒27　紧固件比例画法

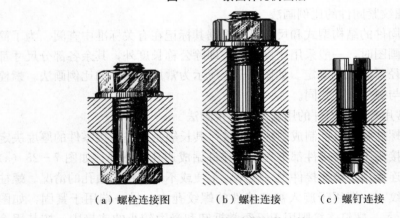

（a）螺栓连接图　　　（b）螺柱连接　　　（c）螺钉连接

图 7‒28　螺纹紧固件连接

画螺栓连接图时，应注意以下几点：

（1）绘图时需要知道螺栓的公称直径和被连接件的厚度，再算出公称长度 L。螺栓公称长度 L 按下式计算：

$$L=\delta_1+\delta_2+0.15d（垫圈厚度\ b）+0.8d（螺母厚度\ H）+a$$

式中 $\delta_1+\delta_2$ 为被连接件的总厚度，a 是螺栓顶端伸出螺母的高度，$a=(0.3\sim0.4)d$。根据上式算出螺栓长度后，查阅螺栓标准，按螺栓公称长

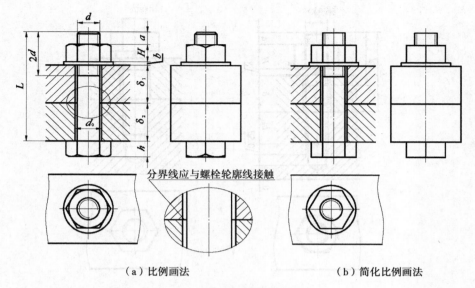

（a）比例画法   （b）简化比例画法

图 7－29　螺栓连接画法

度系列选择接近计算值的标准长度。

（2）螺栓的螺纹终止线一般应高于两零件的结合面，低于被连接件的顶面轮廓。

2. 螺柱连接的画法

螺柱连接由螺柱、螺母、垫圈构成，螺柱连接的画法如图 7－30 所示。

画螺柱连接图时，应注意以下几点：

（1）绘图时需要知道螺柱的公称直径和被连接件的厚度，旋入端材料，再算出螺柱的公称长度 L。螺柱公称长度 L 按下式计算：

$L＝\delta＋0.15d$ 垫圈厚度(b)或弹簧垫圈厚度$(S)＋$螺母高度$(H)＋a$。

式中 δ 为光孔零件的厚度，根据上式算出长度后，查阅螺柱标准，按螺柱公称长度系列选择接近的标准长度。

（2）螺柱的旋入端长度 b_m 因被旋入的带螺纹孔零件的材料不同而异，按表 7－21 选取。

表 7－21　　　　　　　　　　　　螺柱旋入端长度

被旋入零件的材料	旋入端长度
钢、青铜	$b_m＝d$
铸铁	$b_m＝1.25d$　　$b_m＝1.5d$
铝	$b_m＝2d$

（3）螺柱旋入端的螺纹应全部旋入机件的螺孔内，故螺纹的终止线与被连

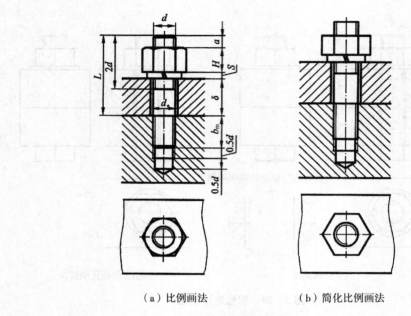

（a）比例画法　　　　　　　　（b）简化比例画法

图 7-30　螺柱连接画法

接零件的螺孔端面平齐。

（4）螺柱连接的上半部分与螺栓连接相同，下半部分的螺孔深度$\approx b_{\mathrm{m}} +$ $0.5d$，钻孔深度$\approx$螺孔深度$+(0.2\sim 0.5)d$，钻孔锥角应为$120°$。

（5）若使用弹簧垫圈，其开口槽方向与水平成$70°$，从左上向右下倾斜。

3. 螺钉连接的画法

在较厚的零件上加工出螺纹孔，在另一零件上加工成通孔，然后把螺钉穿过通孔旋进螺纹孔而连接两个零件，即为螺钉连接。

螺钉的种类很多，常用的两种螺钉连接的比例画法如图 7-31 所示。

画螺钉连接图时，应注意以下几点：

（1）螺钉公称长度估算后，再查有关标准，按螺钉公称长度系列选择接近的标准长度。

（2）螺纹旋入深度b_{m}根据被旋入零件的材料决定，选用时参照表 7-21。

（3）螺钉的连接画法与螺柱连接旋入端的情况类似，但螺钉上的螺纹不能全部旋入螺纹孔内，即螺纹的终止线应高出螺孔的端面，保证连接时能拧紧螺钉。

（4）螺钉头部槽口在反映螺钉轴线的视图上，应画成垂直于投影面，在俯视图上，应画成与中心线倾斜$45°$，槽宽可以涂黑表示。

4. 螺纹紧固件连接画法的几点说明

（1）画装配图时，相邻两零件接触表面画一条粗实线作为分界线，不接触表面按各自的尺寸画两条线，间隙过小时，应夸大画出。

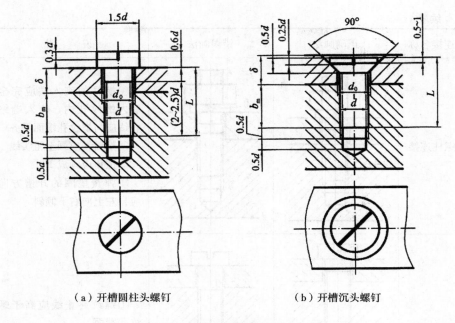

（a）开槽圆柱头螺钉　　　　　　　（b）开槽沉头螺钉

图 7-31　螺钉连接画法

（2）在剖视图中相邻两零件的剖面线方向应相反，或方向相同而间隔不同。在同一张图上，同一零件在各个剖视图中的剖面线方向、间隔应一致。

（3）当剖切平面通过螺栓、螺柱、螺钉、螺母、垫圈等标准件或实心杆件的轴线时，这些零件按不剖绘制。

（4）螺纹连接画法比较繁琐，容易出错，画图时应注意。常见的错误画法见表 7-22。

（5）常用的螺栓、螺钉的头部及螺母在装配图中均可以采用简化画法，画图时查阅标准 GB/T4459.1—1995 关于螺纹紧固件简化画法规定。

表 7-22　　　　　　　　**螺纹连接件连接图中的正确和错误画法**

连接名称	正确画法	错误画法	说　明
螺栓连接			①螺栓头部应画出螺纹小径细实线 ②螺纹终止线应画粗实线 ③两零件的结合面的分界线应画至螺纹大径

连接名称	正确画法	错误画法	说　明
螺柱连接			①螺柱的旋入端应完全旋入螺纹孔内，旋入端终止线应与螺纹孔端面平齐 ②剖面线应画至粗实线 ③锥角应画成120° ④弹簧垫圈的开槽方向应自左上向右下倾斜
螺钉连接			①螺纹终止线应高于螺纹孔端面 ②120°锥角应从螺纹小径画起 ③俯视图上螺钉头部槽口应画成与中心线倾斜45°

第二节　键连接和销连接

　　键连接和销连接是机器中常用的两种连接方式，其中键和销都是标准件，关于它们的结构、型式和尺寸，国家标准都有具体规定，设计时可以从有关标准中选用。

一、键连接

　　键用来连接轴和装在轴上的转动零件，如齿轮、皮带轮、联轴器等，起传递转矩的作用。通常在轴上和轮子上分别制出一个键槽，装配

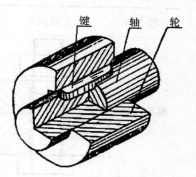

图7－32　键连接

时先将键嵌入轴的键槽内，然后将轮毂上的键槽对准轴上的键装入即可，如图7-32所示。

键的型式有普通平键、半圆键、钩头楔键、花键等。

1. 常用键的种类及标记

常用的键有普通平键、半圆键和钩头楔键等，如图7-33所示。

（a）普通平键　　　（b）半圆键　　　（c）钩头楔键

图 7-33　常用键

由于它们均为标准件，其结构和尺寸以及相应的键槽尺寸都可以在相应的国家标准中查得，常用键的型式、简图、规定标记见表7-23。

表 7-23　　　　　　　　　　常用键的简图、标记示例

名称及标准号	简　图	标记示例及说明
		A 型圆头普通平键 $b=$ 10mm，$L=36$mm 的标记：键 GB/T 1096—2003 10×36
普通平键 GB/T 1096—2003		B 型方头普通平键 $b=$ 10mm，$L=36$mm 的标记：键 GB/T 1096—2003 B10×36
		C 型单圆头普通平键 $b=$ 10mm，$L=36$mm 的标记：键 GB/T 1096—2003 C10×36

名称及标准号	简 图	标记示例及说明
半圆键 GB/T 1099—2003		半圆键 $b=6mm$，$d_1=25mm$ 的标记： 键 GB/T 1099—2003 $6×25$
钩头楔键 GB/T 1565—1979		钩头楔键 $b=8mm$，$L=25mm$ 的标记： 键 GB/T 1565—1979 $8×40$

2. 键槽和键连接的画法

（1）键槽的画法及尺寸注法。用键连接的轴和轮毂上都加工成键槽。绘制键槽时，应该首先确定轴的直径、键的型式和键的长度。键槽的尺寸可根据轴（轮毂孔）的直径从有关标准中查取，见表 7 - 26。如图 7 - 34 所示，图 7 - 34（a）、图 7 - 34（b）为轴上键槽的两种表示法，图 7 - 34（c）为轮毂上键槽的表示法。

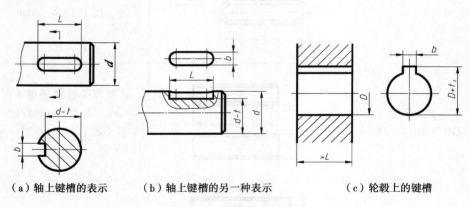

（a）轴上键槽的表示　　　（b）轴上键槽的另一种表示　　　（c）轮毂上的键槽

图 7 - 34　键槽及尺寸注法

（2）键连接的画法。键连接装配图根据轴的直径和键的型式绘制，表 7 - 24 列出了普通平键、半圆键、钩头楔键的连接画法及有关说明。键的剖面尺寸 $b×h$、键槽尺寸、键的长度都应在标准系列中查取。当沿着键的纵向剖切时，键按不剖画，通常用局部剖视图表示轴上键槽的深度及与零件之间的连接关系。当沿着键的横向剖切时，则在键的剖面区域内要画剖面线。键与键槽的接触面画一条线。

表 7－24　　　　　　　　　　键连接的画法

名　称	连接画法	说　明
普通平键		键的两侧面与键槽侧面为工作面，应接触没有间隙；键的顶部与轮毂的键槽顶面应有间隙；键上的倒角、圆角省略不画
半圆键		键的两侧面与键槽侧面为工作面，应接触没有间隙；键的顶部与轮毂的键槽顶面应有间隙；键上的倒角、圆角省略不画
钩头楔键		键的顶面有斜度，它和键槽的顶面是工作面，应接触没有间隙；键的两侧与键槽有间隙；键上的倒角、圆角省略不画

二、销连接

销在机器中主要起定位和连接作用，连接时，只能传递不大的扭矩。常用的有圆柱销、圆锥销和开口销等。销是标准件，其结构型式、尺寸和标记都可以在相应的国家标准中查得，常用销的型式、简图、规定标记见表 7－25。

表 7 - 25   销的型式及标记示例

名称及标准号	简　　图	标记示例及说明
圆柱销 GB/T 119.1—2000	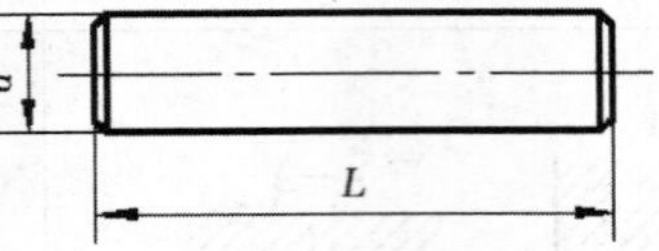	公称直径 $d=8$mm，长度 $L=30$mm，公差为 $m6$，材料为钢，不经淬火，不经表面处理的圆柱销的标记： 销 GB/T 119.1—2000 8 $m6\times30$
圆锥销 GB/T 117—2000	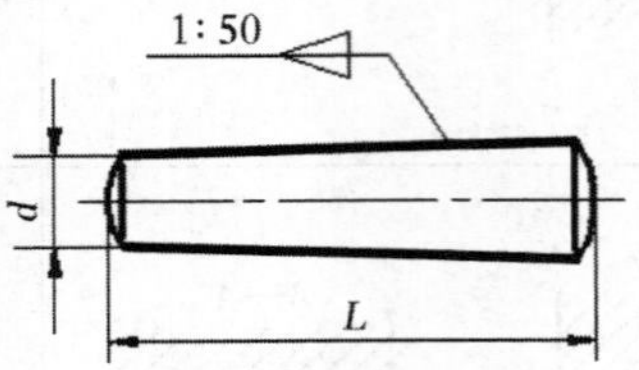 1:50	公称直径 $d=10$mm，长度 $L=60$mm，材料为 35 钢，热处理硬度 28～38HRC，表面氧化处理的 A 型圆锥销的标记： 销　GB/T　117—2000 A10×60
开口销 GB/T 91—2000	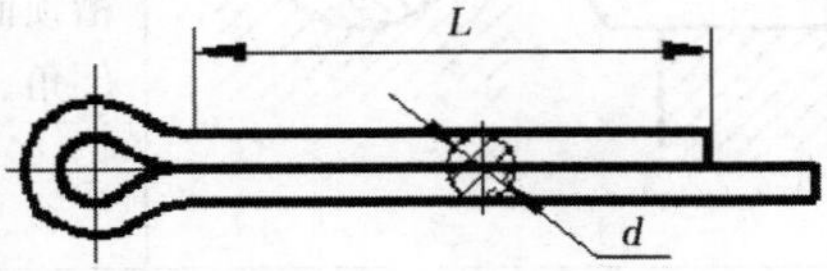	公称直径 $d=5$mm，长度 $L=50$mm，材料为低碳钢，不经表面处理的开口销的标记： 销　GB/T　91—2000 5 ×50

　　圆柱销和圆锥销的画法与一般零件相同。如图 7 - 35 所示，在剖视图中，当剖切平面通过销的轴线时，按不剖处理。画轴上的销连接时，通常对轴采用局部剖，表示销和轴之间的配合关系。

　　用圆柱销和圆锥销连接零件时，装配要求较高，被连接零件的销孔一般在装配时同时加工，并在零件图上注明"与××件配作"，如图 7 - 36 所示。

　　圆锥销装拆较为方便，而且可以弥补由于装拆后产生的间隙，装配精度较圆柱销高，用于经常拆卸的场合。开口销常与槽形螺母配合使用，它穿过螺母上的槽和螺杆上的孔以防止螺母松动。

三、键和销的基本尺寸

　　（1）平键和键槽的剖面尺寸（GB/T 1095—2003）。平键和键槽的剖面尺寸见表 7 - 26。

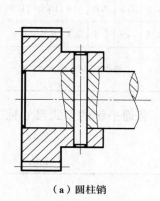
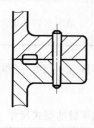
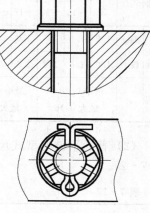

（a）圆柱销　　　　　　　　（b）圆锥销　　　　　　　　（c）开口销

图 7 - 35　销连接的画法

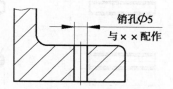

销孔$\phi 5$
与××配作

图 7 - 36　销孔尺寸注法

表 7 - 26　　　　　　　　　　平键和键槽的剖面尺寸　　　　　　　　　　mm

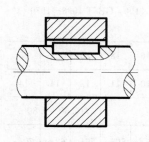
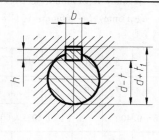
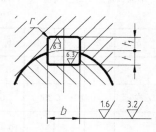

注：在工作图中，轴槽深用（$d-t$）标注，轮毂槽深用（$d+t_1$）标注。

轴径 d	6～8	>8～10	>10～12	>12～17	>17～22	>22～30	>30～38	>38～44	>44～50	>50～58	>58～65	>65～75	>75～85	>85～95	>95～110	>110～130
公称 b	2	3	4	5	6	8	10	12	14	16	18	20	22	25	28	32
尺寸 h	2	3	4	5	6	7	8	8	9	10	11	12	14	14	16	18

211

续表

轴径 d		6~8	>8~10	>10~12	>12~17	>17~22	>22~30	>30~38	>38~44	>44~50	>50~58	>58~65	>65~75	>75~85	>85~95	>95~110	>110~130
键槽深	轴 t	1.2	1.8	2.5	3.0	3.5	4.0	5.0	5.0	5.5	6.0	7.0	7.5	9.0	9.0	10.0	11.0
	毂 t_1	1.0	1.4	1.8	2.3	2.8	3.3	3.3	3.3	3.8	4.3	4.4	4.9	5.4	5.4	6.4	7.4
半径	r	最小 0.08~最大 0.16			最小 0.16~最大 0.25			最小 0.25~最大 0.40					最小 0.04~最大 0.60				

（2）普通平键的型式尺寸（GB/T 1096—2003）。普通平键的型式尺寸见表 7-27。

表 7-27　　　　　　普通平键的型式尺寸　　　　　　mm

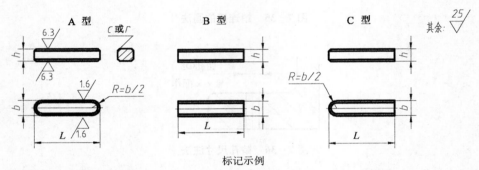

标记示例

圆头普通平键（A 型）$b=18mm$，$h=11mm$，$L=100mm$：键 18×100　GB/T 1096—1979
平头普通平键（B 型）$b=18mm$，$h=11mm$，$L=100mm$：键 B18×100　GB/T 1096—1979
单圆头普通平键（C 型）$b=18mm$，$h=11mm$，$L=100mm$：键 C18×100　GB/T 1096—1979

b	2	3	4	5	6	8	10	12	14	16	18	20	22	25
h	2	3	4	5	6	7	8	8	9	10	11	12	14	14
c 或 r	0.16~0.25			0.25~0.40			0.40~0.60					0.60~0.80		
L 范围	6~20	6~36	8~45	10~56	14~70	18~90	22~110	28~140	36~160	45~180	50~200	56~220	63~250	70~280

注：L 系列为 6，8，10，12，14，16，18，20，22，25，28，32，36，40，45，50，56，63，70，80，90，100，110，125，140，160，180，200 等。

（3）圆柱销（GB/T 119.1—2000）。圆柱销尺寸见表 7-28。

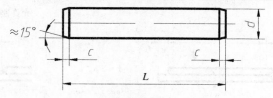

标记示例

公称直径 d＝8mm，公差为 $m6$，长度 L＝30mm，材料为 35 钢，不经淬火、不经表面处理的圆柱销：

销 GB/T 119.1　8m6×30

d（公称）	4	5	6	8	10	12	16	20
$C\approx$	0.63	0.80	1.2	1.6	2.0	2.5	3.0	3.5
L（公称）	8～35	10～50	12～60	14～80	20～95	22～140	26～180	35～200

注：长度 L 系列为：6～32（2 进位），35～100（5 进位），120～200（20 进位）。

（4）圆锥销（GB/T 117—2000）。圆锥销的尺寸见表 7－29。

表 7－29　　　　　　　　　　　　　　　圆锥销的尺寸　　　　　　　　　　　　　　（mm）

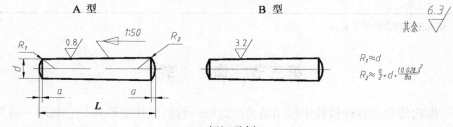

标记示例

公称直径 d＝10mm，长度 L＝60mm，材料为 35 钢，热处理硬度为（28～38）HRC，表面氧化处理的 A 型圆锥销：

销 GB/T 117　10×60

d（公称）	0.6	0.8	1	1.2	1.5	2	2.5	3	4	5	6	8	10	12	16
$a\approx$	0.08	0.1	0.12	0.16	0.2	0.25	0.3	0.4	0.5	0.63	0.8	1	1.2	1.6	2
L 系列	2，3，4，5，6，8，10，12，14，16，18，20，22，24，26，28，30，32，35，40，45，50														

（5）开口销（GB/T 91—2000）。开口销的尺寸见表 7－30。

213

表 7 - 30　　　　　　　　　　圆锥销的尺寸　　　　　　　　　　（mm）

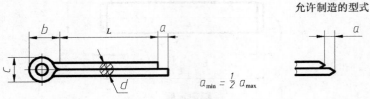

允许制造的型式

$a_{min}=\frac{1}{2}a_{max}$

标 记 示 例

公称直径为 d＝10mm，长度 L＝50mm，材料为 Q215 或 Q235，不经表面处理的开口销：

销 GB/T 91　5×50

	公称	0.6	0.8	1	1.2	1.6	2	2.5	3.2	4	5	6.3	8	10	12
d	min	0.4	0.6	0.8	0.9	1.3	1.7	2.1	2.7	3.5	4.4	5.7	7.3	9.3	11.1
	max	0.5	0.7	0.9	1	1.4	1.8	2.3	2.9	3.7	4.6	5.9	7.5	9.5	11.4
c	max	1	1.4	1.8	2	2.8	3.6	4.6	5.8	7.4	9.2	11.8	15	19	24.8
	min	0.9	1.2	1.6	1.7	2.4	3.2	4	5.1	6.5	8	10.3	13.1	16.6	21.7
d	≈	2	2.4	3	3	3.2	4	5	6.4	8	10	12.6	16	20	26
a	max	1.6				2.5			3.2		4			6.3	
L 系列	4，5，6，8，10，12，14，16，18，20，22，24，26，28，30，32，36，40，45，50，55，60，65，70，75，80，85，90，95，100，120，140，160，180，200														

注：销孔的公称直径等于 $d_{公称}$。

第三节　齿　轮

　　齿轮传动是各种机器中应用最为广泛的一种机械传动形式，它利用一对互相啮合的齿轮将一根轴的转动传递给另一根轴。齿轮不仅能传递动力，而且能改变轴的转速和转动方向。

　　齿轮是常用件，其齿形部分的参数已标准化。在国家标准中规定了齿轮的规定画法，而不按真实投影作图。

　　如图 7 - 37 所示，齿轮的种类很多，根据其传动形式可分为三类：

　　圆柱齿轮——用于两平行轴之间的传动，如图 7 - 37（a）所示；

　　圆锥齿轮——用于两相交轴之间的传动，如图 7 - 37（b）所示；

　　蜗杆蜗轮——用于两交叉轴之间的传动，如图 7 - 37（c）所示。

　　按齿廓曲线可分为：有摆线齿轮、渐开线齿轮等，一般机器中常采用渐开线齿轮。

　　圆柱齿轮按其轮齿的方向可分为直齿轮、斜齿轮和人字齿轮等。直齿圆柱齿轮的外形为圆柱形，齿向与齿轮轴向平行，如图 7 - 37（a）所示。本节主要介绍渐开线直齿圆柱齿轮。

（a）直齿圆柱齿轮

（b）直齿圆锥齿轮

（c）蜗轮与蜗杆

图 7 - 37　常见的齿轮传动

一、标准直齿圆柱齿轮的主要参数及几何尺寸计算

1. 齿轮各部分结构及名称

如图 7 - 38 所示的是直齿圆柱齿轮的一部分，渐开线齿轮的两侧是由相互对称的两个渐开线齿廓组成的。齿轮各部分的名称和符号如图 7 - 38 所示。

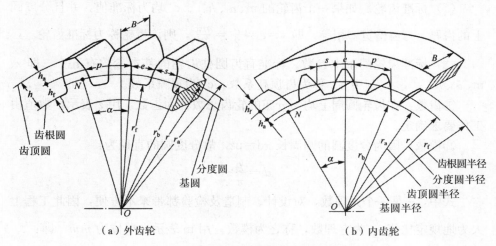
（a）外齿轮　　　　　　　　　　　（b）内齿轮

图 7 - 38　齿轮各部分的名称和符号

（1）**齿顶圆**：经过所有轮齿顶部而确定的圆称为齿顶圆，但内齿轮的齿顶圆在齿顶底部，用直径 d_a 或半径 r_a 表示。

（2）**齿根圆**：由所有轮齿槽底部所确定的圆称为齿根圆，但内齿轮的齿根圆在齿槽顶部，用直径 d_f 或半径 r_f 表示。

（3）**齿槽**：齿轮上相邻轮齿之间的空间称为齿间或齿槽。同一个齿槽的两侧齿廓在任意圆上的弧长，称为在该圆上的齿槽宽，用 e_k 表示。

215

（4）齿厚：在任意半径 r_k 的圆周上，一个轮齿两侧齿廓之间的弧长，称为该圆上的齿厚，用 s_k 表示。

（5）齿距：相邻两个齿同侧齿廓间的弧长，称为该圆上的齿距，用 p_k 表示。齿距等于齿厚与齿槽宽之和，即 $p_k = s_k + e_k$。

（6）分度圆：在齿轮上人为取一个特定圆，作为计算的标准，此圆称为分度圆，其直径和半径 d 和 r 表示。分度圆上的所有参数的符号不带下标，即不带下标的参数是分度圆上的。分度圆上的模数是标准模数，压力角也是标准值。

（7）齿顶高、齿根高和齿高：介于分度圆和齿顶圆之间部分称为齿顶，其径向距离称为齿顶高，用 h_a 表示。介于分度圆和齿根网之间部分称为齿根，其径向距离称为齿根高，用 h_f 表示。

齿顶圆与齿根圆之间的径向距离，称为齿全高，用 h 表示。齿高是齿顶高与齿根高之和，即 $h = h_a + h_f$。

（8）齿宽：齿轮的轮齿沿轴线方向度量的宽度称为齿宽，用 B 表示。

（9）中心距：两个圆柱齿轮轴线之间的距离，称为中心距，用 a 表示。

2. 标准齿轮的基本参数及几何尺寸

（1）标准齿轮。如果一个齿轮的 m、α、h_a^*、c^* 均为标准值，并且分度圆上的齿厚 s 与齿槽宽 e 相等，即 $s = e = \dfrac{p}{2} = \dfrac{m\pi}{2}$，则该齿轮称为标准齿轮。

（2）标准齿轮的基本参数。标准直齿圆柱齿轮的基本参数有五个，即 z、m、α、h_a^*、c^*，其中 h_a^* 称为齿顶高系数，c^* 为顶隙系数。

①齿数：在齿轮圆周上均匀分布的轮齿总数称为齿数，用 z 表示。数值由工作要求确定。

②模数：因为分度圆的圆周长 $\pi d = pz$，故分度圆的直径为：

$$d = \frac{p}{\pi} z$$

式中，π 是一个无理数，对设计、制造及检验都带来不方便，因此工程上人为地规定比值 $\dfrac{p}{\pi}$ 为有理数，称之为模数，用 m 表示，单位为 mm，即：

$$m = \frac{p}{\pi}$$

模数 m 已是标准化数值。我国已规定国家标准模数系列，表 7 - 31 为其中的一部分。

模数是设计和制造齿轮的一个重要参数。模数的大小与齿轮的大小之间的关系如图 7 - 39 所示。模数 m 越大，分度圆齿距 p 也越大，轮齿也越厚，所以模数的大小会影响齿轮的承载能力。

③标准压力角：渐开线齿廓上各点的压力角是不同的。为了便于设计和制

216

表 7-31　渐开线圆柱齿轮模数（GB/T1357—2006 并参照 ISO54：1996）　mm

第一系列	1	1.25	1.5	2	2.5	3	4	5	6
	8	10	12	16	20	25	32	40	50
第二系列	1.125	1.375	1.75	2.25	2.75	3.5	4.5	5.5	(6.5)
	7	9	11	14	18	22	28	36	45

注：①在选取时应优先采用第一系列，括号内的模数应尽可能避免；
　　②本表适用于渐开线网柱齿轮。对于斜齿轮，是指法向模数。

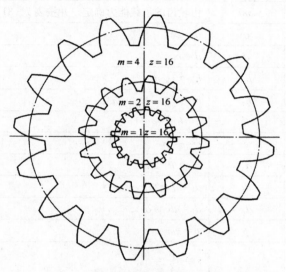

图 7-39　同齿数不同模数的各齿轮尺寸

造，规定分度圆上的压力角为标准值，这个标准值称为标准压力角。我国标准压力角一般取 20°。压力角大，对齿轮强度有利；压力角小，对齿轮承受动载荷及降低噪声有利。

　　④齿顶高系数：引入齿顶高系数 h_a^* 是为了方便用模数的倍数计算齿顶高，h_a^* 增大，对运转平稳，减小噪声有利；h_a^* 减小，对应压力角大，对轮齿抗胶合有利。

　　⑤顶隙系数：顶隙可以避免齿顶和齿槽底相抵触，同时还能储存润滑油。一个齿轮的齿根圆与配对齿轮的齿顶圆之间的径向距离称为顶隙，用 c 表示。同样，为了方便用模数的倍数计算顶隙，从而引入顶隙系数。

　　齿顶高系数和顶隙系数已标准化，见表 7-32。

表 7-32　　　　标准齿顶高系数和顶隙系数

齿顶高系数	正常齿	短齿	顶隙系数	正常齿	短齿
h_a^*	1	0.8	c^*	0.25	0.3

3. 标准直齿圆柱齿轮几何尺寸计算

标准直齿圆柱齿轮的所有尺寸均可用上述五个参数来表示，轮齿的各部分尺寸的计算公式可查表 7‑33。

表 7‑33   外啮合标准直齿圆柱的几何尺寸计算   mm

名　　称	代　号	公式与说明
齿数	z	根据工作要求确定
模数	m	由轮齿的承载能力确定，并按表 7‑31 取标准值
压力角	α	$\alpha = 20°$
分度圆直径	d	$d = mz$
齿顶高	h_a	$h_a = h_a^* m$
齿根高	h_f	$h_f = (h_a^* + c^*)m$
齿全高	h	$h = h_a + h_f$
顶隙	c	$c = c^* m$
齿顶圆直径	d_a	$d_a = d + 2h_a$
齿根圆直径	d_f	$d_f = d - 2h_f$
基圆直径	d_b	$d_b = d\cos\alpha$
齿距	p	$p = \pi m$
齿厚	s	$s = \dfrac{p}{2} = \dfrac{m\pi}{2}$
齿槽宽	e	$e = \dfrac{p}{2} = \dfrac{m\pi}{2}$
标准中心距	a	$a = \dfrac{m(z_1 + z_2)}{2}$

二、齿轮精度

1. 精度等级

渐开线圆柱齿轮精度标准（GB/T10095.1～2—2001）中共有 13 个精度等级，用数字 0～12 由高到低的顺序排列，0 级精度最高，12 级精度最低。0～2 级是有待发展的精度等级，齿轮各项偏差的允许值很小，目前我国只有少数企业能制造和检验测量 2 级精度的齿轮。通常，将 3～5 级精度称为高精度，将 6～8 级称为中等精度，而将 9～12 级称为低精度。径向综合偏差的精度等级由 F_a''、f_i'' 的 9 个等级组成，其中 4 级精度最高，12 级精度最低。齿轮精度等级见表 7‑34。齿轮各项偏差代号名称见表 7‑35。

标　准	偏差项目	精　度　等　级												
		0	1	2	3	4	5	6	7	8	9	10	11	12
GB/T10095.1	f_{pt}、F_{pk}、F_p、F_a、F_β、F'_i、f'_a													
GB/T10095.2	F_r													
	F''_a、f'_a													

表 7－35　　　　　　　　　　　齿轮各项偏差代号名称

代号	名　称	代号	名　称
f_{pt}	单个齿距偏差	F'_i	切向综合总偏差、总公差
F_{pk}	齿距累积偏差	f'_a	一齿切向综合偏差、综合公差
F_p	齿距累积总偏差	F_r	径向圆跳动、圆跳动公差
F_a	齿廓总偏差	F''_a	径向综合总偏差、综合公差
F_β	螺旋线总偏差、总公差	f''_i	一齿径向综合偏差、综合公差

2. 精度等级的选择

（1）在给定的技术文件中，如果所要求的齿轮精度规定为 GB/T10095.1 的某级精度而无其他规定时，则齿距偏差（f_{pt}、F_{pk}、F_p）、齿廓偏差（F_α）、螺旋线偏差（F_β）的允许值均按该精度等级。

（2）GB/T10095.1 规定，可按供需双方协议对工作齿面和非工作齿面规定不同的精度等级，或对不同的偏差项目规定不同的精度等级。另外，也可仅对工作齿面规定所要求的精度等级。

（3）径向综合偏差精度等级，不一定与 GB/T10095.1 中的要素偏差（如齿距、齿廓、螺旋线）选用相同的等级。当文件需叙述齿轮精度要求时，应注明 GB/T10095.1 或 GB/T10095.2。

（4）选择齿轮精度等级时，必须根据其用途、工作条件等要求来确定，即必须考虑齿轮的工作速度、传递功率、工作的持续时间、机械振动、噪声和使用寿命等方面的要求。齿轮精度等级可用计算法确定，但目前企业界主要是采用经验法（或表格法）。各类机器传动中所应用的齿轮精度等级见表 7－36，各精度等级齿轮的适用范围表见表 7－37。

表 7－36　　　　　　各类机器传动中所应用的齿轮精度等级

产品类型	精度等级	产品类型	精度等级	产品类型	精度等级
测量齿轮	2～5	轻型汽车	5～8	轧钢机	6～10

续表

产品类型	精度等级	产品类型	精度等级	产品类型	精度等级
透平齿轮	3～6	载货汽车	6～9	矿用绞车	8～10
金属切削机床	3～8	航空发动机	4～8	起重机械	7～10
内燃机车	6～7	拖拉机	6～9	农业机械	8～11
汽车底盘	5～8	通用减速器	6～9	—	—

表 7-37　　　　　　　　　　　　　各精度等级齿轮的适用范围

精度等级	工作条件与适用范围	圆周速度（m/s）		齿面的最后加工
		直齿	斜齿	
3	用于最平稳且无噪声的极高速下工作的齿轮；特别精密的分度机构齿轮；特别精密机械中的齿轮；控制机构齿轮；检测5、6级的测量齿轮	>50	>75	特精密的磨齿和珩磨用精密滚刀滚齿或单边剃齿后的大多数不经淬火的齿轮
4	用于精密分度机构的齿轮；特别精密机械中的齿轮；高速透平齿轮；控制机构齿轮；检测7级的测量齿轮	>40	>70	精密磨齿；大多数用精密滚刀滚齿和珩齿或单边剃齿
5	用于高平稳且低噪声的高速传动中的齿轮；精密机构中的齿轮；透平传动的齿轮；检测8、9级的测量齿轮重要的航空、船用齿轮箱齿轮	>20	>40	精密磨齿；大多数用精密滚刀加工，进而研齿或剃齿
6	用于高速下平稳工作，需要高效率及低噪声的齿轮；航空、汽车用齿轮；读数装置中的精密齿轮；机床传动链齿轮；机床传动齿轮	≤15	≤30	精密磨齿或剃齿
7	在高速和适度功率或大功率和适当速度下工作的齿轮；机床变速箱进给齿轮；高速减速器的齿轮；起重机齿轮；汽车以及读数装置中的齿轮	≤10	≤15	无需热处理的齿轮，用精密刀具加工对于淬硬齿轮必须精整加工（磨齿、研齿、珩磨）
8	一般机器中无特殊精度要求的齿轮；机床变速齿轮；汽车制造业中不重要齿轮；冶金、起重、机械齿轮；通用减速器的齿轮；农业机械中的重要齿轮	≤6	≤10	滚、插齿均可，不用磨齿；必要时剃齿或研齿
9	用于不提精度要求的粗糙工作的齿轮；因结构上考虑，受载低于计算载荷的传动用齿轮；重载、低速不重要工作机械的传力齿轮；农机齿轮	≤2	≤4	不需要特殊的精加工工序

三、直齿圆柱齿轮的规定画法

为了清晰、简便地表达齿轮的轮齿部分，国家标准 GB/T 4459.2—2003 对齿轮的画法作了规定。

1. 单个齿轮的画法

单个齿轮一般用全剖非圆视图和端视图表示，如图 7－40 所示。

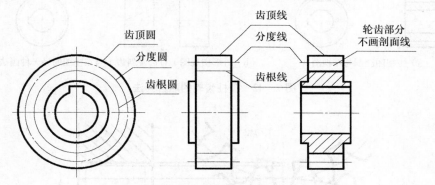

图 7－40　单个直齿圆柱齿轮的画法

（1）齿轮的齿顶圆和齿顶线用粗实线绘制。

（2）分度圆和分度线用点画线绘制。

（3）齿根圆和齿根线用细实线绘制，或省略不画。

（4）在剖视图中，齿根线用粗实线绘制，轮齿部分按不剖绘制。

（5）齿轮的其他结构按投影绘制。

（6）当需要表示轮齿的方向时（如圆柱斜齿轮、人字齿轮等），可用三条与齿向一致的细实线表示，如图 7－41 所示。

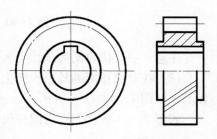

图 7－41　单个斜齿圆柱齿轮的画法

2. 两个圆柱齿轮的啮合画法

两个互相啮合的齿轮，它们的模数和压力角必须相等。

如图 7－42 所示为一对互相啮合的圆柱齿轮，一般用两个视图表示。

（1）在端视图中，两节圆相切，啮合区域内的齿顶圆均用粗实线绘制，如图 7－42（a）所示。也可以采用简化画法，如图 7－42（b）所示。

（2）在非圆剖视图中，当剖切平面通过两啮合齿轮的轴线时，在啮合处两节线重合，用点画线表示，其中一个齿轮轮齿被遮挡部分的齿顶线用虚线表示，也可省略不画，其余两齿根线和一齿顶线均用粗实线表示，如图 7－43 所示。

221

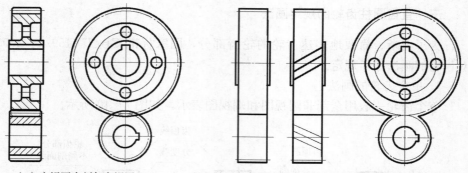

（a）主视图全剖与左视图   （b）外形主观图（直齿及斜齿）与左视图的另一种画法

图 7-42   圆柱齿轮的啮合画法

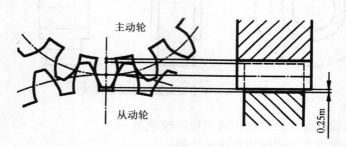

主动轮

从动轮

0.25m

图 7-43   齿轮啮合区的画法

注意：一个齿轮的齿顶线与另一个齿轮的齿根线之间应有 0.25m 的间隙。

（3）在非圆投影的外形视图上，啮合区域内两齿轮的节线重合，用粗实线表示，如图 7-42（b）所示。

如图 7-44 所示为直齿圆柱齿轮工作图，供画图时参考。

第四节   滚动轴承

滚动轴承是支承转动轴的部件，它具有摩擦力小、转动灵活、旋转精度高、结构紧凑、维修方便等优点，在生产中被广泛采用。滚动轴承是标准部件，由专门工厂生产，需要时根据要求确定型号，选购即可。

一、滚动轴承的种类

滚动轴承的种类很多，结构大致相似，一般由外圈（下圈）、内圈（上圈）、滚动体、保持架四个部分组成，如图 7-45 所示。内圈的外表面及外圈

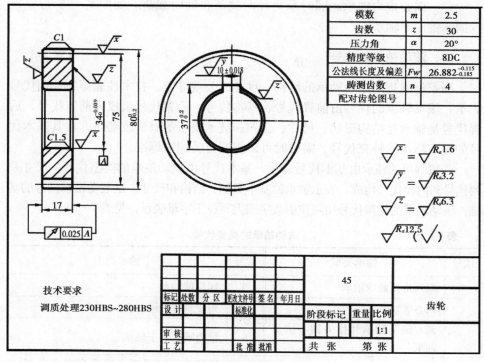

模数	m	2.5
齿数	z	30
压力角	α	20°
精度等级		8DC
公法线长度及偏差	Fw	$26.882^{-0.115}_{-0.185}$
跨测齿数	n	4
配对齿轮图号		

$$\sqrt{x} = \sqrt{R_a 1.6}$$

$$\sqrt{y} = \sqrt{R_a 3.2}$$

$$\sqrt{z} = \sqrt{R_a 6.3}$$

$$\sqrt{R_a 12.5} \left(\sqrt{} \right)$$

技术要求

调质处理230HBS~280HBS

	标记	处数	分 区	更改文件号	签名	年月日		45		
设 计				标准化					齿轮	
审 核							阶段标记	重量	比例	
工 艺				批准	批准				1:1	
							共 张	第 张		

图 7-44 齿轮零件图

的内表面都制有凹槽,以形成滚动体的运动滚道。使用时,一般内圈套在轴颈上随轴一起转动,外圈安装固定在轴承座孔中固定不动。

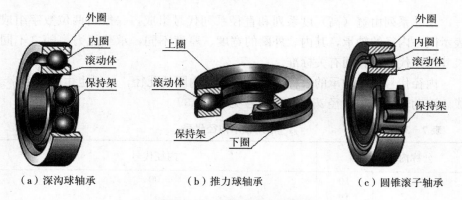

(a) 深沟球轴承　　　(b) 推力球轴承　　　(c) 圆锥滚子轴承

图 7-45 常见的滚动轴承

滚动轴承按受力情况可分为三类:

(1) 向心轴承:主要承受径向载荷,如图 7-45 (a) 所示的深沟球轴承。

(2) 推力轴承:只能承受轴向载荷,如图 7-45 (b) 所示的推力球轴承。

（3）向心推力轴承：同时承受径向载荷和轴向载荷，如图 7 - 45（c）所示的圆锥滚子轴承。

二、滚动轴承的代号

国家标准规定滚动轴承的结构、尺寸、公差等级、技术性能等特性用代号表示，滚动轴承的代号由前置代号、基本代号、后置代号组成。前置代号、后置代号是轴承在结构形状、尺寸、公差、技术要求等有所改变时，在其基本代号的左右添加的补充代号。需要时可以查阅有关国家标准。

一般常用的轴承由基本代号表示，基本代号由滚动轴承的类型代号、尺寸系列代号和内径代号构成，表示轴承的基本类型、结构和尺寸，是滚动轴承代号的基础。滚动轴承的类型代号用阿拉伯数字或大写拉丁字母表示，见表 7 - 38。

表 7 - 38　　　　　　　　　　　　滚动轴承的类型代号

代号	轴承类型	代号	轴承类型
0	双列角接触球轴承	6	深沟球轴承
1	调心球轴承	7	角接触球轴承
2	调心滚子轴承和推力调心滚子轴承	8	推力圆柱滚子轴承
3	圆锥滚子轴承	N	圆柱滚子轴承双列或多列用字母 NN 表示
4	双列深沟球轴承	U	外球面球轴承
5	推力球轴承	QJ	四点接触球轴承

尺寸系列由宽（高）度系列和直径系列代号组成，一般由两位数字组成。表示同一内径的轴承，其内、外圈的宽度、厚度不同，承载能力也随之不同。尺寸系列代号可查阅有关标准。

内径代号表示轴承的公称内径，即轴承内圈的孔径，一般也由两位数字组成。滚动轴承公称内径 $d \geqslant 10$ 的代号见表 7 - 39。

表 7 - 39　　　　　　　　　　　　常用轴承内径代号

公称内径（mm）		内径代号
10～17	10	00
	12	01
	15	02
	17	03
20～480（22、28、32除外）		内径代号用公称内径除以 5 的商数表示，商数为个位数时，需在商数左边加"0"

滚动轴承的规定标记示例：

滚动轴承 6205GB/T276—1994

6——轴承类型代号，表示深沟球轴承。

2——尺寸系列代号为 02，宽度系列代号为 "0" 省略，表示窄系列；直径系列代号为 "2"，表示轻系列。

05——轴承内径代号，内径 $d=5×5=25\text{mm}$。

滚动轴承 32210GB/T297—1994

3——轴承类型代号，表示圆锥滚子轴承。

22——尺寸系列代号，宽度系列代号 "2"，表示宽系列；直径系列代号为 "2"，表示轻系列。

10——轴承内径代号，内径 $d=5×10=40\text{mm}$。

三、滚动轴承的画法

滚动轴承的画法分为简化画法和规定画法。一般在画图前，根据轴承代号从相应的标准中查出滚动轴承的外径 D、内径 d、宽度 B、T 后，按比例关系绘制。

1. 简化画法

简化画法又分为通用画法和特征画法两种，但在同一张图样中一般只采用其中一种画法。

（1）通用画法。通用画法是最简便的一种画法，如图 7-46 所示。在装配图的剖视图中，当不需要表示其外形轮廓、载荷特性和结构特征时，采用图 7-46（a）的画法；当需要确切表示其外形时，采用图 7-46（b）的画法；图7-46（c）给出了通用画法的尺寸比例。

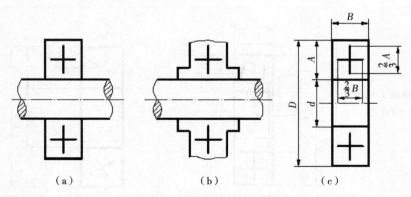

（a）　　　　　　（b）　　　　　　（c）

图 7-46　滚动轴承的通用画法

（2）特征画法。特征画法既可形象地表示滚动轴承的结构特征，又可给出装配指示，比规定画法简便，见表7-40。

表7-40 滚动轴承的简化画法和规定画法的尺寸比例

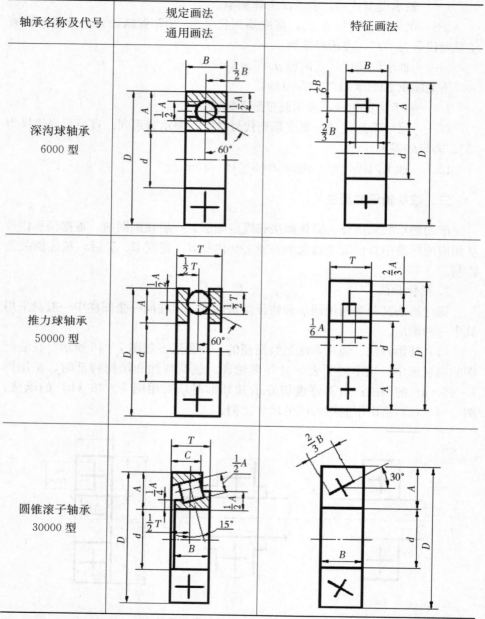

轴承名称及代号	规定画法	特征画法
	通用画法	
深沟球轴承 6000 型		
推力球轴承 50000 型		
圆锥滚子轴承 30000 型		

注：规定画法、通用画法一列中，图样以轴线为界，上半部分为规定画法，下半部分为通用画法。

在垂直于轴线的投影面的视图中，无论滚动体的形状及尺寸如何，均只画

226

出内、外两个圆和一个滚动体，如图 7-47
所示。

2. 规定画法

规定画法接近于真实投影，但不完全
是真实投影，规定画法一般画在轴的一侧，
另一侧按通用画法绘制，见表 7-48 的上
半部分。

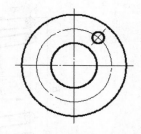

图 7-47　滚动轴承端视图的特征画法

第五节　弹　　簧

弹簧是一种常用零件，它的作用是减振、夹紧、测力、储藏能量等。弹簧
的特点是外力去掉后能立即恢复原状。弹簧的种类很多，常用的有螺旋弹簧、
涡卷弹簧等。根据受力方向不同，螺旋弹簧又分为压缩弹簧、拉伸弹簧和扭转
弹簧三种，如图 7-48 所示。

（a）圆柱螺旋　　（b）圆柱螺旋　　（c）圆柱螺旋　　（d）平面涡　　（e）板弹簧　　（f）碟形弹簧
　　压缩弹簧　　　　拉伸弹簧　　　　扭转弹簧　　　卷弹簧

图 7-48　常用弹簧

本节以圆柱螺旋压缩弹簧为例，其各部分名称、尺寸计算和画法，如图
7-49（a）所示。

一、圆柱螺旋压缩弹簧各部分名称及尺寸

（1）簧丝直径 d：制造弹簧的钢丝直径。

（2）弹簧外径 D：弹簧的最大直径。

（3）弹簧内径 D_1：弹簧的最小直径，$D_1 = D - 2d$。

（4）弹簧中径 D_2：弹簧的平均直径，按标准选取。

（5）节距 t：除两端外，相邻两有效圈截面中心线的轴向距离。

（6）有效圈数 n、支承圈数 n_0、总圈数 n_1：为了使压力弹簧在工作时受力
均匀、支承平稳，要求两端面与轴线垂直。制造时，常把两端的弹簧圈并紧磨
平，使其起支承作用，称为支承圈，支承圈有 1.5 圈、2 圈、2.5 圈三种，大
多数弹簧的支承圈数是 2.5 圈。其余各圈都参加工作，并保持相等的螺距，称

227

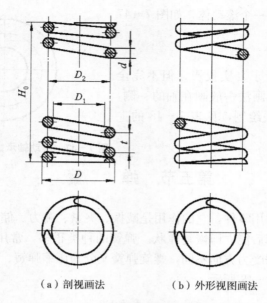

（a）剖视画法　　　　　（b）外形视图画法

图 7 - 49　圆柱螺旋压缩弹簧的画法

为有效圈，有效圈数是计算弹簧刚度的圈数。

$$总圈数＝有效圈数＋支承圈数$$

即
$$n_1＝n＋n_0$$

（7）自由高度 H_0：未承受载荷时的弹簧高度。

$$H_0＝nt＋(n_0－0.5)d$$

（8）弹簧的展开长度 L：制造时弹簧丝的长度。

$$L＝n_1\sqrt{(\pi D_2)^2＋t^2}$$

（9）旋向：弹簧分右旋和左旋两种。

二、圆柱螺旋弹簧的规定画法

国家标准对弹簧的画法作了具体规定：

（1）在螺旋弹簧的非圆视图中，各圈的轮廓线画成直线，如图 7 - 49 所示。

（2）螺旋弹簧均可画成右旋，左旋弹簧不论画成左旋还是画成右旋，一律要加注旋向"左"字。

（3）有效圈数在四圈以上的螺旋弹簧，中间部分可以省略不画，而用通过中径的点画线连接起来，弹簧的长度可适当缩短。弹簧两端的支撑圈不论有多少圈，均可按图 7 - 49 所示型式绘制。

（4）在装配图中，被弹簧挡住的结均一般不画，可见部分应从弹簧的外轮廓线或从弹簧钢丝剖面的中心线画起，如图7-50（a）所示。

（5）在装配图中，螺旋弹簧被剖切时，簧丝直径 $d \leqslant 2mm$ 的剖面可以涂黑表示，$d \leqslant 1mm$ 时，可采用示意画法，如图7-50（b）、图7-50（c）所示。

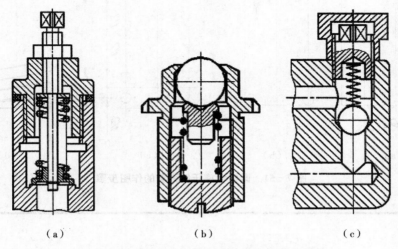

（a）　　　　　　　　（b）　　　　　　　　（c）

图7-50　圆柱螺旋压缩弹簧在装配图中的画法

三、圆柱螺旋压缩弹簧的画图步骤与图例

1. 作图步骤

圆柱螺旋压缩弹簧零件工作图的画图方法如图7-51所示。国家标准中规定，无论支承圈的圈数多少，均按2.5圈绘制，但必须注上实际的尺寸和参数，必要时允许按支承圈的实际结构绘制。

（1）根据 D_2 作出中径（两平行中心线），并定出自由高度 H_0，如图7-51（a）所示。

（2）画出支承圈部分直径与弹簧丝直径相等的圆，如图7-51（b）所示。

（3）画出有效圈部分，直径与弹簧丝直径相等的圆，如图7-51（c）所示。

（4）按右旋方向作相应圆的公切线及剖面线，加深，完成作图，如图7-51（d）所示。

2. 圆柱螺旋压缩弹簧的零件工作图例

圆柱螺旋压缩弹簧的零件工作图例如图7-52所示。

弹簧的参数应直接标注在图形上，若直接标注有困难，可在技术要求中说明。当需要表明弹簧的机械性能时，必须用图解表示。

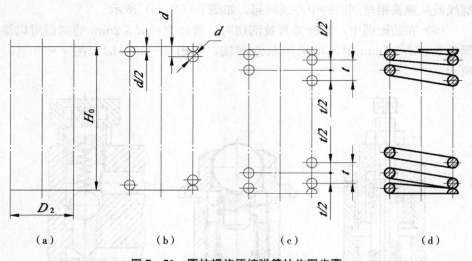

| (a) | (b) | (c) | (d) |

图 7-51 圆柱螺旋压缩弹簧的作图步骤

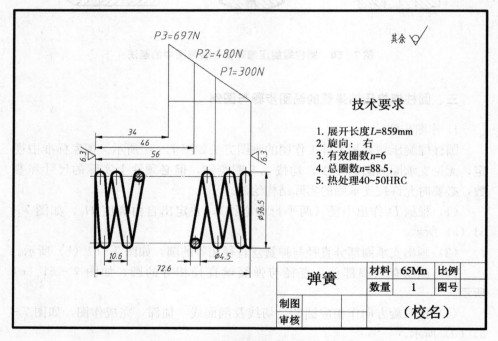

技术要求

1. 展开长度L=859mm
2. 旋向： 右
3. 有效圈数n=6
4. 总圈数n=88.5,
5. 热处理40~50HRC

弹簧		材料	65Mn	比例	
		数量	1	图号	
制图				（校名）	
审核					

图 7-52 圆柱螺旋压缩弹簧的零件图

第八章　零件图

第一节　零件图的内容及图形分析

机械产品的设计、制造、检验、维修、管理等技术工作都离不开机械图样。任何机器（或部件）都是由各种零件组成的，表达一个零件的图样称为零件工作图（简称零件图）。

本章主要讨论零件图的作用与内容、零件的构形分析、零件的表达及尺寸标注、零件图的技术要求、看零件图和画零件图的方法和步骤等。

一、零件图的作用

零件图是表达零件的形状、尺寸、加工精度和技术要求的图样。它是设计部门提交给生产部门的重要技术文件，反映设计者的意图，表达了机器（或部件）对零件的要求，同时考虑到零件结构和制造的可能性与合理性，在生产中起指导作用，是制造和检验零件的依据；它也是技术交流的重要资料。

二、零件图的内容

零件图是指导制造和检验零件的图样。因此，图样中必须包括制造和检验零件时所需的全部信息。如图 8-1 所示是过渡盘零件图，设计时对零件的各项要求都反映在图样之中，一张完整的零件图应该具有以下内容：

（1）一组视图。综合运用机件的各种表达方法，正确、完整、清晰、简便地表达出零件的内外结构形状。

（2）全部尺寸。用一组尺寸，正确、完整、清晰、合理地标注出制造、检验零件所需的全部尺寸。

（3）技术要求。用规定的代号、数字、字母和文字注解说明零件在制造和检验过程中应达到的各项技术要求，如尺寸公差、形状和位置公差、表面粗糙度、材料和热处理以及其他特殊要求等。

（4）标题栏。用于填写零件的名称、材料、质量、比例、图样代号以及有关责任人的姓名和日期等。

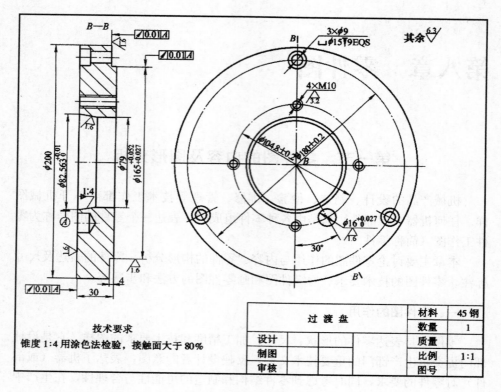

图 8-1 过渡盘零件图

三、零件的构形分析

（一）零件构形因素

对一个零件的几何形状、尺寸、工艺结构、材料选择等进行分析和造型的过程称为零件构形设计。在绘制和阅读零件图时，要了解零件在部件中的功能，零件之间的相邻关系，确定零件的几何形体的构成；要分析构成零件的几何形体的合理性，同时要分析尺寸、工艺结构、材料等因素，最终确定零件的整体结构。下面具体讨论零件构形的主要因素。

1. 保证零件功能

部件具有确定的功能和性能指标，而零件是组成部件的基本单元，所以每个零件都有一定的作用，例如容纳、支承、传动、连接、定位、密封等作用。

零件的功能是确定零件主体结构形状的主要因素之一。如图 8-2 所示底座零件，一般应具有容纳、支承其他零件的作用，并通过它将部件安装在机器中，因此底座要有足够的底面，将部件的重心落在底面内，以获得平衡稳定。同时考虑部件的安装，提供一组螺栓孔，这样底座零件的主体结构形状就基本确定了。

图 8‑2 底座

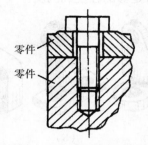

图 8‑3 螺钉连接结构

2. 考虑部件（或机器）的整体结构

（1）零件的结合方式。部件中各零件按确定的方式连接，应结合可靠，拆装方便。零件的结合可能是相对静止，也可能是相对运动；相邻零件某些表面要求接触，有些表面要求有间隙，因此零件上要有相应的结构来保证。如图8‑3所示螺钉连接，为了连接牢固，且便于调整和拆装，两零件端面靠紧，在零件1上做出凸台并加工凸台平面和通孔。

（2）外形和内形一致。零件间往往存在包容、被包容关系，若内腔是回转体，外形也应是相应的回转体；内腔是棱柱体，外形也应是相应的棱柱体。一般内外一致，且壁厚均匀，便于制造、节省材料、减轻重量。

（3）相邻零件形状一致。当零件是机器（或部件）的外部零件时，形状应当一致，给人外观统一和整体美感，如图8‑4所示。

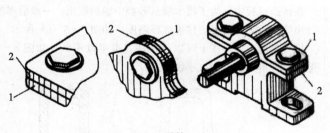

1、2-零件

图 8‑4 相邻零件形状一致

（4）与安装使用条件相适应。如图8‑5所示轴承支架，由于轴承孔和安装面的位置不同，其结构型式也相应不同。

如图8‑5（a）、8‑5（b）所示安装面是底面，不同的轴孔方向；图8‑5（c）、8‑5（d）所示安装面是侧面，不同的轴孔方向和不同的轴孔与安装面的距离；图8‑5（e）所示安装面是顶部。图中安装面的形状与相邻零件形状一致，支撑肋板的型式和尺寸与零件的受力情况有直接关系，同时应考虑到轴承支架有足够的强度和刚度。

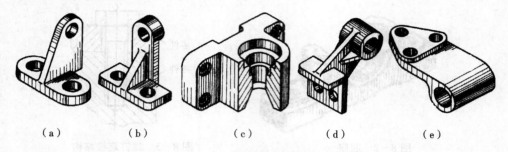

（a）　　　（b）　　　（c）　　　（d）　　　（e）

图 8 – 5　不同结构型式的轴承支架

3. 符合零件结构的工艺要求

零件的结构形状主要是由它在机器或部件中的功能决定的，但还要考虑到零件加工、检测、装配、使用等方面。因此在设计零件时，既要考虑零件功能方面的要求，又要便于加工制造。工艺要求是确定零件局部结构型式的主要依据之一，下面介绍一些常见的工艺结构。

（1）铸件工艺结构。铸件工艺结构见表 8 – 1。

表 8 – 1　　　　　　　　　　　　　　铸件工艺结构

类　　型	说　　　　明
起模斜度	在铸造过程中，为了将木模从砂型中顺利取出，一般沿木模拔模方向设计出约 1 ∶ 20 的斜度，称为拔模斜度，如图 8 – 6（a）所示。 拔模斜度在零件图上可以不标注，也可以不画，如图 8 – 6（b）所示。但应在技术要求中用文字说明 <center>（a）　　　　　　（b）</center> <center>**图 8 – 6　起模斜度**</center>

类　型	说　　　　　明
铸造圆角	铸件在铸造过程中为了防止砂型在浇注时落砂，以及铸件在冷却时产生裂纹和缩孔，在铸件各表面相交处都做成圆角，如图 8-7 所示。同一铸件上的圆角半径尽可能相同，图上一般不注圆角半径，而在技术要求中集中注写 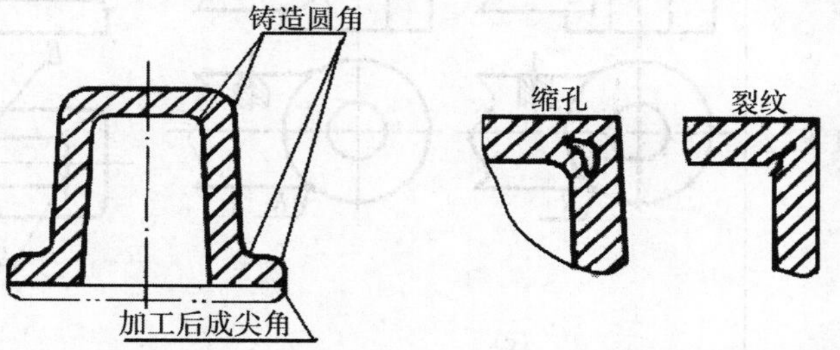 （a）铸造圆角　　　　　　（b）无铸造圆角时易产生的缺陷 图 8-7　铸造圆角
铸件壁厚	为了保证铸件的铸造质量，防止铸件各部分因冷却速度不同产生组织疏松以致出现裂纹和缩孔，铸件壁厚要求均匀或逐渐变化，如图 8-8 所示 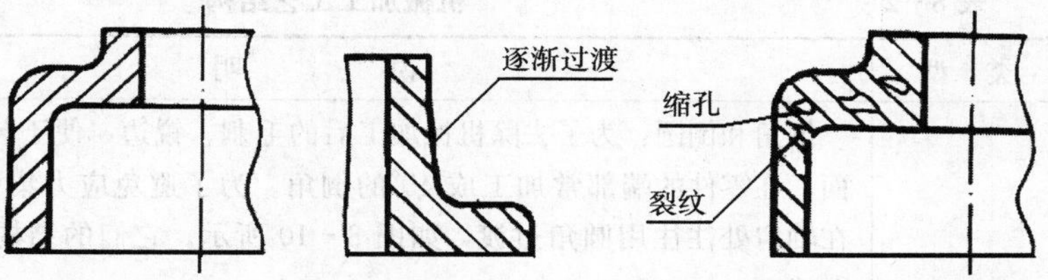 （a）壁厚均匀　　　（b）逐渐过渡　　　（c）铸件壁厚不均匀易产生的缺陷 图 8-8 铸件壁厚
过渡线	由于铸造圆角的存在，使铸件两相交表面的交线变得不很明显，这种交线称为过渡线。在画过渡线时，仍按理论交线画法画出，但在交线两端或一端留出空隙。常见过渡线画法如图 8-9 所示 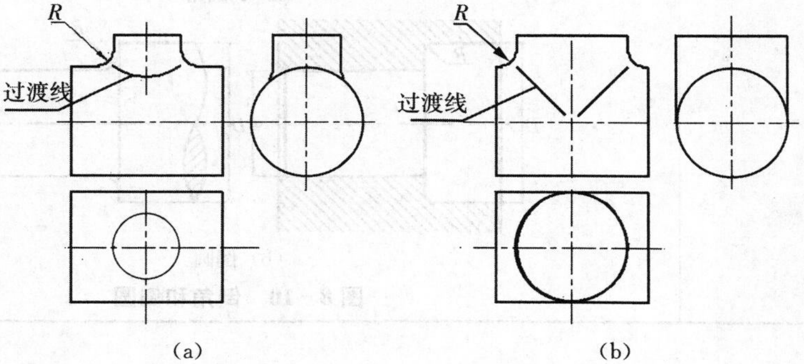 （a）　　　　　　　　　　　　　（b）

235

类 型	说 明
过渡线	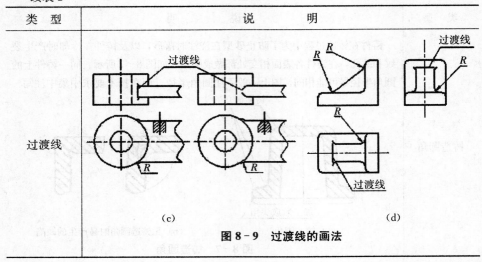

（c）　　　　　　　　　　　　　　　　　（d）

图 8-9　过渡线的画法

（2）机械加工工艺结构。机械加工工艺结构见表 8-2。

表 8-2　　　　　　　　　　　　　机械加工工艺结构

类 型	说 明
	倒角和倒圆：为了去除机械加工后的毛刺、锐边，便于装配和保护装配面，在零件的端部常加工成 45°的倒角。为了避免应力集中而产生裂纹，在轴肩处往往用圆角过渡，如图 8-10 所示。它们的结构和尺寸可查表 8-3
倒角和倒圆	（a）C 倒角
	（b）倒圆
	图 8-10　倒角和倒圆

236

类　型	说　　　明
退刀槽和砂轮越程槽	在切削加工中，为了便于退出刀具和砂轮，常要在加工的轴肩处先加工出退刀槽或砂轮越程槽，如图 8-11 所示。它们的结构和尺寸可查阅表 8-4 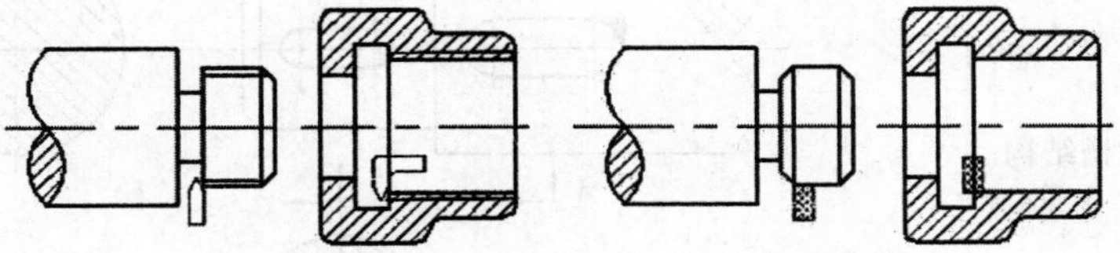 （a）退刀槽　　　　　（b）砂轮越程槽 **图 8-11　退刀槽和砂轮越程槽**
凸台、凹坑、凹槽	为了保证零件间接触良好，零件间相互接触的表面一般要进行加工。为了减少加工面，节省材料，降低成本，常在铸件上设计出凸台、凹坑和凹槽等结构，如图 8-12 所示 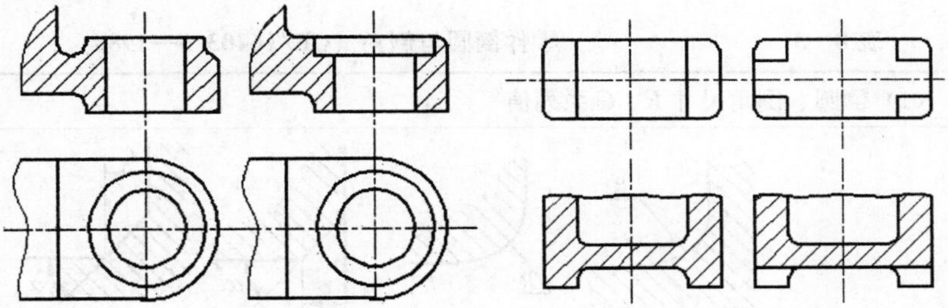 （a）凸台　　（b）凹坑　　　　（c）凹槽 **图 8-12　凸台、凹坑、凹槽结构**
钻孔结构	钻孔时，应使孔轴线垂直于零件表面，以保证钻孔精度，避免钻头折断。在曲面、斜面上钻孔，一般应在孔端做出凸台、凹坑或平面，如图 8-13 所示 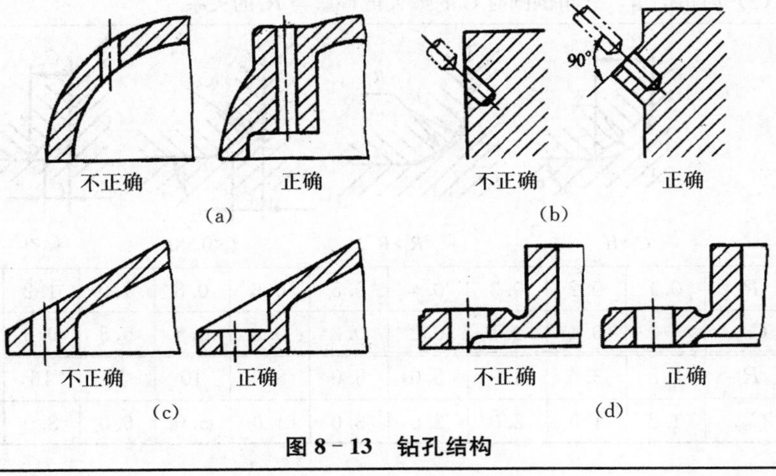 不正确　　　正确　　　　不正确　　　正确 （a）　　　　　　　　　　（b） 不正确　　　正确　　　　不正确　　　正确 （c）　　　　　　　　　　（d） **图 8-13　钻孔结构**

237

类 型	说 明
键槽结构	同一轴上的多个键槽应位于轴的同侧，便于一次装夹加工，如图8-14所示 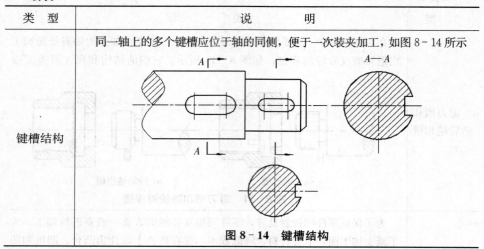 **图8-14 键槽结构**

表8-3　　　　　　　　　零件倒圆与倒角（GB/T6403.5—1986）

（1）倒圆、倒角尺寸R、C系列值　　　　　　　　　　　　　　　　　　　　　　mm

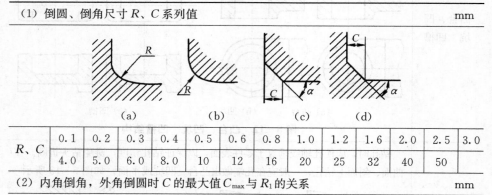

	(a)		(b)		(c)		(d)				
R、C	0.1	0.2	0.3	0.4	0.5	0.6	0.8	1.0	1.2	1.6	2.0	2.5	3.0
	4.0	5.0	6.0	8.0	10	12	16	20	25	32	40	50	

（2）内角倒角，外角倒圆时C的最大值C_{max}与R_1的关系　　　　　　　　　　mm

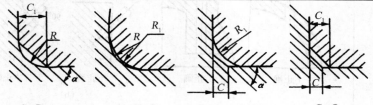

	$C_1 > R$		$R_1 > R$		$C < 0.58R_1$		$C_1 > C$			
R_1	0.1	0.2	0.3	0.4	0.5	0.6	0.8	1.0	1.2	1.6	2.0
C_{max}	—	0.1	0.1	0.2	0.2	0.3	0.4	0.5	0.6	0.8	1.0
R_1	2.5	3.0	4.0	5.0	6.0	8.0	10	12	16	20	25
C_{max}	1.2	1.6	2.0	2.5	3.0	4.0	5.0	6.0	8.0	10	12

续表1

(3) 与直径 D 的相应的倒角 C, 倒圆 R 的推荐值　　　　　　　　mm

ϕ	≤3		>3~6		>6~10		>10~18	>18~30	>30~50	
C 或 R	0.1	0.2	0.3	0.4	0.5	0.6	0.8	1.0	1.2	1.6
ϕ	>50~80		>80~120		>120~180		>180~250	>250~320	>320~400	
C 或 R	2.0		2.5		3.0		4.0	5.0	6.0	
ϕ	>400~500		>500~630		>630~800		>800~1000	>1000~1250	>1250~1600	
C 或 R	8.0		10		12		16	20	25	

注：①R_1，C_1 的偏差为正；R，C 的偏差为负。

②α 一般采用 45°，也可采用 30° 或 60°。倒角半径，倒角的尺寸标注，不适用于有特殊要求的情况下使用。

表 8 - 4　　　　　砂轮越程槽 (GB/T6403.5—1986)　　　　　　mm

（a）磨外圆　　　　　　　　（b）磨内圆　　　　　　　　（c）磨外端面

（d）磨内端面　　　　　（e）磨外圆及端面　　　　　（f）磨内圆及端面

b_1	0.6	1.0	1.6	2.0	3.0	4.0	5.0	8.0	10
b_2	2.0		3.0		4.0		5.0		8.0	10
h	0.1		0.2		0.3		0.4		0.6	0.8	1.2
r	0.2		0.5		0.8		1.0		1.6	2.0	3.0
d	~10				10~50		50~100		>100	

注：①越程槽内两直线相交处，不允许产生尖角。

②越程槽深度 h 与圆弧半径 r，要满足 $r < 3h$。

③磨削具有数个直径的工件时，可使用同一规格的越程槽。

④直径 d 值大的零件，允许选择小规格的砂轮越程槽。

⑤砂轮越程槽的尺寸公差和表面粗糙度根据该零件的结构、性能确定。

4. 注意外形美观

零件的外形设计是零件构形的另一个主要依据。人们不仅需要产品的物质功能，而且还需要从产品的外观型式上得到美的享受。因此，对零件的外形设计还应从美学角度考虑其构形，要具备一些工业美学、造型设计的知识，才能对不同的主体零件灵活采用均衡、稳定、对称、统一、变异等美学法则，设计出性能优越、外形美观的产品。

5. 提高经济效益

从产品的性能、使用、工艺条件、生产效率、材料来源等方面综合分析，应尽可能做到零件的结构简单、制造容易、材料来源方便且价格低廉，以降低成本，提高生产效率。

（二）零件构形举例

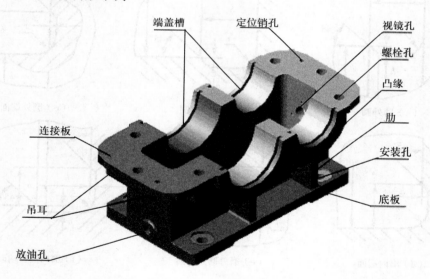

图 8-15　减速器底座

减速器是原动机与工作机之间独立的封闭转动装置，用来降低转速并相应增大转矩来适应工作要求。图 8-15 是减速器底座，其主要功能是容纳、支撑轴和齿轮，并与减速器箱盖连接组成包容空腔，实现密封、润滑等辅助功能。

减速器底座的结构形状应满足以下功能要求，下面介绍其构形的主要过程：

（1）为了容纳齿轮和润滑油，底座做成中空形状。

（2）为了更换润滑油和观察润滑油面的高度，底座的一端面上开有放油孔，另一端面上有视镜孔，为了安装视镜，在视镜孔的周围有均布的螺孔。

（3）为了和减速器箱盖连接，底座上设计有连接板，为了连接准确，连接板上设计有定位销孔和连接螺栓孔。

（4）为了支撑两对轴及轴上的轴承，底座上必须开两对大孔，且在大孔处设计一凸缘。由于凸缘伸出过长，为避免变形，在凸缘的下部设计加强肋。

（5）为了安装方便，便于固定在工作地点，底座下部要加一底板，并设计四个安装孔。为了便于搬运，在底座上连接板两侧的下部各加两个吊耳。

（6）为了密封，防止油溅出或灰尘进入，在支撑凸缘端部加端盖，并设计相应的端盖槽。

在保证零件的功能要求后，还要考虑部件的整体结构，底座和上盖连接时外形应一致和谐，内部和容纳的零件的形状相适应等；考虑零件结构工艺方面的要求，设计出铸造圆角、拔模斜度和凹坑等结构，并尽量壁厚均匀；考虑零件的外形美观，整个零件的外形要体现工业美学、造型设计的知识，经过几方面的考虑，最后形成一个完整的零件。

第二节　零件工作图的视图选择和尺寸标注

零件图的视图选择就是选用一组合适的视图表达零件的内、外结构形状及各部分的相对位置关系。在便于看图的前提下，力求制图简便，这是零件图视图选择的基本要求。它是前述章节中机件各种表达方式的具体综合运用。要正确、完整、清晰、简便地表达零件的结构形状，关键在于选择一个最佳的表达方案。

一、视图选择的一般原则

1. 主视图的选择

主视图是反映零件信息量最多的一个视图，应首先选择。选择主视图应注意以下两点：

（1）零件的安放位置尽量符合零件的主要加工位置或工作位置。

（2）主视图的投射方向应尽量选择反映零件形状特征的方向。

2. 其他视图的选择

（1）根据对零件的形体分析或结构分析，首先应考虑需要哪些视图与主视图配合，表达零件的主要形体，然后再考虑补全零件次要结构的其他视图。这样，使每一个视图有一个表达的重点。

（2）合理地布置视图位置，做到既充分利用图幅位置，又使图样清晰美观，方便他人读图。

二、视图选择的具体步骤和实例

下面以摇臂和泵体两个零件为例，讲述视图选择的具体步骤。

【例 8 - 1】 摇臂的视图选择。

1. 了解零件

如图 8 - 16 所示的零件是送料机构中的主要零件摇臂，通过摇臂的旋转，带动其他零件转动，以达到把原料输送到需要位置。摇臂由三部分组成，即由上部两个圆柱和下部一个圆柱，以及它们之间的肋板连接而成。

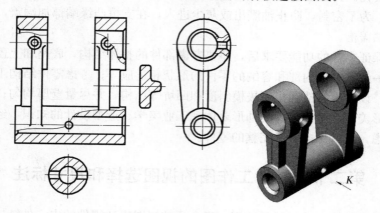

图 8 - 16 摇臂的视图选择

2. 选择主视图

摇臂的加工位置多变，安放位置考虑工作位置，其轴线应画成水平。投射方向采用能充分反映摇臂形体特征的 K 方向。主视图采用局部剖视，主要为了表示三个圆柱内孔的形状。

3. 其他视图选择

采用左视图对应表达圆柱体的形状及其相对位置，选择两个移出剖面用以表示肋板的断面和下部圆柱体上小孔的通孔状态，如图 8 - 16 所示。

【例 8 - 2】 泵体的视图选择。

1. 了解零件

如图 8 - 17 所示零件为柱塞泵的主体——泵体，其内腔可以容纳柱塞等零件。左端凸缘上的连接孔用以连接泵盖。底板上有四个通孔，用来将泵体紧固在机身上。顶面的两个螺孔用以装进出油口的管接头。如图 8 - 17 立体图所示为其工作位置。

2. 选择主视图

泵体的安放位置应考虑工作位置，其主要结构为半圆柱体和圆柱孔内腔，为反映内腔结构，应选 *K* 向为主视图投射方向，如图 8-17 所示。

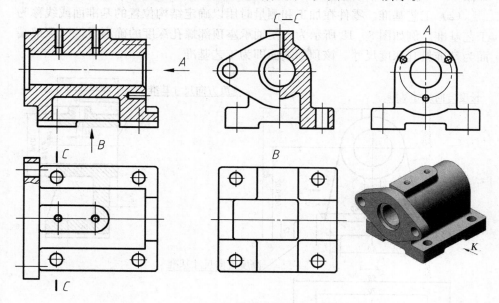

图 8-17 泵体的视图选择

3. 其他视图选择

左视图采用半剖视，重点表达内部结构和左端凸缘的形状。俯视图采用局部剖视，既表达底板和凸台外部形状，也表达连接孔为通孔。此外，还用 *A* 向视图表达泵体右侧端面上均匀分布的三个螺纹孔，用 *B* 向视图表达底板的结构形状，如图 8-17 所示。

三、零件图的尺寸标注

组合体尺寸标注要满足正确、完整、清晰的要求，而零件图的尺寸标注是在组合体尺寸标注的基础上，着重解决标注尺寸的合理性要求。所谓合理性，是指所标注的尺寸能够满足设计和加工工艺的要求。也就是既要满足设计要求以保证零件的使用性能，又要便于零件的制造、测量和检验。做到这一点需要积累一定的实践经验和专业知识，以下简单介绍合理标注尺寸的基本原则和注意点。

1. 正确选择尺寸基准

零件图的尺寸基准包括设计基准和工艺基准。

（1）设计基准。零件图的尺寸标注首先要选择恰当的尺寸基准。尺寸基准即尺寸标注的起点，按其用途的不同分为设计基准和工艺基准。

零件在机器或部件中工作时用以确定其位置的基准面或线称为设计基准。

如图 8-18 所示，轴承座底平面为设计基准。

（2）工艺基准。零件在加工和测量时用以确定结构位置的基准面或线称为工艺基准。例如图 8-18 所示为方便轴承座顶部螺孔深度的确测量，以顶部端面为基准量其深度尺寸。该顶部端面即为工艺基准。

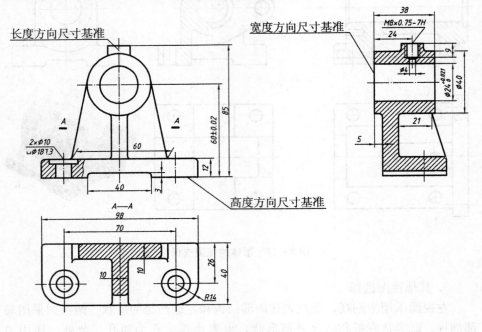

图 8-18 轴承座

在设计工作中，应尽量使设计基准和工艺基准一致，这样可以减少尺寸误差，便于加工。如图 8-18 所示，底平面既是设计基准，又是工艺基准。利用底平面进行高度方向的测量极为方便。另外根据基准的重要性，设计基准和工艺基准又分别称为主要基准和次要基准，且主要基准和次要基准之间应有尺寸相联系。零件在长、宽、高三个方向都应有一个主要基准。如图 8-18 中所示轴承座底平面为高度方向的主要基准；左右对称面为长度方向的主要基准；轴承端面为宽度方向的主要基准。

一般零件的主要尺寸（与其他零件相配合的尺寸、重要的相对位置尺寸及影响零件使用性能的尺寸）应从设计基准起始直接标注出，以保证产品质量。非主要尺寸从工艺基准标注，以方便加工测量。如图 8-19（a）所示轴承座的主要尺寸直接标注出，能够直接提出尺寸公差等技术要求，还可以避免加工误差的积累、保证零件的质量。而图 8-19（b）所注尺寸就不能保证产品质量。

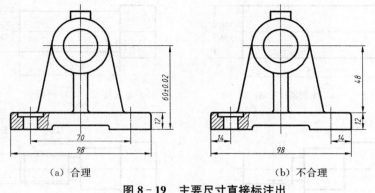

(a) 合理   (b) 不合理

图 8 - 19 主要尺寸直接标注出

2. 按零件加工工序标注尺寸

加工零件各表面时，有一定的先后顺序。标注尺寸应尽量与加工工序一致，以便于加工，并能保证加工尺寸的精度。如图 8 - 20（a）中轴的轴向尺寸是按加工工序（如图 8 - 21 所示）标注的。而图 8 - 20（b）中尺寸不符合加工工序要求。

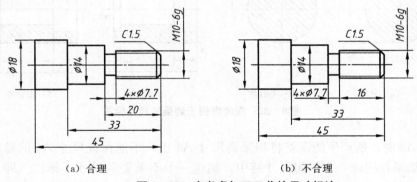

(a) 合理   (b) 不合理

图 8 - 20 应考虑加工工艺的尺寸标注

3. 标注尺寸要便于测量

如图 8 - 22 所示为键槽深度尺寸和套筒件轴向尺寸的两种注法。图 8 - 22（a）、图 8 - 22（c）注法测量方便，图 8 - 22（b）、图 8 - 22（d）注法测量不方便。

4. 避免注成封闭的尺寸链

尺寸链就是在同向尺寸中首尾相接的一组尺寸，每个尺寸称为尺寸链中的一环。尺寸一般都应留有开口环，所谓开口环即对精度要求较低的一环不注尺寸。如图 8 - 23（a）所示的传动轴的尺寸就构成一个封闭的尺寸链，因为尺寸 $A4$ 为尺寸 $A1$、$A2$、$A3$ 之和，而尺寸 $A4$ 有精度要求。在加工尺寸 A_1、

245

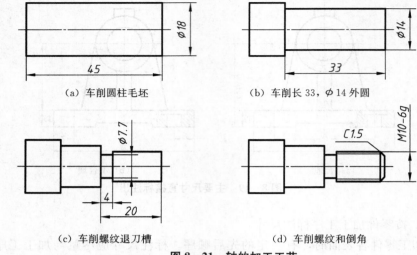

(a) 车削圆柱毛坯   (b) 车削长 33，ϕ 14 外圆

(c) 车削螺纹退刀槽   (d) 车削螺纹和倒角

图 8 – 21 轴的加工工艺

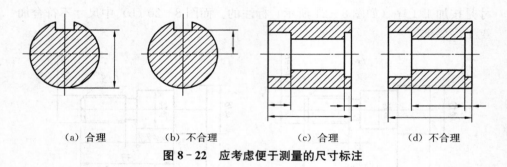

（a）合理   （b）不合理   （c）合理   （d）不合理

图 8 – 22 应考虑便于测量的尺寸标注

$A2$、$A3$ 时，所产生的误差将积累到尺寸 $A4$ 上，不能保证尺寸 $A4$ 的精度要求。如果在构成一个封闭尺寸链中，挑选一个不重要的尺寸不标注（即开口环），例如 $A2$ 尺寸，使所有的尺寸误差都积累在 $A2$ 处，如图 8 – 23（b），这样就可以避免 $A4$ 的尺寸误差积累。

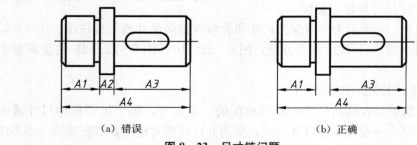

（a）错误   （b）正确

图 8 – 23 尺寸链问题

5. 零件常见典型结构的尺寸标注

零件常见典型结构的尺寸标注见表 8-5、表 8-6。

表 8-5 倒角、退刀槽的尺寸标注

工艺结构	尺寸标注示例		
	45°倒角注法		30°倒角注法
倒角			
退刀槽			

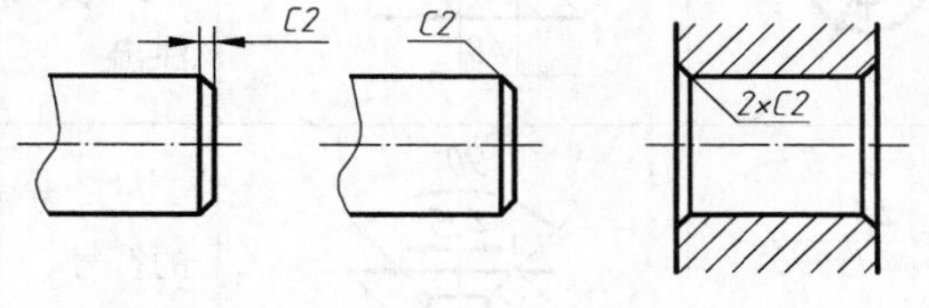

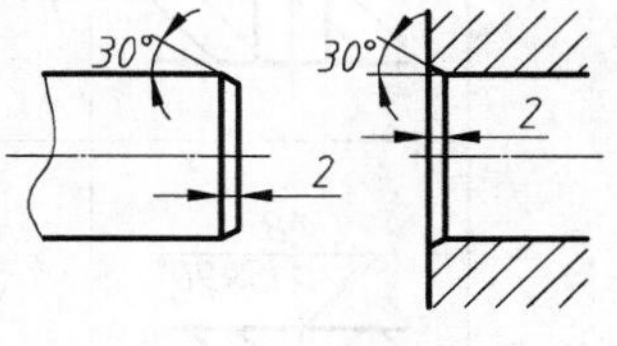

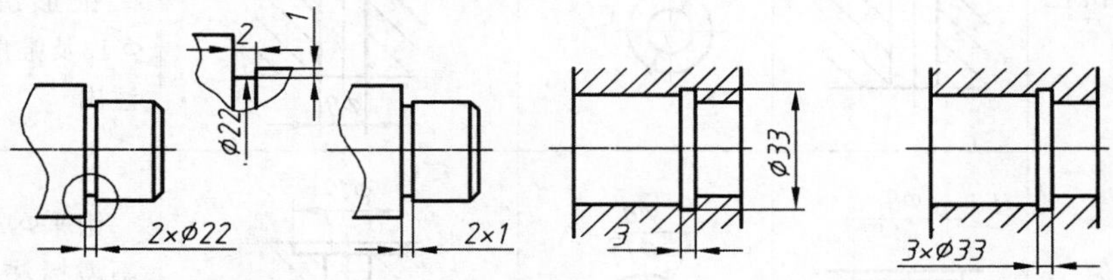

表 8-6 常见孔的尺寸标注

类型	旁注法		普通注法	说明
螺纹	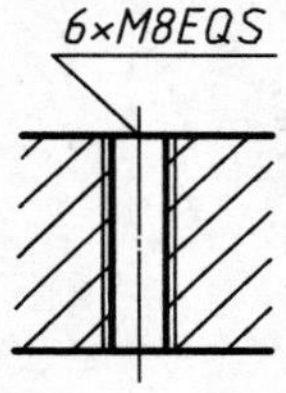		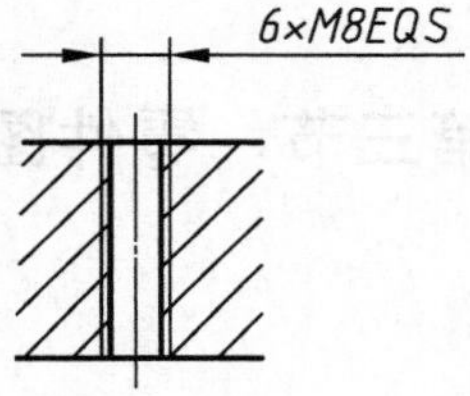	6×M8 表示公称直径为 8 的螺孔 6 个 EQS 表示 6 个螺孔均匀分布
	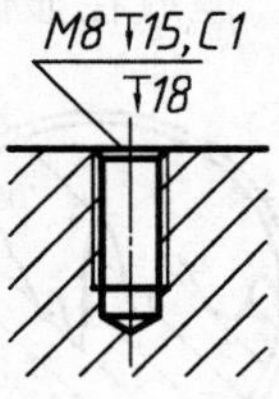		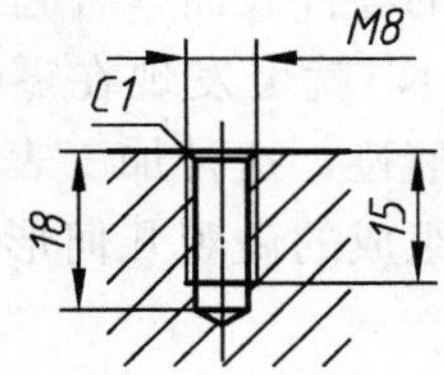	▼ 表示深度符号 M8 ▼ 15 表示公称直径为 8 的螺孔深度为 15 ▼ 18 表示钻孔深 18
	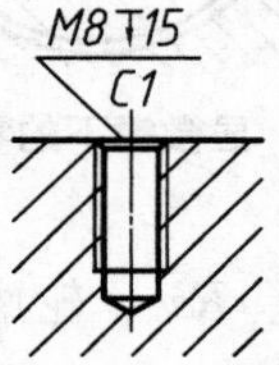		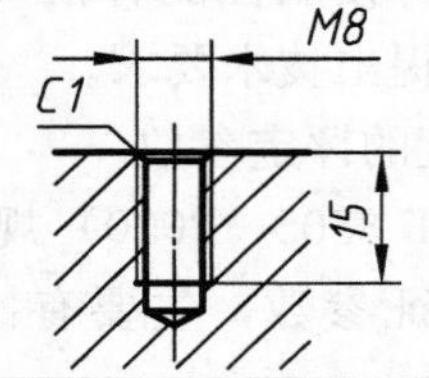	如对钻孔深度无一定要求，可不必标注，一般加工到比螺孔稍深即可

类型	旁注法		普通注法	说明
沉孔	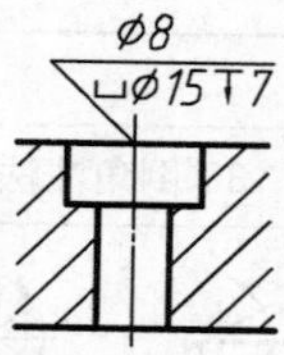 Ø8 ⊔Ø15T7	 Ø8 ⊔Ø15T7	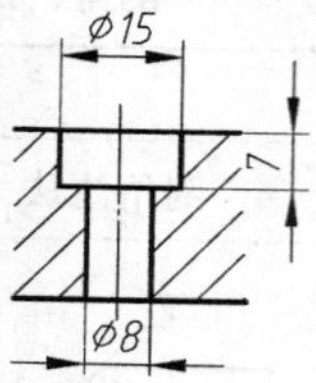 Ø15 7 Ø8	⊔为柱形沉孔的符号 柱形沉孔的直径Ø15及深度7均需注出
	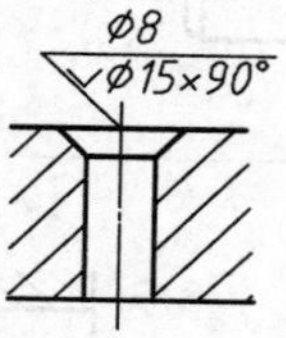 Ø8 ⌵Ø15×90°	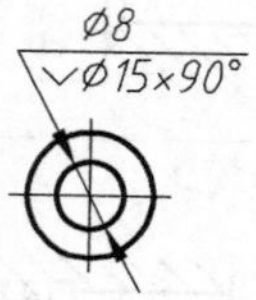 Ø8 ⌵Ø15×90°	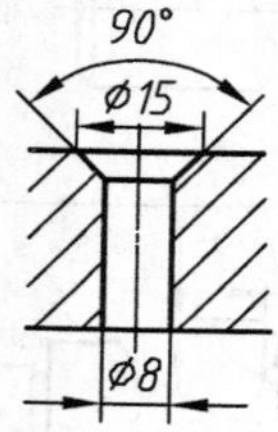 90° Ø15 Ø8	⌵为锥形沉孔的符号 锥形沉孔直径Ø13及锥角90°均需注出
	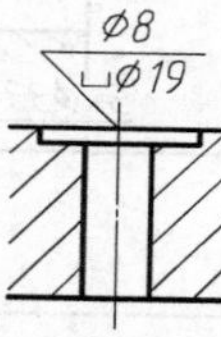 Ø8 ⊔Ø19	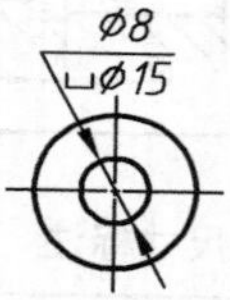 Ø8 ⊔Ø15	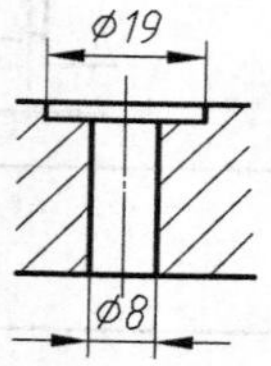 Ø19 Ø8	锪平Ø20的深度不需标注,一般锪平到不出现毛坯面为止

第三节　零件图上的技术要求

一、表面粗糙度

经过机械加工后的零件表面,看起来一般都较为光滑,但放在显微镜下观察(如图 8-24 所示),就可发现在零件表面上出现凹凸不平的加工痕迹,这种加工表面上具有的较小间距和峰谷所组成的微观几何形状特性就称为表面粗糙度。

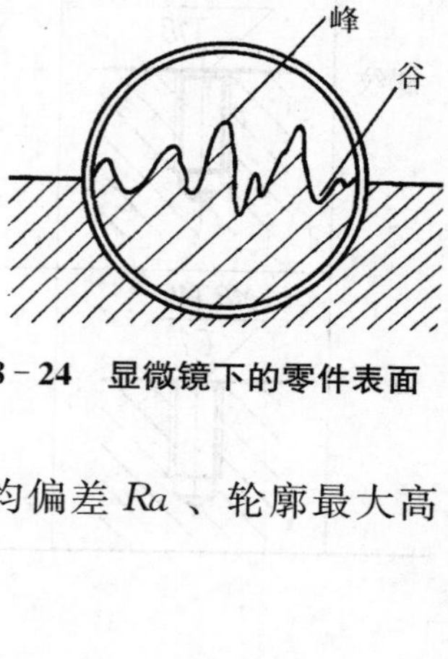

表面粗糙度对零件使用性能有很大影响,故在零件图上必须对它提出技术要求。

(一)表面粗糙度的评定参数

国家标准(GB/T 3505—2000)规定了评定表面粗糙度的高度特征参数,主要有:轮廓算术平均偏差 Ra 、轮廓最大高度 Ry 。

图 8-24　显微镜下的零件表面

1. 轮廓算术平均偏差 Ra

Ra 即在取样长度内，测量方向的轮廓线上的点与基准线之间距离绝对值的算术平均值，如图 8-25 所示。

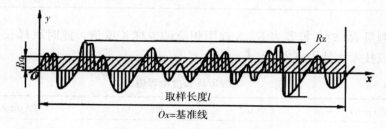

图 8-25 表面粗糙度的高度参数

用公式表示为：
$$Ra = \frac{1}{l} \int_0^l |y(x)| \, dx$$

或近似表示为：
$$Ra = \frac{1}{n} \sum_{i=1}^n |y_i|$$

式中：l 为取样长度，是判别具有表面粗糙度特征的一段基准线长度；y 为轮廓偏距，是轮廓线上的点到基准线之间的距离，图 8-25 中 Ox 为基准线。

Ra 的数值见表 8-7，一般应优先选择第一系列；当第一系列不能满足时，可选择第二系列。

表 8-7 　　　　　　　　 **轮廓算术平均偏差 Ra 的数值** 　　　　　　　　 μm

第一系列	第二系列	第一系列	第二系列	第一系列	第二系列	第一系列	第二系列
	0.008		0.125		2.0		32
	0.010		0.16		2.5		40
0.012		0.2		3.2		50	
	0.016		0.25		4.0		63
	0.020		0.32		5.0		80
0.025		0.4		6.3		100	
	0.032		0.5		8.0		
	0.040		0.63		10.0		
0.05		0.8		12.5			
	0.063		1.00		16.0		
	0.080		1.25		20		

249

续表

第一系列	第二系列	第一系列	第二系列	第一系列	第二系列	第一系列	第二系列
0.1		1.6		25			

在测量 Ra 时，推荐表8-8选用相应的取样长度值，此时取样长度值在图样上或技术文件中可省略。

表8-8 Ra 取样长度推荐值

Ra（μm）	l（μm）	Ra（μm）	l（μm）
≥0.008～0.02	0.08	>2.0～10.0	2.5
>0.02～0.1	0.25	>10.0～80.0	8.0
>0.1～2.0	0.8	—	—

在生产中 Ra 是评定零件表面质量的基本参数。

表面粗糙度 Ra 数值与加工方法关系和应用举例，见表8-9。

表8-9   常用切削加工表面的 Ra 值和相应的表面特征

Ra（μm）	表面特征	加工方法		应用举例
50	明显可见刀痕	粗加工面	粗车 粗刨 粗铣 钻孔等	一般很少使用
25	可见刀痕			钻孔表面，倒角、端面、穿螺栓用的光孔、沉孔、要求较低的非接触面
12.5	微见刀痕			
6.3	可见加工痕迹	半精加工面	精车 精刨 精铣 精镗 铰孔 刮研 粗磨等	要求较低的静止接触面，如轴肩、螺栓头的支撑面、一般盖板的结合面；要求较高的非接触表面，如支架、箱体、离合器、皮带轮、凸轮的非接触面
3.2	微见加工痕迹			要求紧贴的静止结合面以及有较低配合要求的内孔表面，如支架、箱体上的结合面等
1.6	看不见加工痕迹			一般转速的轴孔，低速转动的轴颈；一般配合用的内孔，如衬套的压入孔，一般箱体的滚动轴承孔；齿轮的齿廓表面，轴与齿轮、皮带轮配合表面等

$Ra(\mu m)$	表面特征	加工方法	应用举例
0.8	可见加工痕迹的方向	精加工面	一般转速的轴颈；定位销、孔的配合面；要求保证较高定心及配合的表面；一般精度的刻度盘；需镀铬抛光的表面
0.4	微辨加工痕迹的方向	精磨 精铰 抛光 研磨 金刚石车 刀精车 精拉等	要求保证规定的配合特性的表面，如滑动导轨面；高速工作的滑动轴承；凸轮的工作表面
0.2	不可辨加工痕迹的方向		精密机床的主轴锥孔，活塞销和活塞孔；要求气密的表面和支撑面
0.1	暗光泽面	光加工面	保证精确定位的锥面
0.05	亮光泽面	细磨 抛光 研磨	精密仪器摩擦面；量具工作面；保证高度气密的结合面；量规的测量面；光学仪器的金属镜面
0.025	镜状光泽面		
0.012	雾状镜面		
0.006	镜面		

2. 轮廓最大高度 Rz

如图 8-25 所示，Rz 是在取样长度内最高轮廓峰顶线和最低轮廓谷深线之间的距离，它在评定某些不允许出现较大的加工痕迹的零件表面时有实际意义。

（二）表面粗糙度的代号、符号及其标注

国标 GB/T 131—2006 规定了表面粗糙度代号、符号及注法。图样上标注的表面粗糙度代（符）号是该零件表面完工后的要求。

1. 表面粗糙度符号

表面粗糙度值及其有关规定在符号中注写的位置如图 8-26 所示。

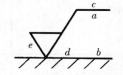

图 8-26　表面粗糙度值及有关规定

a——注写表面结构的单一要求，如 $Ra3.2$。

b——注写两个或多个表面结构的要求，如要注写多个要求时，应将图形符号在垂直方向扩大，以空出足够的空间，便于书写。

c——注写加工方法、表面处理、涂层或其他加工工艺要求等，如车、镀等加工。

d——注写表面纹理和方向，如 "//"、"⊥" "X" "C" 等。

e——注写加工余量，单位为 mm。

表面粗糙度符号、代号及其意义见表 8-10。

表 8-10 表面粗糙度符号、代号及意义

符 号 类 型		图 形 符 号	意义、代号示例及说明
基本图形符号		√	仅用于简化代号标注，没有补充说明时不能单独使用
扩展图形符号	要求去除材料的图形符号	√(带短横)	在基本图形符号上加一短横，表示指定表面是用去除材料的方法获得，如通过机械加工获得的表面
	不去除材料的图形符号	√(带圆圈)	在基本图形符号上加一个圆圈，表示指定表面是用不去除材料时方法获得
完整图形符号	允许任何工艺	√(带长边)	当要求标注表面粗糙度特征的补充信息时，应在图形的长边上加一横线
	去除材料	√(带长边、短横)	$\sqrt{}$ $Ra\ 3.2$ ：表示去除获得表面，Ra 的上限值为 $3.2\mu m$
	不去除材料	√(带长边、圆圈)	$\sqrt{}$ $Rzmax\ 3.2$ ：表示不去除获得表面，Ra 的最大允许值为 $3.2\mu m$
工件轮廓各表面的图形符号		√(带长边、圆圈)	当在图样某个视图上构成封闭轮廓的各表面有相同的表面粗糙度要求时，应在完整图形符号上加一圆圈，标注在图样中工件的封闭轮廓线上。如果标注会引起歧义时，各表面应分别标注
封闭轮廓的各表面		√ $URa\ 3.2$ $LRa\ 0.8$	表示封闭轮廓的各表面，由去除材料获得的 Ra 上限值为 $3.2\mu m$，Ra 的下限值为 $0.8\mu m$

2. 表面粗糙度高度参数的标注

表面粗糙度高度参数有三个：

（1）Ra——轮廓算术平均偏差（在取样长度 l 内轮廓偏距绝对值的算术平均值）；

（2）Rz——微观不平度十点高度（在取样长度 l 内，5 个最大的轮廓峰高

的平均值与 5 个最大的轮廓谷深的平均值之和）；

（3）Ry——轮廓最大高度（在取样长度 l 内轮廓峰顶线和轮廓谷底线之间的距离）。

高度参数应写在基本符号的上方。轮廓算术平均偏差 Ra 在代号中仅用数值表示，因 Ra 为最常用的参数，所以在参数值前不写 Ra。微观不平度十点高度 Rz、轮廓最大高度 Ry，在参数值前需注出相应的参数代号。高度参数可以分别提出对 Ra、Rz、Ry 的要求，必要时可提出对 Ra 或 Ry 的要求，但对同一表面不能同时提出对 Ra 和 Rz 的要求。

同一高度参数仅规定一个参数值时称为上限值，同时规定两个参数值时称为上限值与下限值。在测量时，允许实测值中有 16％超差。在参数右侧加注 max 时，则不允许任一实测值超过最大值。在参数右侧加注 max 和 min 时，则实测值应在最大值和最小值的范围内，不允许有任一处超差。

高度参数标注示例见表 8 - 11。

表 8 - 11 高度参数标注示例

代　号	意　　义
3.2	用任何方法获得的表面粗糙度，Ra 的上限值为 $3.2\mu m$
3.2	用去除材料方法获得的表面粗糙度，Ra 的上限值为 $3.2\mu m$
3.2	用不去除材料方法获得的表面粗糙度，Ra 的上限值为 $3.2\mu m$
3.2 / 1.6	用去除材料方法获得的表面粗糙度，Ra 的上限值为 $3.2\mu m$，Ra 的下限值为 $1.6\mu m$
Ry 3.2	用任何方法获得的表面粗糙度，Ry 的上限值为 $3.2\mu m$
Rz 3.2	用不去除材料方法获得的表面粗糙度，Rz 的上限值为 $200\mu m$
Rz 3.2 / Rz 1.6	用去除材料方法获得的表面粗糙度，Rz 的上限值为 $3.2\mu m$，下限值为 $1.6\mu m$
Ry 3.2 / 12.5	用去除材料方法获得的表面粗糙度，Ra 的上限值为 $3.2\mu m$，Ry 的上限值为 $12.5\mu m$

续表

代 号	意 义
3.2max △(basic symbol)	用任何方法获得的表面粗糙度，Ra 的最大值为 $3.2\mu m$
3.2max ▽(material removal)	用去除材料方法获得的表面粗糙度，Ra 的最大值为 $3.2\mu m$
3.2max (no material removal)	用不去除材料方法获得的表面粗糙度，Ra 的最大值为 $3.2\mu m$
3.2max 1.6min	用去除材料方法获得的表面粗糙度，Ra 的最大值为 $3.2\mu m$，Ra 的最小值为 $1.6\mu m$
Ry 3.2max	用任何方法获得的表面粗糙度，Ry 的最大值为 $3.2\mu m$
Rz200max	用不去除材料方法获得的表面粗糙度，Rz 的最大值为 $200\mu m$
Rz3.2max Rz1.6min	用去除材料方法获得的表面粗糙度，Rz 的最大值为 $3.2\mu m$，最小值为 $1.6\mu m$
3.2max Ry 2.5max	用去除材料方法获得的表面粗糙度，Ra 的最大值为 $3.2\mu m$，Ry 的用去除材料方法获得的表面粗糙度最大值为 $12.5\mu m$

3. 加工方法的标注

当零件表面要求用指定的加工方法获得表面粗糙度要求时，则将此加工方法用文字或代号注在符号长边横线上面，如图 8－27 所示。

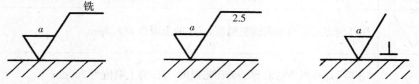

图 8－27　加工方法的标注　　图 8－28　取样长度的标注　　图 8－29　加工纹理方向的标注

4. 取样长度的标注

取样长度应标注在符号长边的横线下面，如图 8－28 所示。选用国家标准规定的取样长度时，在图样上可省略标注。

5. 加工纹理方向的标注

一般情况下，表面粗糙度不要求有特定的纹理方向。需要控制表面加工纹理方向时，可在符号的右边加注加工纹理方向符号，如图 8－29 所示。常见的加工纹理方向符号，见表 8-12。如表 8-12 中所列符号能清楚地表明所要求的纹理方向时，应在图样中用文字说明。

表 8-12 常见的加工纹理方向

符号	说 明	图 示	符号	说 明	图 示
=	纹理平行于视图所在的投影面	纹理方向	C	纹理呈近似同心圆且圆心与表面中心相交	
⊥	纹理垂直于视图所在的投影面	纹理方向	R	纹理呈近似的放射状与表面圆心相关	
×	纹理呈两斜向交叉且与视图所在的投影面相交	纹理方向	P	纹理呈微米、凸起，无方向	
M	纹理呈多方向		—	—	—

6. 表面粗糙度的代（符）号在图样上的标注

国家标准规定了表面粗糙度的代（符）在图样上的标注方法，见表8-13。

表 8-13 表面粗糙度的代（符）在图样上的标注方法

图 例	规 定
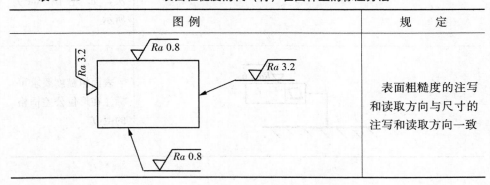	表面粗糙度的注写和读取方向与尺寸的注写和读取方向一致

图　例	规　定
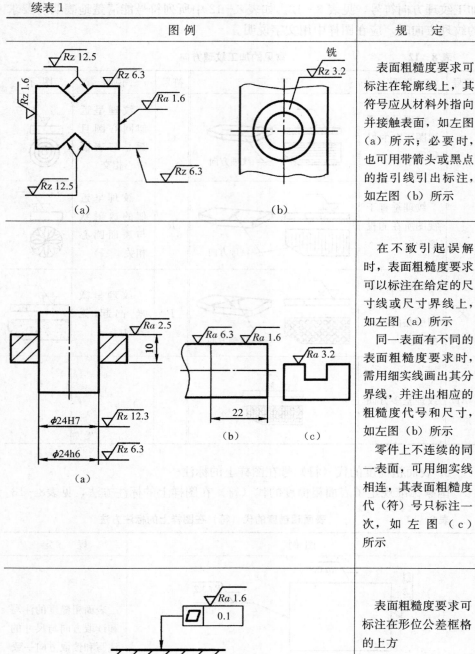	表面粗糙度要求可标注在轮廓线上，其符号应从材料外指向并接触表面，如左图（a）所示；必要时，也可用带箭头或黑点的指引线引出标注，如左图（b）所示
	在不致引起误解时，表面粗糙度要求可以标注在给定的尺寸线或尺寸界线上，如左图（a）所示 同一表面有不同的表面粗糙度要求时，需用细实线画出其分界线，并注出相应的粗糙度代号和尺寸，如左图（b）所示 零件上不连续的同一表面，可用细实线相连，其表面粗糙度代（符）号只标注一次，如左图（c）所示
	表面粗糙度要求可标注在形位公差框格的上方

图 例	规 定

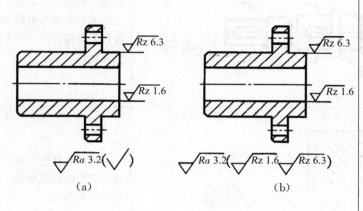

(a)　　　　　　　　(b)

如果在工件的多数（包括全部）表面有相同的表面粗糙度要求，则可将其统一标注在图样的标题栏附近，其代（符）号及文字的大小，应是图样上其他代（符）号及文字的1.4倍。此时（除全部表面有相同的情况外），表面粗糙度要求的符号后面应有：

（1）在圆括内给出无任何其他标注的基本符号，如左图（a）所示

（2）在圆括内给出不同的表面结构要求，如左图（b）所示

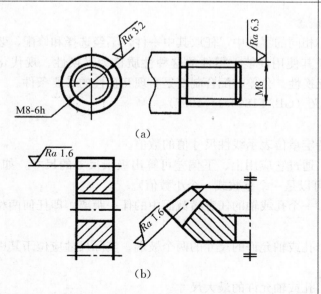

(a)

(b)

螺纹、齿轮的工作表面没有画出牙型、齿形时，表面粗糙度代号按左图（a）、左图（b）规定的方式标注

图　例	规　定
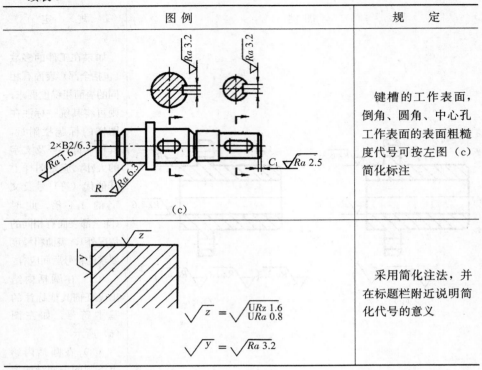 （c）	键槽的工作表面，倒角、圆角、中心孔工作表面的表面粗糙度代号可按左图（c）简化标注
$$\sqrt{z} = \sqrt{\begin{array}{l}URz\ 1.6\\URa\ 0.8\end{array}}$$ $$\sqrt{y} = \sqrt{Ra\ 3.2}$$	采用简化注法，并在标题栏附近说明简化代号的意义

二、极限与配合

（一）互换性的概念

从一批规格大小相同的零件中，任取其中一件，不经选择和修配，装到机器或部件上就能保证其使用性能，零件的这种性质称为互换性。现代化的生产，要求零件具有互换性。公差与配合制度是实现互换性的必要条件。

（二）术语和定义（GB/T1800.1—1997）

1. 尺寸

（1）尺寸：以特定单位表示线性尺寸值的数值。

（2）基本尺寸：通过它应用上、下偏差可算出极限尺寸的尺寸，如图 8-30 所示（基本尺寸可以是一个整数或一个小数值）。

局部实际尺寸：一个孔或轴的任意横截面中的任一距离，即任何两相对点之间测得的尺寸。

极限尺寸：一个孔或轴允许的尺寸的两个极端。实际尺寸应位于其中，也可达到极限尺寸。

最大极限尺寸：孔或轴允许的最大尺寸。

最小极限尺寸：孔或轴允许的最小尺寸。

实际尺寸：通过测量获得的某一孔、轴的尺寸。

2. 零线

在极限与配合图解中，表示基本尺寸的一条直线，以其为基准确定偏差和公差，如图 8-30 所示。通常零线沿水平方向绘制，正偏差位于其上，负偏差位于其下，如图 8-31 所示。

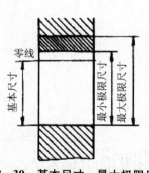

图 8-30　基本尺寸、最大极限尺寸
和最小极限尺寸

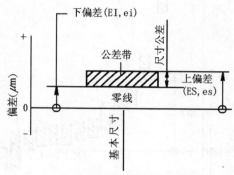

图 8-31　公差带图解

3. 尺寸公差

（1）尺寸公差（简称公差）：最大极限尺寸减最小极限尺寸之差，或上偏差减下偏差之差。它是允许尺寸的变动量（尺寸公差是一个没有符号的绝对值）。

（2）标准公差（IT）：本标准极限与配合制中，所规定的任一公差。

（3）标准公差等级：本标准极限与配合制中，同一公差等级（如 IT7）对所有基本尺寸的一组公差被认为具有同等精确程度。

（4）公差带：在公差带图解中，由代表上偏差和下偏差或最大极限尺寸和最小极限尺寸的两条直线所限定的一个区域。它是由公差大小和其相对零线的位置（如基本偏差）来确定，如图 8-31 所示。

（5）标准公差因子（i，I）：在本标准极限与配合制中，用以确定标准公差的基本单位，该因子是基本尺寸的函数（标准公差因子 i 用于基本尺寸至 500mm；标准公差因子，用于基本尺寸大于 500mm）。

4. 偏差

（1）偏差：某一尺寸（实际尺寸、极限尺寸等）减其基本尺寸所得的代数差。

（2）极限偏差：包含上偏差和下偏差。轴的上、下偏差代号用小写字母 es、ei 表示；孔的上、下偏差代号用大写字母 ES、EI 表示。

（3）上偏差：最大极限尺寸减其基本尺寸所得的代数差。

（4）下偏差：最小极限尺寸减其基本尺寸所得的代数差。

（5）基本偏差：在本标准极限与配合制中，确定公差带相对零线位置的那个极限偏差（它可以是上偏差或下偏差），一般为靠近零线的那个偏差为基本偏差。基本偏差代号对孔用大写字母 A，…，ZC 表示，对轴用小写字母 a，…，zc 表示，各 28 个，如图 8-32 所示。

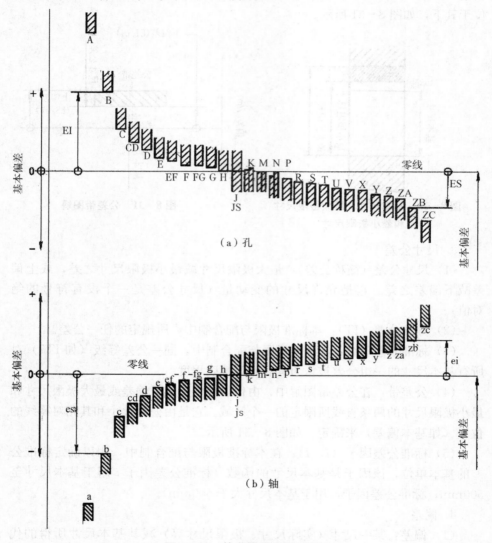

图 8-32　基本偏差系列示意图

5. 间隙

（1）间隙：孔的尺寸减去相配合轴的尺寸之差为正值，如图 8-33 所示。

（2）最小间隙：在间隙配合中，孔的最小极限尺寸减轴的最大极限尺寸之差，如图 8-34 所示。

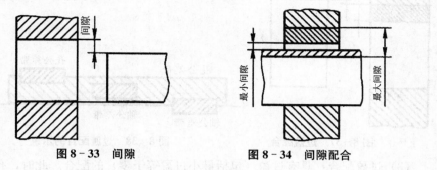

图 8-33　间隙　　　　　　　　图 8-34　间隙配合

（3）最大间隙：在间隙配合或过渡配合中，孔的最大极限尺寸减轴的最小极限尺寸之差，如图 8-34 所示和如图 8-35 所示。

6. 过盈

（1）过盈：孔的尺寸减去相配合的轴的尺寸之差为负值，如图 8-36 所示。

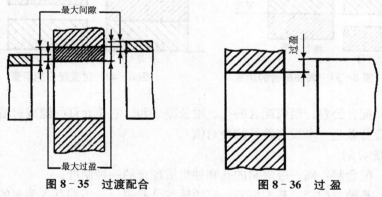

图 8-35　过渡配合　　　　　　图 8-36　过　盈

（2）最小过盈：在过盈配合中，孔的最大极限尺寸减轴的最小极限尺寸之差，如图 8-37 所示。

（3）最大过盈：在过盈配合或过渡配合中，孔的最小极限尺寸减轴的最大极限尺寸之差，如图 8-37 所示和如图 8-38 所示。

7. 配合

（1）配合：基本尺寸相同、相互结合的孔和轴公差带之间的关系。

（2）间隙配合：具有间隙（包括最小间隙等于零）的配合。此时，孔的公差带在轴的公差带之上，如图 8-39 所示。

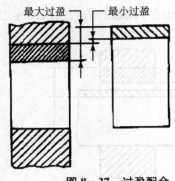

图 8-37 过盈配合

图 8-38 过渡配合的示意

（3）过盈配合：具有过盈（包括最小过盈等于零）的配合。此时，孔的公差带在轴的公差带之下，如图 8-40 所示。

（4）过渡配合：可能具有间隙或过盈的配合。此时，孔的公差带与轴的公差带相互交叠，如图 8-40 所示。

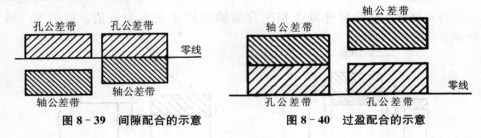

图 8-39 间隙配合的示意   图 8-40 过盈配合的示意

（5）配合公差：组成配合的孔、轴公差之和。它是允许间隙或过盈的变动量（配合公差是一个没有符号的绝对值）。

8. 配合制

（1）配合制：同一极限制的孔和轴组成配合的一种制度。

（2）基轴制配合：基本偏差一定的轴的公差带，与不同基本偏差的孔的公差带形成各种配合的一种制度。对本标准极限与配合制，是轴的最大极限尺寸与基本尺寸相等、轴的上偏差为零的一种配合制，如图 8-41 所示。

（3）基孔制配合：基本偏差一定的孔的公差带，与不同基本偏差的轴的公差带形成各种配合的一种制度。对本标准极限与配合制，是孔的最小极限尺寸与基本尺寸相等，孔的下偏差为零的一种配合制，如图 8-42 所示。

（三）公差与配合基本规定

1. 标准公差的等级、代号及数值

标准公差分 20 级，即：IT01、IT0、IT1 至 IT18。IT 表示标准公差，公差的等级代号用阿拉伯数字表示。从 IT01 至 IT18 等级依次降低，当其与代表基本偏差的字母一起组成公差带时，省略"IT"字母，如 h7，各级标准公差的数值规定见表 8 - 14。

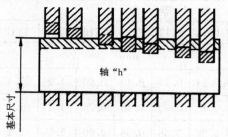

图 8 - 41　基轴配合制

注：①水平实线代表轴或孔的基本偏差。
　　②虚线代表另一极限，表示轴和孔之
　　间可能的不同组合，与它们的公差等
　　级有关。

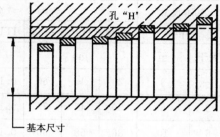

图 8 - 42　基孔配合制

注：①水平实线代表孔或轴的基本偏差。
　　②虚线代表另一极限，表示孔和轴之
　　间可能的不同组合，与它们的公差等
　　级有关。

表 8 - 14　　　　　　　　　　　　　　　标准公差数值

基本尺寸 (mm)		公　差　等　级									
		IT01	IT0	IT1	IT2	IT3	IT4	IT5	IT6	IT7	IT8
大于	至	μm									
—	3	0.3	0.5	0.8	1.2	2	3	4	6	10	14
3	6	0.4	0.6	1	1.5	2.5	4	5	8	12	18
6	10	0.4	0.6	1	1.5	2.5	4	6	9	15	22
10	18	0.5	0.8	1.2	2	3	5	8	11	18	27
18	30	0.6	11	1.5	2.5	4	6	9	13	21	33
30	50	0.6	1	1.5	2.5	4	7	11	16	25	39
50	80	0.8	1.2	2	3	5	8	13	19	30	46
80	120	1	1.5	2.5	4	6	10	15	22	35	54
120	180	1.2	2	3.5	5	8	12	18	25	40	63
180	250	2	3	4.5	7	10	14	20	29	46	72
250	315	2.5	4	6	8	12	16	23	32	52	81
315	400	3	5	7	9	13	18	25	36	57	89
400	500	4	6	8	10	15	20	27	40	63	97

基本尺寸 (mm)		公 差 等 级									
大于	至	IT9	IT10	IT11	IT12	IT13	IT14	IT15	IT16	IT17	IT18
		μm			mm						
—	3	25	40	60	0.10	0.14	0.25	0.40	0.60	1.0	1.4
3	6	30	48	75	0.12	0.18	0.30	0.48	0.75	1.2	1.8
6	10	36	58	90	0.15	0.22	0.36	0.58	0.90	1.5	2.2
10	18	43	70	110	0.18	0.27	0.43	0.70	1.10	1.8	2.7
18	30	52	84	130	0.21	0.33	0.52	0.84	1.30	2.1	3.3
30	50	62	100	160	0.25	0.39	0.62	1.00	1.60	2.5	3.9
50	80	74	120	190	0.30	0.46	0.74	1.20	1.90	3.0	4.6

基本尺寸 (mm)		公 差 等 级									
大于	至	IT9	IT10	IT11	IT12	IT13	IT14	IT15	IT16	IT17	IT18
		μm			mm						
80	120	87	140	220	0.35	0.54	0.87	1.40	2.20	3.5	5.4
120	180	100	160	250	0.40	0.63	1.00	1.60	2.50	4.0	6.3
180	250	115	185	290	0.46	0.72	1.15	1.85	2.90	4.6	7.2
250	315	130	210	320	0.52	0.81	1.30	2.10	3.20	5.2	8.1
315	400	140	230	360	0.57	0.89	1.40	2.30	3.60	5.7	8.9
400	500	155	250	400	0.63	0.97	1.55	2.50	4.00	6.3	9.7

注：基本尺寸小于 1mm 时，无 IT14 至 IT18。

2. 公差等级的应用范围（见表 8-15）。

表 8-15   **公差等级的应用范围**

公 差 等 级	应 用 范 围
IT01～IT1	块规
IT1～IT4	量规、检验高精度用量规及轴用卡规的校对塞规
IT2～IT5	特别精密零件的配合尺寸
IT5～IT7	检验低精度用量规、一般精密零件的配合尺寸
IT5～IT12	配合尺寸

公差等级	应 用 范 围
IT8～IT14	原材料公差
IT12～IT18	未注公差尺寸

3. 基本偏差的代号

基本偏差的代号用拉丁字母表示，大写的代号代表孔，小写的代号代表轴，各 28 个。

孔的基准偏差代号有：A，B，C，CD，D，E，EF，F，FG，G，H，J，JS，K，M，N，P，R，S，T，U，V，X，Y，Z，ZA，ZB，ZC。

轴的基准偏差代号有：a，b，c，cd，d，e，ef，f，fg，g，h，j，js，k，m，n，p，r，s，t，u，v，x，y，z，za，zb，zc。其中，H 代表基准孔，h 代表基准轴。

4. 偏差代号

偏差代号规定如下：孔的上偏差 ES，孔的下偏差 EI；轴的上偏差 es，轴的下偏差 ei。

5. 孔的极限偏差

孔的基本偏差从 A 至 H 为下偏差，从 J 至 ZC 为上偏差。

孔的另一个偏差（上偏差或下偏差），根据孔的基本偏差和标准公差，按以下代数式计算：

$$ES=EI+IT \text{ 或 } EI=ES-IT$$

6. 轴的极限偏差

轴的基本偏差从 a 到 h 为上偏差，从 j 到 zc 为下偏差。轴的另一个偏差（下偏差或上偏差），根据轴的基本偏差和标准公差，按以下代数式计算：

$$ei=es-IT \text{ 或 } es=ei+IT$$

7. 公差带代号

孔、轴公差带代号用基本偏差代号与公差等级代号组成。如 H8、F8、K7、P7 等为孔的公差带代号；h7、f7 等为轴的公差带代号。其表示方法可以用下列示例之一：

$$\text{孔：} \phi 50H8, \phi 50_0^{+0.039}, \phi 50H8\left(^{+0.039}_{0}\right)$$

$$\text{轴：} \phi 50f7, \phi 50_{-0.050}^{-0.025}, \phi 50f7\left(^{-0.025}_{-0.050}\right)$$

8. 基准制

标准规定有基孔制和基轴制。在一般情况下，优先采用基孔制。如有特殊需要，允许将任一孔、轴公差带组成配合。

9. 配合代号

用孔、轴公差带的组合表示，写成分数形式，分子为孔的公差带，分母为轴的公差带，例如：H8/f7 或 $\dfrac{H8}{f7}$。其表示方法可用以下示例之一：

$$\phi\,50H8/f7 \ 或 \ \phi\,50\,\dfrac{H8}{f7}；10H7/n6 \ 或 \ 10\,\dfrac{H7}{n6}$$

10. 配合分类

标准的配合有三类，即间隙配合、过渡配合和过盈配合。属于哪一类配合取决于孔、轴公差带的相互关系。基孔制（基轴制）中，a 到 h（A 到 H）用于间隙配合；j 到 zc（J 到 ZC）用于过渡配合和过盈配合。

11. 公差带及配合的选用原则

孔、轴公差带及配合，首先采用优先公差带及优先配合，其次采用常用公差带及常用配合，再次采用一般用途公差带。必要时，可按标准所规定的标准公差与基本偏差组成孔、轴公差带及配合。

12. 极限尺寸判断原则

孔或轴的尺寸不允许超过最大实体尺寸。即对于孔，其尺寸应不小于最小极限尺寸；对于轴，则应不大于最大极限尺寸。

在任何位置上的实际尺寸不允许超过最小实体尺寸，即对于孔，其实际尺寸应不大于最大极限尺寸；对于轴，则应不小于最小极限尺寸。

（四）公差带及配合的选用

1. 基孔制优先、常用配合见表 8 - 16。

2. 基轴制优先、常用配合见表 8 - 17。

（五）一般公差

一般公差是指在普通工艺条件下，由车间的机床设备和通常的加工能力即可保证达到的公差。线性尺寸的未注公差是一种一般公差，主要适用于金属切削加工的非配合尺寸。国家标准 GB/T1804—2000 规定了四个等级，即 f（精密级）、m（中等级）、c（粗糙度）、v（最粗级）。其线性尺寸的极限偏差数值见表 8 - 18。

（六）极限与配合的标注

1. 在零件图中的标注

（1）标注极限偏差。当采用极限偏差标注线性尺寸的公差时，上偏差应注在基本尺寸的右上方；下偏差应注在基本尺寸的右下方，与基本尺寸标注在同一底线上。极限偏差数字比基本尺寸数字小一号。上、下偏差小数点必须对齐。

当公差带相对于基本尺寸对称配置，即两个偏差绝对值相同时，偏差值只需注写一次，并在偏差值与基本尺寸之间注出符号"±"，且两者的数字高度相同。

表 8−16

基孔制优先、常用配合

基准孔	a	b	c	d	e	f	g	h	js	k	m	n	p	r	s	t	u	v	x	y	z
	间隙配合								过渡配合				过盈配合								
H6	—	—	—	—	—	$\frac{H6}{f5}$	$\frac{H6}{g5}$	$\frac{H6}{h5}$	$\frac{H6}{js5}$	$\frac{H6}{k5}$	$\frac{H6}{m5}$	$\frac{H6}{n5}$	$\frac{H6}{p5}$	$\frac{H6}{r5}$	$\frac{H6}{s5}$	$\frac{H6}{t5}$	—	—	—	—	—
H7	—	—	—	—	—	$\frac{H7}{f6}$	■$\frac{H7}{g6}$	■$\frac{H7}{h6}$	$\frac{H7}{js6}$	■$\frac{H7}{k6}$	$\frac{H7}{m6}$	■$\frac{H7}{n6}$	■$\frac{H7}{p6}$	$\frac{H7}{r6}$	■$\frac{H7}{s6}$	$\frac{H7}{t6}$	■$\frac{H7}{u6}$	$\frac{H7}{v6}$	$\frac{H7}{x6}$	$\frac{H7}{y6}$	$\frac{H7}{z6}$
H8	—	—	—	$\frac{H8}{d8}$	$\frac{H8}{e7}$	■$\frac{H8}{f7}$	$\frac{H8}{g7}$	■$\frac{H8}{h7}$	$\frac{H8}{js7}$	$\frac{H8}{k7}$	$\frac{H8}{m7}$	$\frac{H8}{n7}$	$\frac{H8}{p7}$	$\frac{H8}{r7}$	■$\frac{H8}{s7}$	$\frac{H8}{t7}$	$\frac{H8}{u7}$	—	—	—	—
H8	—	—	—		$\frac{H8}{e8}$	$\frac{H8}{f8}$		$\frac{H8}{h8}$										—	—	—	—
H9	—	—	$\frac{H9}{c9}$	■$\frac{H9}{d9}$	$\frac{H9}{e9}$	$\frac{H9}{f9}$		■$\frac{H9}{h9}$									—	—	—	—	—
H10	—	—	$\frac{H10}{c10}$	$\frac{H10}{d10}$	—	—		$\frac{H10}{h10}$									—	—	—	—	—
H11	$\frac{H11}{a11}$	$\frac{H11}{b11}$	■$\frac{H11}{c11}$	$\frac{H11}{d11}$	—	—		■$\frac{H11}{h11}$									—	—	—	—	—
H12	—	$\frac{H12}{b12}$	—	—	—	—		$\frac{H12}{h12}$									—	—	—	—	—

注：① $\frac{H6}{n5}$、$\frac{H7}{p6}$ 在基本尺寸小于或等于 3mm 和 $\frac{H8}{r7}$ 在小于或等于 10mm 时，为过渡配合。

② 标注"■"的配合为优先配合。

表 8-17　基轴制优先、常用配合

基准轴	孔																				
	A	B	C	D	E	F	G	H	JS	K	M	N	P	R	S	T	U	V	X	Y	Z
	间隙配合								过渡配合				过盈配合								
h5	—	—	—	—	—	$\frac{F6}{h5}$	$\frac{G6}{h5}$	$\frac{H6}{h5}$	$\frac{Js6}{h5}$	$\frac{K6}{h5}$	$\frac{M6}{h5}$	$\frac{N6}{h5}$	$\frac{P6}{h5}$	$\frac{R6}{h5}$	$\frac{S6}{h5}$	$\frac{T6}{h5}$	—	—	—	—	—
h6	—	—	—	—	—	$\frac{F7}{h6}$	$\frac{G7}{h6}$■	$\frac{H7}{h6}$■	$\frac{JS7}{h6}$	$\frac{K7}{h6}$■	$\frac{M7}{h6}$	$\frac{N7}{h6}$■	$\frac{P7}{h6}$■	$\frac{R7}{h6}$	$\frac{S7}{h6}$■	$\frac{T7}{h6}$	$\frac{U7}{h6}$■	—	—	—	—
h7	—	—	—	—	$\frac{E8}{h7}$	$\frac{F8}{h7}$■	—	$\frac{H8}{h7}$■	$\frac{JS8}{h7}$	$\frac{K8}{h7}$	$\frac{M8}{h7}$	$\frac{N8}{h7}$	—	—	—	—	—	—	—	—	—
h8	—	—	—	$\frac{D8}{h8}$	$\frac{E8}{h8}$	$\frac{F8}{h8}$	—	$\frac{H8}{h8}$	—	—	—	—	—	—	—	—	—	—	—	—	—
h9	—	—	—	$\frac{D9}{h9}$	$\frac{E9}{h9}$	$\frac{F9}{h9}$	—	$\frac{H9}{h9}$	—	—	—	—	—	—	—	—	—	—	—	—	—
h10	—	—	—	$\frac{D10}{h10}$	—	—	—	$\frac{H10}{h10}$	—	—	—	—	—	—	—	—	—	—	—	—	—
h11	$\frac{A11}{h11}$	$\frac{B11}{h11}$	$\frac{C11}{h11}$■	$\frac{D11}{h11}$	—	—	—	$\frac{H11}{h11}$■	—	—	—	—	—	—	—	—	—	—	—	—	—
h12	—	$\frac{B11}{h12}$	—	—	—	—	—	$\frac{H11}{h12}$	—	—	—	—	—	—	—	—	—	—	—	—	—

注：标注"■"的配合为优先配合。

　　　　　　　　　　　　　　线性尺寸的极限偏差数值

公差等级	尺寸分段（mm）			
	0.5～3	＞3～6	＞6～30	＞30～120
精密 f	±0.05	±0.05	±0.1	±0.15
中等 m	±0.1	±0.1	±0.2	±0.3

公差等级	尺寸分段（mm）			
	0.5～3	＞3～6	＞6～30	＞30～120
粗糙 c	±0.2	±0.3	±0.5	±0.8
最粗 v	—	±0.5	±1	±1.5

公差等级	尺寸分段（mm）			
	＞120～400	＞400～1000	＞1000～2000	＞2000～4000
精密 f	±0.2	±0.3	±0.5	—
中等 m	±0.5	±0.8	±1.2	±2
粗糙 c	±1.2	±2	±3	±4
最粗 v	±2.5	±4	±6	±8

极限偏差的标注，如图 8－43 所示。

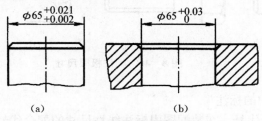

（a）　　　　　　　　　　（b）

图 8－43　极限偏差的标注

（2）标注公差带代号（如图 8－44 所示）。

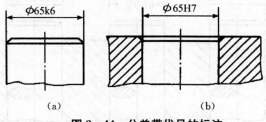

（a）　　　　　　　　　　（b）

图 8－44　公差带代号的标注

（3）同时标注公差带代号和极限偏差，如图 8－45 所示。

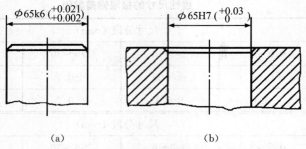

(a)　　　　　　　　　(b)

图 8-45　公差带代号和极限偏差的同时标注

上述三种标注方法可依据具体情况选择，无优劣之分，但在一份图样上，只能采用一种标注方法。

有时为了制造方便或采用非标准的公差，可在图样中直接注出最大极限尺寸和最小极限尺寸，标注形式如图 8-46 所示（max——最大，min——最小）。

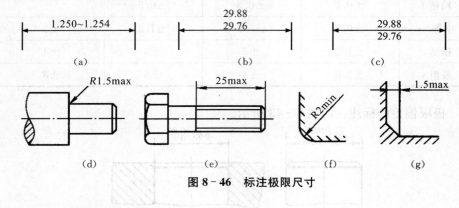

图 8-46　标注极限尺寸

2. 在装配图中的标注

（1）标注配合代号。在装配图中标注线性尺寸的配合代号有三种形式，如图 8-47（a）、图 8-47（b）、图 8-47（c）所示。

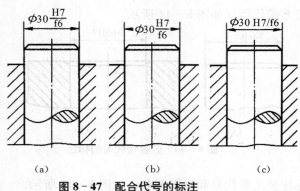

图 8-47　配合代号的标注

270

（2）标注极限偏差。在装配图中标注相配零件的极限偏差有两种型式，如图8-48（a）、图8-48（b）所示。

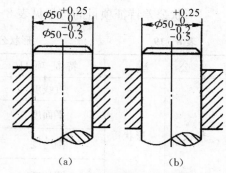

图 8-48 配合极限偏差的标注

三、形状和位置公差

在零件加工过程中，由于机床、刀具及工艺上各种原因，除了产生尺寸误差之外，还会使零件各种几何要素的形状和相互位置产生误差。在机器中某些精度要求较高的零件，不仅需要保证尺寸公差，而且需要保证形状和位置公差，下面将对形状和位置公差作简单介绍。

（一）形状和位置公差的概述

形状公差——零件实际表面形状对理想表面形状的允许变动量。

位置公差——零件实际位置对理想位置的允许变动量。

如图8-49（a）所示，为了保证滚柱工作质量，除了注出直径的尺寸公差外还需要注出滚柱轴线的形状公差代号 —| $\phi0.006$ |，这个代号表示滚柱实际轴线与理想轴线之间的变动量必须保持在 ϕ0.006 mm 的圆柱面内。又如图8-49（b）所示，箱体上两下孔是安装锥齿轮轴的孔，如果两孔轴线歪斜太大，就会影响锥齿轮的啮合传动。为了保证正常的啮合，应该使两孔轴线保持一定的垂直位置，所以要注上位置公差代号——垂直度，图中 ⊥| 0.05 | A | 说明垂直孔的轴线，必须位于距离为 0.05mm、且垂直于水平孔轴线的两平行平面之间。

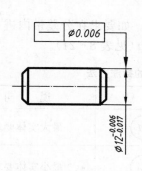

（a）形状公差示例

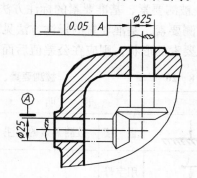

（b）位置公差示例

图 8-49 形状和位置公差示例

（二）形状和位置公差符号

1. 形状公差特征项目的符号

形状公差特征项目的符号见表 8-19。

表 8-19 形状公差特征项目的符号表

公 差		特 征 项 目	符 号	有无基准要求
形状	形状	直线度	▬▬▬▬	无
		平面度	▱	无
		圆 度	○	无
		圆柱度	⌀	无
形状或位置	轮廓	线轮廓度	⌒	有或无
		面轮廓度	◠	有或无
位置	定向	平行度	∥	有
		垂直度	⊥	有
		倾斜度	∠	有
	定位	位置度	⌖	有或无
		同轴（同心）度	◎	有
		对称度	═	有
	跳动	圆跳动	↗	有
		全跳动	↗↗	有

2. 被测要素、基准要素的标注方法

被测要素、基准要素的标注方法见表 8-20。如要求在公差带内进一步限制被测要素的形状，则应在公差值后面加注符号（见表 8-21）。

表 8-20 被测要素、基准要素的标注方法

符 号	说 明		符 号	说 明
⊥ (直接)	直接	被测要素的标注	Ⓜ	最大实体要求
A (字母)	用字母		Ⓛ	最小实体要求
Ⓐ	基准要素的标注		Ⓡ	可逆要求
Ⓐ (φ2/A1)	基准目标的标注		Ⓟ	延伸公差带

272

续表

符　号	说　　明	符　号	说　　明
$\boxed{50}$	理论正确尺寸	Ⓕ	自由状态（非刚性零件）零件
Ⓔ	包容要求	 ⌀↗	全周（轮廓）

表 8–21　　　　　　　　　　被测要素形状的限制符号

含　义	符　号	举　例
只许中间向材料内凹下	（—）	$\boxed{-\ \ t\ (-)}$
只许中间向材料外凸起	（+）	$\boxed{\diagup\ \ t\ (+)}$
只许从左至右减小	（▷）	$\boxed{\diagup\ \ t\ (▷)}$
只许从右至左减小	（◁）	$\boxed{\diagup\ \ t\ (◁)}$

（三）图样上标注公差值的规定

1. 规定了公差值或数系表的项目

（1）直线度、平面度。

②圆度、圆柱度。

③平行度、垂直度、倾斜度。

④同轴度、对称度、圆跳动和全跳动。

⑤位置度数系。

GB/T1182—1996 附录提出的公差值，是以零件和量具在标准温度（20℃）下测量为准。

2. 公差值的选用原则

（1）根据零件的功能要求，并考虑加工的经济性和零件的结构、刚性等情况，按表中数系确定要素的公差值，并考虑下列情况：

①在同一要素上给出的形状公差值应小于位置公差值。如果求平行的两个表面，其平面度公差值应小于平行度公差值。

②圆柱形零件的形状公差值（轴线的直线度除外）一般情况下应小于其尺寸公差值。

③平行度公差值应小于其相应的距离公差值。

（2）对于下列情况，考虑到加工的难易程度和除主参数外其他参数的影响，在满足零件功能的要求下，适当降低 1~2 级选用：

①孔相对于轴。

②长径比较大的轴或孔。

③距离较大的轴或孔。

④宽度较大（一般大于1/2长度）的零件表面。

⑤线对线和线对面相对于面对面的平行度。

⑥线对线和线对面相对于面对面的垂直度。

（四）形位公差代号标注示例

形位公差代号标注示例见表8－22。

表8－22　　　　　　　　　　　　　　形位公差代号含义

特征项目		图注示例	含义
直线度	素线直线度		圆柱表面上任一素线必须位于轴向平面内，距离为公差值0.02mm的平行直线之间
	轴线直线度		ϕd圆柱体的轴线须位于公差值为0.04mm的圆柱面内
平面度			上表面必须位于距离为公差值0.1mm的平行平面之间
圆度	圆柱表面圆度		在垂直于轴线的任一正截面上，该圆必须位于半径差为公差值0.02mm的两同心圆之间
	圆锥表面圆度		
平行度	平面对平面的平行度		上表面必须位于距离为公差值0.05mm，且平行于基准平面A的两平行面之间
	轴线对平面的平行度		孔的轴线必须位于距离为公差值0.03mm，且平行于基准平面A的两平行平面之间
	轴线对轴线在任意方向上的平行度		ϕd的实际轴线必须位于平行于基准孔D的轴线，直径为0.1mm的圆柱面内

特征项目		图 注 示 例	含 义
垂直度	平面对平面的垂直度	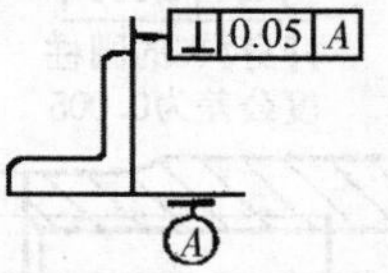	侧表面必须位于距离为公差值 0.05mm，且垂直于基准平面 A 的两平行平面之间
	在两个互相垂直的方向上，轴线对平面的垂直度	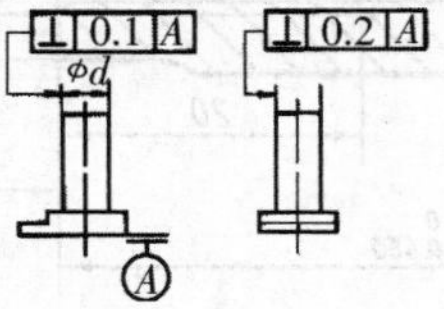	φd 的轴线必须位于正截面为公差值 0.2mm×0.1mm，且垂直于基准平面 A 的四棱柱内
	同轴度	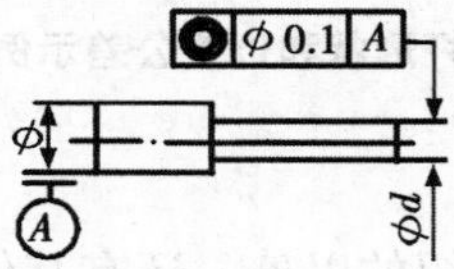	φd 的轴线必须位于直径为公差值 0.1mm，且与基准线 A 同轴的圆柱面内
对称度	中心面对中心面的对称度	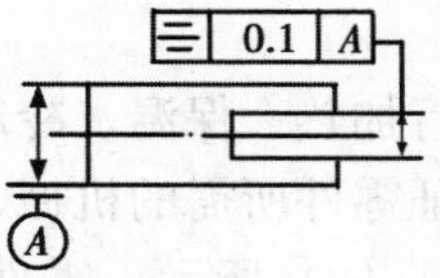	槽的中心面必须位于距离为公差值 0.1mm，且相对基准中心平面对称位置的两平行平面之间
位置度	轴线的位置度	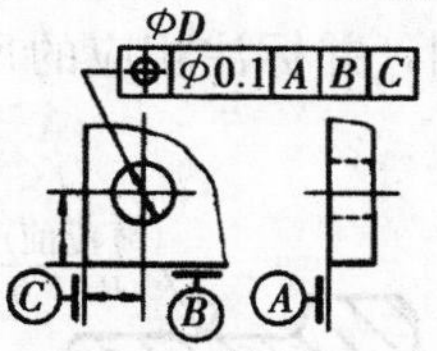	φD 孔的轴线必须位于直径为公差值 0.1mm，且以相对基准面 A、B、C 所确定的理想位置为轴线的圆柱面内
圆跳度	径向圆跳动	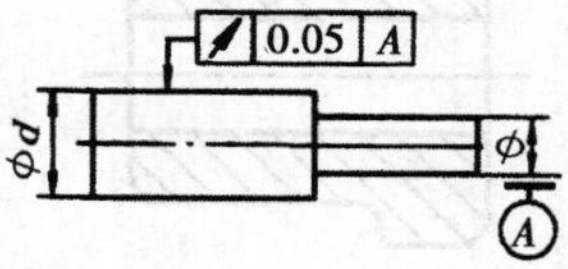	φD 圆柱面绕基准轴 A 的轴线，作无轴向移动的回转时，在任一测量平面内的径向跳动量均不得大于公差值 0.05mm
	端面圆跳动	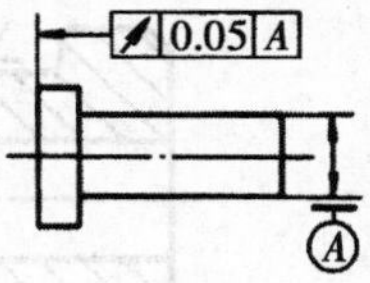	当零件基准轴 A 的轴心线作无轴向移动的回转时，端面上任一测量直径处的轴向跳动量均不得大于公差值 0.05mm

（五）形位公差标注综合举例

如图 8-50 所示为一气门阀杆，从图中可知，当被测要素为线或面时，形位公差框格一端指引线的箭头应指向被测表面，并必须垂直于被测表面的可见轮廓线或其延长线。被测部位是轴线或对称平面时，箭头位置应与该要素的尺

275

寸线对齐。

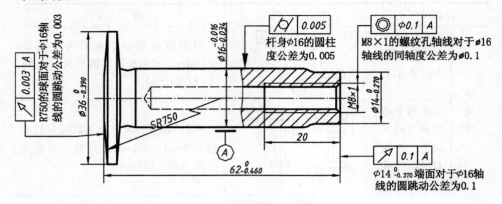

图 8‑50　气门阀杆形状和位置公差示例

（六）其他技术要求

在零件图中的技术要求除以上介绍的以外，还有其他技术要求。

1. 热处理

热处理即将零件按一定的规范进行加热、保温、冷却的过程。通过热处理可改变金属材料的结晶结构，从而保证零件所需的机械、物理及化学性能。热处理要求可在图样上标注，如图 8‑51（a）所示。零件局部热处理或局部镀（涂）覆时，应用粗点画线画出其范围，并标注相应的尺寸，也可将其要求注写在表面粗糙度符号长边的横线上。

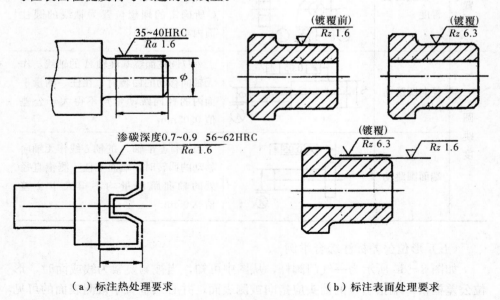

（a）标注热处理要求　　　　　　　　（b）标注表面处理要求

图 8‑51　标注热处理及表面处理要求实例

276

2. 表面处理

表面处理即对零件表面通过机械或化学的方法进行发黑、发蓝、抛光等处理。如图 8 - 51（b）所示，可标注镀（涂）覆或其他表面处理前、后，或同时标注表面处理前后的表面粗糙度值。

3. 其他要求

对于在图样上不便标注的要求，如铸造圆角，以及检验、试验的要求等，用文字在"技术要求"标题下写出。

第四节　看零件图

在进行零件设计、制造、检验时，不仅要有绘制零件图的能力，还必须有读零件图的能力。读零件图的目的是了解零件的名称、材料及用途，根据零件图想象出零件的内外结构形状、功用，以及它们之间的相对位置及大小，搞清零件的全部尺寸和零件的制造方法和技术要求，以便制造、检验时采用合适的制造方法，在此基础上进一步研究零件结构的合理性，以便不断改进和创新。

一、看零件图的方法和步骤

1. 读标题栏

从标题栏可以了解零件的名称、材料、数量、图样的比例等，从而初步判断零件的类型，了解加工方法及作用。

2. 表达方案分析

分析零件的表达方案，弄懂零件各部分的形状和结构。开始看图时，必须先看懂主视图，然后看用多少个视图和用什么表达方法，以及各个视图间的关系，搞清楚表达方案的特点，为进一步看懂零件图打好基础。表达方案可按下列顺序进行分析：

（1）确定主视图。

（2）确定其他视图、剖视图、断面图等的名称、相互位置和投影关系。

（3）有剖视图、断面图的，要找出剖切面的位置。

（4）有向视图、局部视图、斜视图的，要找到投影部位的字母和表示投射方向的箭头。

（5）有无局部放大图和简化画法。

3. 进行形体分析、线面分析和结构分析

进行形体分析和线面分析是为了更好地搞清楚投影关系和便于综合想象出整个零件的形状。可按下列顺序进行分析：

（1）先看懂零件大致轮廓，用形体分析法将零件分为几个较大的独立部分进行分析。

（2）分内、外部结构进行分析，分析零件各部分的功能和形状。

（3）对不便于进行形体分析的部分进行线面分析，搞清投影关系，读懂零件的结构形状。

4. 尺寸分析

尺寸分析可按下列顺序进行：

（1）据形体分析和结构分析，了解定形尺寸和定位尺寸；

（2）据零件的结构特点，了解尺寸的标注型式；

（3）了解功能尺寸和非功能尺寸；

（4）确定零件的总体尺寸。

5. 技术要求分析

根据图形内、外的符号和文字注解，对表面粗糙度、尺寸公差、形位公差、材料热处理及表面处理等技术要求进行分析。

6. 综合分析

通过以上各方面分析，对零件的作用、内外结构的形状、大小、功能和加工检验要求都有了较清楚的了解，最后归纳、总结，得出零件的整体形象。

二、看零件图举例

如图 8－52 所示是壳体零件图，按上述看图方法和步骤读图如下：

1. 读标题栏

零件名称为壳体，比例 1：2，属箱体类零件。材料代号是 HT150，是灰口铸铁，这个零件是铸件。

2. 表达方案分析

壳体零件较为复杂，用三个基本视图表达。主视图为用正平面剖切，得到零件的全剖视图，主要表达零件的内部结构形状，由于零件的前后对称，剖切位置在对称平面上，且剖视图按投影关系配置，所以主视图省略标注。俯视图采用基本视图，表达零件的外形，主要表达零件上部两凸台的形状。左视图采用半剖视图，剖切位置通过 $\phi 6$ 孔的轴线，主要表达零件左、右两端的形状及零件前后 $\phi 36$ 孔和零件内部 $\phi 62H8$ 孔相交情况。

3. 进行形体分析、线面分析和结构分析

由形体分析可知：该壳体零件主体结构大致是回转体，在回转体的右侧连接安装侧板，上部有两凸台，前后也有方形平台。

再看细部结构：中部是阶梯的空心圆柱，外圆直径分别为 $\phi 55$、$\phi 80$，内圆直径分别为 $\phi 36H8$、$\phi 62H8$；上部凸台一是圆柱形，另一是半圆柱和四棱柱组成，两凸台均有 $M24 \times 1.5$ 的螺孔，且螺孔与中部的阶梯圆柱孔贯通；前后方形平台对称，平台前面正好与 $\phi 80$ 圆柱面相切，平台长为 50，并钻有 $\phi 36$

通孔；右侧是安装侧板，有安装孔 2×φ17。

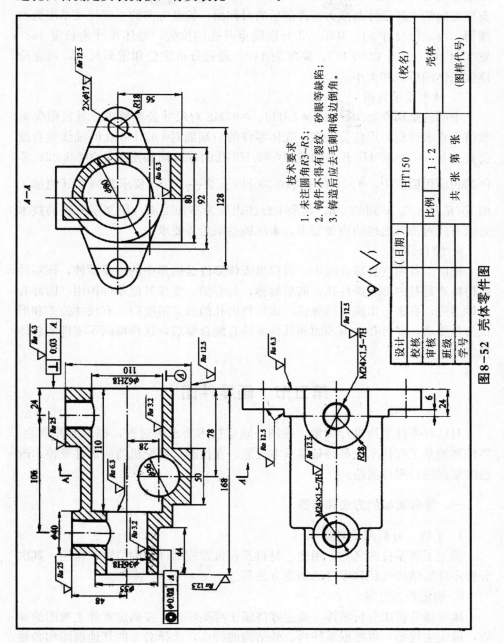

技术要求
1. 未注圆角R3~R5；
2. 铸件不得有裂纹、砂眼等缺陷；
3. 铸造后应去毛刺和锐边倒角。

	壳体		(图样代号)
	(校名)		
HT150			
比例	1:2	共 张 第 张	
设计			
校核			
审核			
班级	学号		
(日期)			

图8−52 壳体零件图

4. 尺寸分析

通过形体和尺寸分析可以看出：零件高度方向的主要尺寸基准为零件的底面，由定位尺寸56、110分别定位中部的阶梯空心圆柱和最高凸台的位置，再

279

由空心圆柱的轴线作辅助基准，由尺寸 48、28 定位另一凸台和 ϕ36 孔的高度；宽度方向的主要尺寸基准为零件前后的对称面；长度方向的主要尺寸基准为右端面，由定位尺寸 24、106、78 分别确定各孔的位置。总体尺寸为长度 168、宽度为 164（18+128+18），高度为 110。通过分析定位和定形尺寸，可完全读懂壳体的形状和大小。

5. 技术要求分析

中部的阶梯空心圆柱内孔 ϕ36H8、ϕ62H8 有尺寸公差要求，其极限偏差数值可查表得到。形位公差有：壳体零件的右端面对 ϕ62 H8 孔的轴线垂直度公差为 0.03，ϕ36 H8 孔的轴线对 ϕ62 H8 孔的轴线同轴度公差为 ϕ0.02。零件的表面粗糙度中，ϕ62 H8 孔和 ϕ36 H8 孔为 $\sqrt{}^{Ra3.2}$，要求最高，其他加工面 Ra 值从 $6.3\mu m$ 到 $25\mu m$，其余未标注表面为不加工面。用文字叙述的技术要求有：对铸件毛坯的质量要求，未注铸造圆角等要求。

6. 综合分析

把以上各项内容综合起来，可得出壳体零件是机器中的重要零件，该零件结构特点是其内部有圆柱孔，前后对称，起容纳、支撑其他零件作用，内部有流体通过，有进、出流体的通道。该零件内孔的加工精度高，有尺寸公差和形位公差要求，并且孔的内表面和其他零件有配合要求，这样得到了零件的总体概念。

第五节　画零件图

对已有零件实物进行测量、绘图、确定技术要求的过程，称为零件测绘。零件测绘是工程技术人员必备的基本技能，在仿制、修配机器或部件及技术改造时常要进行零件测绘。

一、零件测绘的方法和步骤

1. 了解、分析测绘对象

首先了解零件的名称、用途、材料及在机器或部件中的位置、作用，其次分析零件的结构形状和零件的制造方法等。

2. 确定表达方案

用形体分析法分析零件，确定零件属于哪类零件，按确定零件主视图的原则，确定主视图。再根据零件内、外结构的特点，选择必要的其他视图和必要的表达方法（剖视、断面等）。表达方案力求准确、清晰、简练。

3. 绘制零件草图

用目测比例，徒手绘制的零件图，称为零件草图。测绘零件一般在机器工作现场进行，先在现场绘制草图，后根据零件草图整理成零件工作图。因此零件草图应具备零件图的全部内容，力求做到表达正确，尺寸完整，图面线型分明、清晰，并标注有关的技术要求内容。

下面以绘制法兰盘零件（零件实物如图 8-53 所示）为例，说明绘制零件草图的步骤。

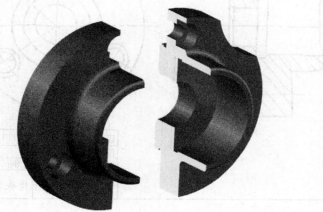

图 5-53　法兰盘零件

（1）根据已确定的表达方案，在图纸上定出各视图的位置。绘制主视图、左视图的对称中心线和绘图基准线，布图时考虑到各视图之间有足够的空间，以便标注尺寸等，如图 8-54（a）所示。

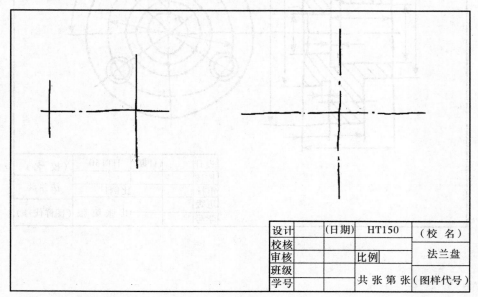

设计		（日期）	HT150	（校　名）
校核				
审核			比例	法兰盘
班级				
学号			共 张 第 张	（图样代号）

（a）

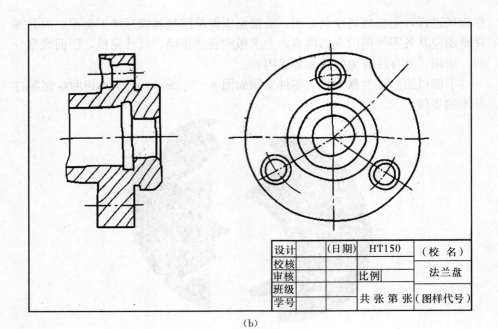

设计		(日期)	HT150	（校　名）
校核				法兰盘
审核			比例	
班级				共张第张
学号			共张第张	（图样代号）

(b)

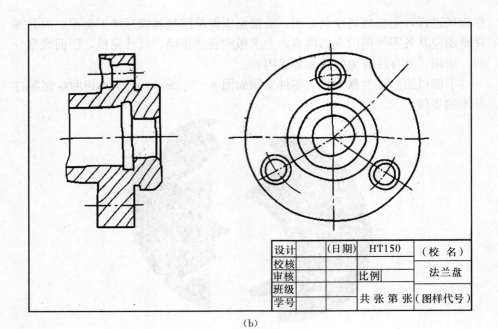

设计		(日期)	HT150	（校　名）
校核				法兰盘
审核			比例	
班级				共张第张
学号			共张第张	（图样代号）

(c)

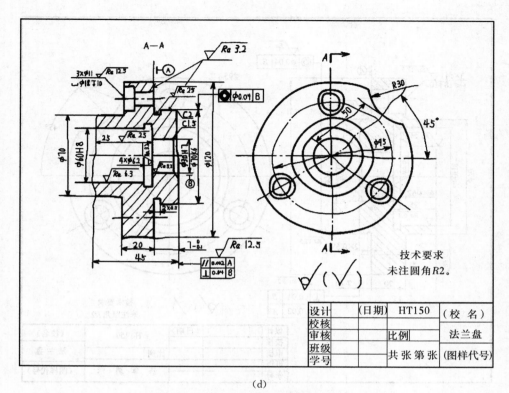

图 8-54　绘制零件草图的步骤

（2）用目测比例详细绘制出零件的结构形状，并绘制剖面符号，如图 8-54（b）所示。

（3）选定尺寸基准，按尺寸标注准确、完整、清晰和合理的要求，画出全部尺寸的尺寸界线、尺寸线和尺寸箭头（注意：不要测量一个尺寸标注一个尺寸，尺寸要集中测量）。经仔细校核后，按规定将图线加深，如图 8-54（c）所示。

（4）逐个测量尺寸、填写尺寸数值，标注各表面的表面粗糙度代号，注写技术要求和标题栏，如图 8-54（d）所示。

（5）对画好的零件草图进行复核，再绘制法兰盘零件的工作图，如图 8-55 所示。

二、零件尺寸的测量

尺寸测量是零件测绘过程中一个重要的步骤。尺寸测量应集中进行，这样不但可以提高工作效率，还可以避免标注尺寸时漏标和错标尺寸。

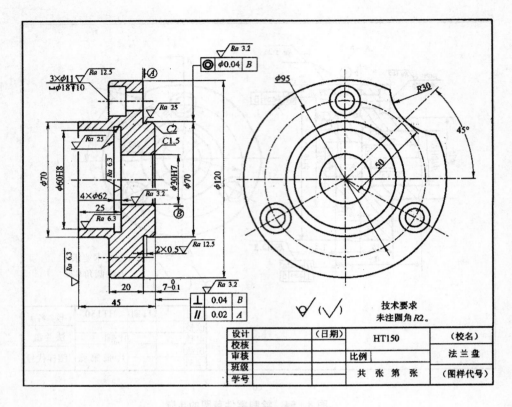

图 8-55 法兰盘零件工作图

在测量零件尺寸时，应注意以下问题：

（1）根据零件尺寸不同的精度，确定相应的测量工具。选择量具时，既要保证测量精度，也要符合经济原则。可选择普通量具，如直尺、内、外卡钳等，普通精密量具，如游标卡尺、螺旋测微仪等，特殊量具，如螺纹规、圆角规等。

（2）测量零件尺寸时，要正确选择零件的尺寸基准，然后根据尺寸基准依次测量，应尽量避免尺寸计算。对零件上不太重要的尺寸，如未经切削加工的表面尺寸，应将测量的尺寸值进行圆整。测量零件重要的相对位置尺寸，如箱体零件孔的中心距，应用精密仪器测量，并对测量尺寸进行计算、校核，不能随意圆整。

（3）有配合的尺寸，如相配合的轴和孔，其基本尺寸应一致。由于测量的尺寸是实际尺寸，故应圆整到基本尺寸，而公差无法测量，应判断零件的配合性质，再从极限与配合的有关资料中查出偏差值并标出。

（4）零件上损坏部分的尺寸，不能直接测量，要对零件进行分析，按合理

284

的结构形状，参考相邻零件的形状和相应的尺寸或有关技术资料再确定。测量零件磨损部分的尺寸，应尽可能在磨损较小部位测量，若整个配合面磨损较多，则应参照相关零件或查阅相关资料，进行具体分析。

（5）对零件上的标准结构，如斜度、锥度、退刀槽、倒角、键槽、中心孔等，应将测量尺寸按有关标准圆整到标准值。

常用的测量方法见表 8-23。

表 8-23　　　　　　　　　　　　零件尺寸测量的方法

项　目	图　例	说　明
线性尺寸	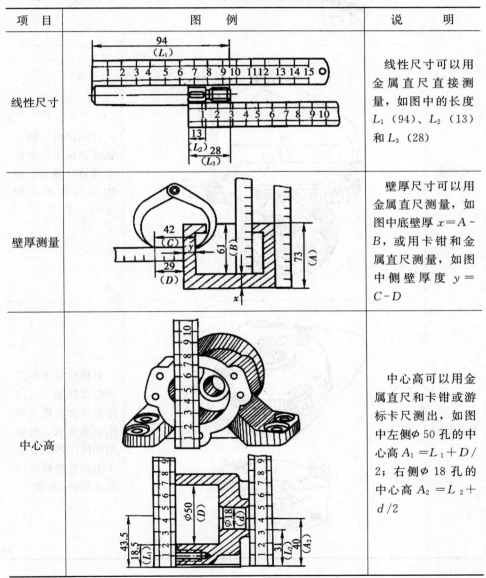	线性尺寸可以用金属直尺直接测量，如图中的长度 L_1（94）、L_2（13）和 L_3（28）
壁厚测量		壁厚尺寸可以用金属直尺测量，如图中底壁厚 $x=A-B$，或用卡钳和金属直尺测量，如图中侧壁厚度 $y=C-D$
中心高		中心高可以用金属直尺和卡钳或游标卡尺测出，如图中左侧 $\phi 50$ 孔的中心高 $A_1=L_1+D/2$；右侧 $\phi 18$ 孔的中心高 $A_2=L_2+d/2$

285

项 目	图 例	说 明
直径尺寸	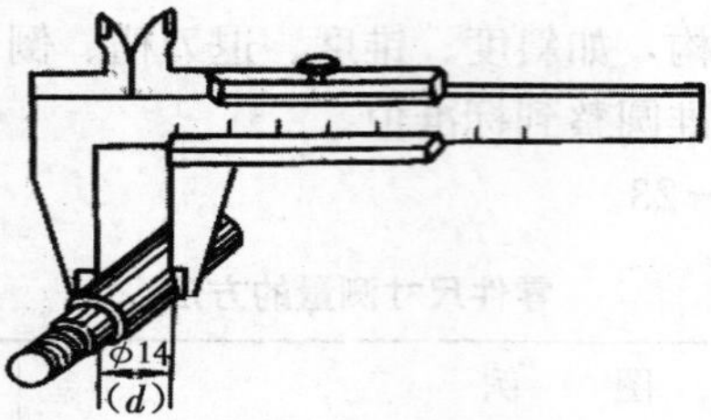 φ14 (d)	直径尺寸可以用游标卡尺直接测量,如图中的直径 d(φ14)
孔间距	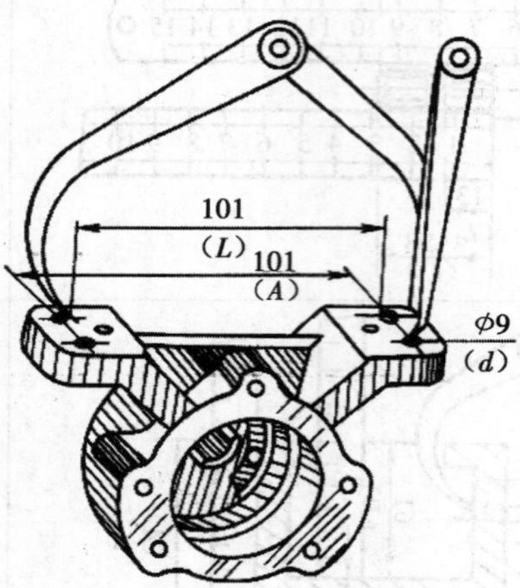 101 (L) 101 (A) φ9 (d)	孔间距可以用卡钳或游标卡尺结合金属直尺测出,如图中两孔中心距 A=L+d
曲面轮廓	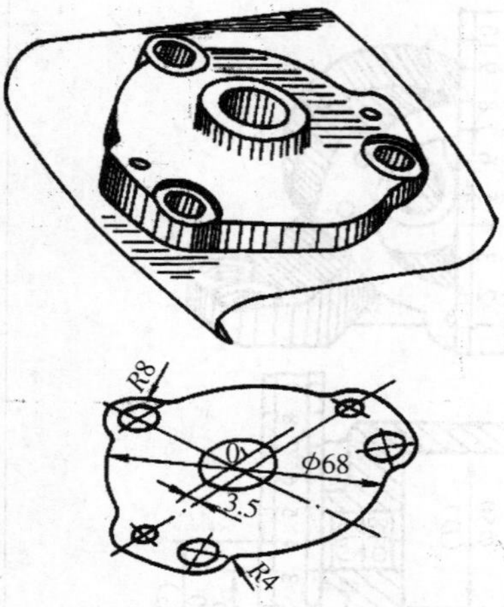 R8 φ68 3.5 R4	对精度要求不高的曲面轮廓,可以用拓印法在纸上拓出轮廓形状,然后用几何作图的方法求出各连接圆弧的尺寸和中心位置

项 目	图 例	说 明
螺纹的螺距	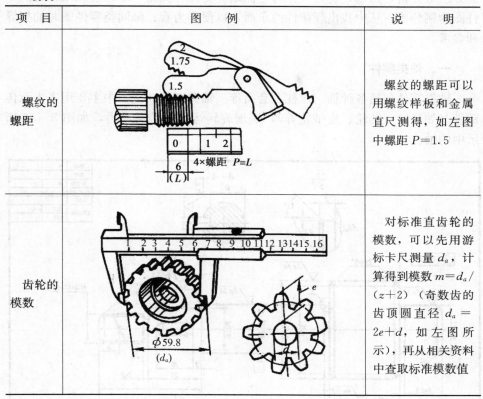	螺纹的螺距可以用螺纹样板和金属直尺测得，如左图中螺距 $P=1.5$
齿轮的模数		对标准直齿轮的模数，可以先用游标卡尺测量 d_a，计算得到模数 $m=d_a/(z+2)$（奇数齿的齿顶圆直径 $d_a=2e+d$，如左图所示），再从相关资料中查取标准模数值

三、零件测绘注意事项

（1）零件上的制造缺陷如砂眼、气孔、裂纹等都不应画出。

（2）零件上因制造、装配而形成的工艺结构，如铸造圆角、倒角、退刀槽、凸台、凹坑等，都必须画出，不能省略。

（3）零件上损坏部分的尺寸，在分析清楚其作用情况下，应参考相邻零件的形状及有关技术资料，再将损坏部分按完整形状画出。

（4）确定零件表面粗糙度时，可根据各表面的作用，并与表面粗糙度标准块比较，目测或感触来判断。零件的制造、检验、热处理等技术要求，根据零件的作用，参照类似图样和有关资料用类比法确定。

（5）尺寸测量的注意事项前已叙述，这里不再重复。

第六节　典型零件的图例分析

零件的形状虽然千差万别，但根据其结构特点、视图表达、尺寸标注、制造方法等分析、归纳，仍可大体将它们划分为几种类型。现通过几张常见的零件图为例分析，从中找出规律性的东西，以便作为看、画同类零件图时的指导和参考。

一、轴类零件

轴类零件包括各种轴、丝杠、套筒等。轴类零件在机器中主要用来支承传动件（如齿轮、链轮、皮带轮等），实现旋转运动并传递动力，如图 8 - 56 所示中的轴。

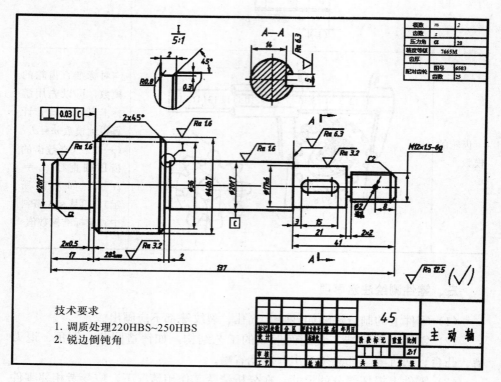

图 8 - 56　轴零件图

1. 结构特点

轴类零件大多数是由若干同轴心线、不同直径的回转体组成。轴上常有轴肩、键槽、螺纹及退刀槽、砂轮越程槽、圆角、倒角等结构。它们的形状和尺寸大部分已标准化。

2. 表达方法

轴类零件加工的主要工序一般都在车床、磨床上加工。这类零件常采用一个基本视图——主视图，且轴线水平放置表达它的主要结构；对轴上的孔、键槽等结构，一般用局部剖视图或剖面图表示，对退刀槽、圆角等细小结构用局部放大图表达。

3. 尺寸标注

轴类零件有径向尺寸和轴向尺寸，一般以回转轴线为径向尺寸基准，以重要端面为轴向尺寸主要基准，如图 8 - 56 所示中 ϕ 40h7 的左端面是轴承的定位面，是轴向尺寸的主要基准。为了加工测量方便，轴的两个端面和另一轴承定位面为轴向尺寸辅助基准。

4. 技术要求

有配合要求的表面，表面粗糙度、尺寸公差要求较严。有配合的轴颈和重要的端面应有形位公差要求，如垂直度、同轴度、径向圆跳动及键槽的对称度等。

二、轮盘类零件

轮盘类零件包括法兰盘、端盖、各种轮子（手轮、齿轮、带轮）等。轮类零件主要用于传递转矩；盘类零件则用来支承、轴向定位和密封等。

1. 结构特点

这类零件的主要结构是由同一轴线不同直径的若干回转体组成，这一点与轴类零件相似。但它与轴相比，轴向尺寸小得多。这类零件上常有形状各异的安装凸缘、均布安装孔、凸台、凹坑以及轮辐、键槽等，如图 8 - 57 所示的拖脚盖。

2. 表达方法

这类零件主要在车床上加工。因此，在选择主视图时，常将轴线水平放置。为使内部结构表达清楚，主视图一般都要进行剖视（单一剖切或两个以上相交的剖切面剖切）。为了表达"盘"的结构及其上安装孔的分布情况，往往还需选取一个端视图，若上述结构已由主视图尺寸标注表达清楚，则端视图可以省略。

3. 尺寸标注

轮盘类零件宽度和高度方向尺寸的主要基准是回转轴线，长度方向尺寸的主要基准是有一定精度要求的加工结合面。如拖脚盖的主要圆柱面 ϕ 130 的轴线为宽度和高度方向的主要基准，其右端面为长度方向的主要基准。

4. 技术要求

有配合要求的表面、轴向定位的端面，其表面结构和尺寸公差要求较严，端面与轴心线之间常有垂直度或端面圆跳动等要求。

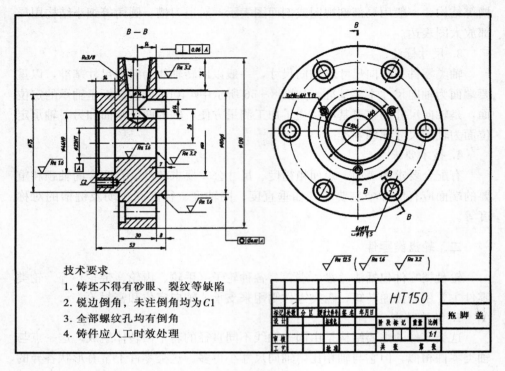

技术要求
1. 铸坯不得有砂眼、裂纹等缺陷
2. 锐边倒角，未注倒角均为 C1
3. 全部螺纹孔均有倒角
4. 铸件应人工时效处理

图 8 - 57　拖脚盖

三、叉杆类零件

叉杆类零件是在机器的操纵机构中起操纵作用的一种零件，它们多为铸件或锻件，如拨叉、连杆、杠杆等。如图 8 - 58 所示即为拨叉零件图。

1. 结构特点

根据这类零件的作用，可将结构看成由三部分组成：支撑部分（拨叉上部分）、工作部分（拨叉下部分）、连接部分（拨叉中间部分），多数为不对称。

2. 表达方法

这类零件一般没有统一的加工位置，工作位置也不尽相同，结构形状变化较大，因此主视图应选择能明显和较多地反映零件各组成部分的相对位置、形状特征的方向为主视方向，并将零件放正。这类零件一般需要两个基本视图，为表达内部结构常采用全剖视图或局部剖视图，连接部分肋板的断面形状常采用断面图。

3. 尺寸标注

叉杆类零件的支承部分决定了工作部分的位置，因此支承轴的轴线是长、高两个方向的主要基准。如拨叉的花键孔轴线，既是长度方向尺寸基准，又以

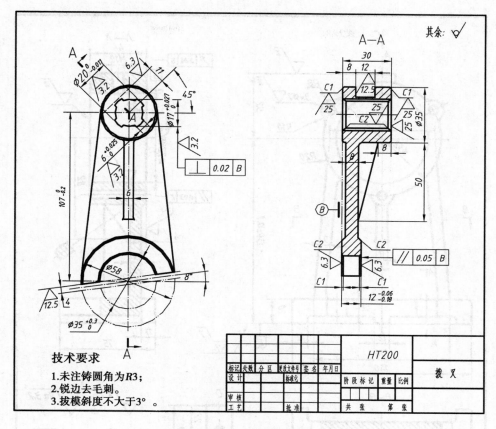

技术要求
1. 未注铸圆角为R3；
2. 锐边去毛刺。
3. 拔模斜度不大于3°。

图 8 - 58 拨叉零件图

此为高度基准注出环状结构（工作部分）的中心位置 $107_{-0.2}^{0}$。宽度方向的尺寸基准取对称平面或重要端为基准，如拨叉后端面。

　4. 技术要求

　这类零件的支承部分应按配合要求标注尺寸，如拨叉的 $\phi17_{0}^{+0.027}$，工作部分也应按配合要求标注尺寸，如拨叉工作部分要插入三联齿轮槽中，其宽度尺寸要注出偏差值，即 $12_{-0.18}^{-0.06}$，并对该部分提出形位公差要求，如前后两面平行度及工作面与支承孔垂直度等。

　四、支架类零件

　这类零件的重要作用是支承零件，一般为铸件。如支架、轴承座、吊架等。图 8 - 59 所示为支架零件图。

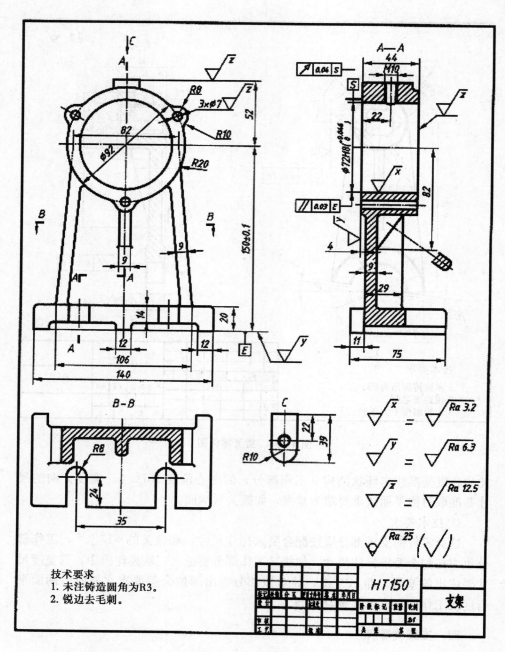

图 8-59 支架零件图

1. 结构特点

这类零件主要由三部分组成：支承部分、安装部分、连接部分。

2. 表达方法

这类零件的主视图应按工作位置和形状特征的原则来选定。由于这类零件的三个组成部分分别在三个不同方向显示其形状特征，一般需用三个基本视图。如支架主视图反映了主要形状特征；左视图清楚地反映三个组成部分内外结构的相对位置，采用了两个平行平面剖切的 A—A 剖；俯视图采用了 B—B 剖，一是为更清楚表明连接板的横截面形状及其与加强肋的相对位置关系，二是可省略对支承部分的重复表达，突出了底板和连接部分的相对位置关系。

对个别结构，如凸台形状可作局部视图补充表达；对连接板、加强肋的截面形状，必要时可采用断面图来表达。

3. 尺寸标注

支架类零件标注尺寸的基准一般都选用安装基面、加工时的定位面、对称中心面。这类零件的主要尺寸是支承孔的定位尺寸。如支架的 170 ± 0.1，它是以安装面为基准注出的，这是设计时根据所要支承的轴的位置确定的。对于与支承孔有联系的其他结构，如顶部凸台面的位置尺寸 52mm，则以支承孔轴线为辅助基准注出。

4. 技术要求

支架的安装面既是设计基准，又是工艺基准，因此对加工要求较高，粗糙度 Ra 值一般为 $6.3\mu m$。加工支承孔的定位面（支承孔的后端面）也应按 Ra $6.3\mu m$ 加工。支承孔应注出配合尺寸，并应给出它对安装面的平行度要求。

五、箱体类零件

箱体是机器或部件的外壳或座体，它是机器或部件中的骨架零件，起着支承包容其他零件的作用。

1. 结构特点

箱体类零件结构比较复杂，常有内腔、支承孔、凸台或凹坑、肋板、螺孔与螺栓通孔等结构，毛坯多为铸件，部分结构要经机械切削加工而成，如图 8-60所示的箱体零件图。

2. 表达方法

由于箱体类零件结构形状较复杂，加工位置多变，所以，一般应以工作位置及最能反映各组成部分形状特征及相对位置的方向作为主视图的投射方向。根据具体零件，往往需要多个视图、剖视以及其他表达方法来表达。如图 8-60 所示的箱体，为了表达内腔，主视图采用了半剖视图，左视图采用了局部剖视图后，顶端凸台和底板还未表达清楚，因此又画了半剖的俯视图。

3. 尺寸标注

箱体类零件常以主要孔的中心、对称平面、较大的加工平面或结合面作为长、宽、高方向尺寸基准。如图 8-60 所示的箱体，分别以左右对称平面、前后对称平面和底面为长、宽、高方向尺寸的主要基准。

箱体类零件尺寸较多，运用形体分析标注尺寸，能避免尺寸遗漏。孔与孔之间、孔与平面之间的定位尺寸要直接注出，如图中的尺寸 32mm；与其他零件有装配关系的尺寸，应与配合件协调一致，如螺孔尺寸需与螺钉一致。

4. 技术要求

表面结构要求较严的孔是图中ϕ27H7 和ϕ40H7 的孔，两个ϕ27H7 孔的定位尺寸 38±0.05 要求比较高，加工时必须保证。

六、其他零件

除了上述五类典型零件之外，还有一些常见的薄板冲压件、镶嵌零件和注塑零件等，这里不再赘述。

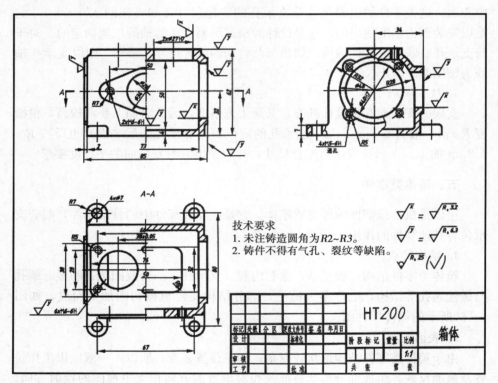

图 8－60　箱体零件图

第九章　装配图

装配图是表达机器或部件装配关系和工作原理的图样，它是生产中的主要技术文件之一。零件图与装配图之间是互相联系又互相影响的，设计时，一般先绘制装配图，再根据装配图及零件在整台机器或部件上的作用，绘制零件图。装配图是进行装配、检验、安装和维修的技术依据。

第一节　装配图的作用和内容

一、装配图的作用

完成一定功用的若干零件的组合称为一个部件，一台机器由若干个零件和部件装配而成。装配图主要用来表达部件或机器工作原理、零件间的相对位置、装配关系、连接方式以及主要零件的主要结构，及所需要的尺寸和技术要求。

在进行机器或部件的设计中，一般先根据设计要求画出装配图，并通过装配图表达各组成零件在机器或部件上的作用，以及零件之间的相对位置和连接方式，然后根据装配图进一步设计绘制零件图。将全部零件制成后，再根据装配图的要求将各零件组装成机器或部件。

二、装配图的内容

下面以截止阀为例，对装配图的内容进行说明。截止阀是管道安装中常用的部件，其轴测图如图 9-1 所示，其装配图如图 9-2 所示。

1. 一组视图

装配图由一组视图（包括剖视、断面、局部放大图等）组成，用以表达各组成件之间的装配关系、产品或部件的结构特点和工作原理、传动路线以及零件的主要结构形状等。如图 9-2 所示的截止阀装配图，它的一组视图包括全剖的主视图（表示此阀的主要装配关系）、拆去手轮的俯视图（反映螺栓连接的分布情况）、B 向的局部视图（表示法兰盘上连接孔的结构及分布情况）以及 A-A 断面图（表示使用销连接阀杆和阀瓣的装配情况）。从而将截止阀的装配关系、工作原理、主要零件的结构形状等表达清楚。

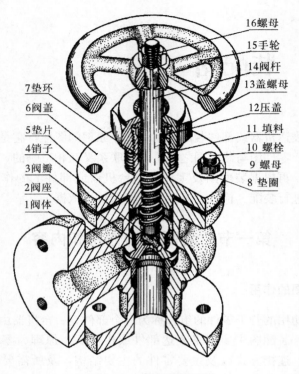

16螺母
15手轮
14阀杆
13盖螺母
12压盖
11 填料
10 螺栓
9 螺母
8 垫圈

7垫环
6阀盖
5垫片
4销子
3阀瓣
2阀座
1阀体

图 9-1　截止阀轴测图

2. 必要的尺寸

必要的尺寸指部件或机器的规格（性能）尺寸、零件之间的配合尺寸、外形尺寸、部件或机器的安装尺寸和其他重要尺寸等。

3. 技术要求

用文字或符号在装配图上说明对产品或部件的装配、试验、运输、包装和使用等方面的要求。

4. 零部件序号、明细栏和标题栏

在装配图中，应对每种不同的零部件编写序号，并在明细栏中依次填写序号、代号、名称、数量、材料质量和备注等内容。标题栏一般应填写部件或机器的名称、图号、质量、绘图比例、制图、审核人员的签名等内容。

三、装配图的视图表达

装配图以表达机器或部件的工作原理、装配关系、主要零件的主要结构形状为目的。将一台机器或一个部件的这些内容正确地表达出来，必须认真进行视图选择并掌握装配图的绘制方法。下面以图 9-2 所示的截止阀为例说明装配图的视图表达方法。

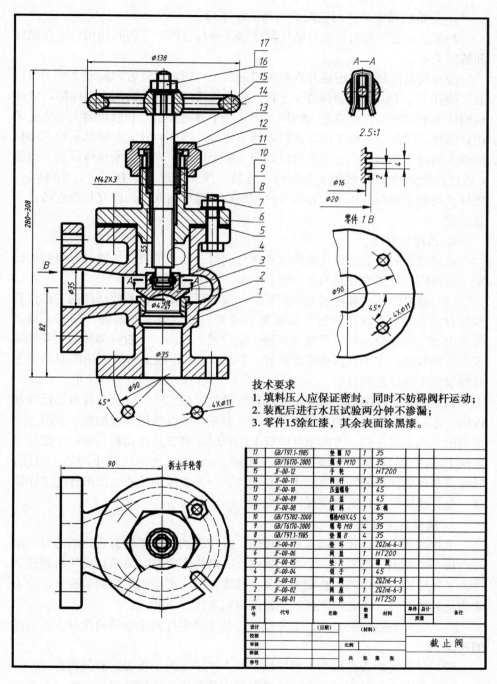

技术要求
1. 填料压入应保证密封，同时不妨碍阀杆运动；
2. 装配后进行水压试验两分钟不渗漏；
3. 零件15涂红漆，其余表面涂黑漆。

17	GB/T97.1-1985	垫 圈 10	1	35			
16	GB/T6170-2000	螺母 M10	1	35			
15	JF-00-12	手 轮	1	HT200			
14	JF-00-11	阀 杆	1	35			
13	JF-00-10	压盖螺母	1	45			
12	JF-00-09	压 盖	1	45			
11	JF-00-08	填 料	1	石棉			
10	GB/T5782-2000	螺栓M8X45	4	35			
9	GB/T6170-2000	螺母 M8	4	35			
8	GB/T97.1-1985	垫 圈 8	4	35			
7	JF-00-07	垫 环	1	ZQZn6-6-3			
6	JF-00-06	阀 盖	1	HT200			
5	JF-00-05	垫 片	1	橡 胶			
4	JF-00-04	销 子	1	45			
3	JF-00-03	阀 瓣	1	ZQZn6-6-3			
2	JF-00-02	阀 座	1	ZQZn6-6-3			
1	JF-00-01	阀 体	1	HT250			
序号	代号	名称	数量	材料	单件 质量	总计	备注
设计		(日期)	(材料)				
校核						截止阀	
审查		比例					
批准							
学号		共 张 第 张					

图 9−2 截止阀装配图

1. 分析机器或部件的装配关系及工作原理

画图前，应首先对所表达的机器或部件进行分析，了解其功用、工作原理和装配关系。

截止阀是控制流体通道开启和关闭的装置，当逆时针方向转动手轮 15 时，通过阀杆 14、销 4，带动阀瓣 3 上移，阀瓣与阀座 2 的上口间出现间隙，流体经阀体 1 下部的垂直通道进入阀体，再从水平通道流出，开启量的大小决定了出口流量，因此，手轮 3 可以无级地调节流量。当顺时针方向转动手轮 15 时，阀瓣 3 则向下移动，当它完全封住阀座 2 的上口时，即可截断流体通道。阀盖 6 通过四组螺栓 10、螺母 9 与阀体 1 连接。压盖螺母 13、压盖 12、填料 11、垫环 7 均起密封防漏作用。外接管道用螺栓、螺母与阀体的两互相垂直的法兰盘连接。

2. 选择主视图

选择视图时，应该首先选择主视图，同时兼顾其他视图，通过分析对比确定一组视图。这里需注意两个问题：

(1) 确定机器或部件的安放位置。一般应尽可能与机器或部件的工作位置相符合，这样对于设计和指导装配都会带来方便。但有些部件（如泵、阀类等）由于工作场合不同，可能有多种工作位置，此时，一般将部件的主要轴线或主要安装面呈水平或铅垂位置放置。如图 9-1 的截止阀的主视图即是按主要轴线呈垂直位置放置的。

(2) 确定主视图的投射方向。部件放置位置确定后，应该选择最能反映部件的工作原理、零件间的装配关系以及主要零件主要结构形状的那个视图作为主视图。当不能在同一方向上反映以上内容时，则要经过比较，取一个能较多反映上述内容的投射方向画主视图。在图 9-2 中所选定的截止阀的主视图，既能清楚地表达沿阀杆轴线的主要装配关系，又能清楚地表达该部件的工作原理，充分体现了上述选择主视图的原则。

3. 选择其他视图

主视图选定后，还要选择其他视图，补充表达主视图没有表达的内容。增加的每一个视图，都要有一个表达重点。一般应在完整、清晰地反映机器或部件的工作原理、零件间的装配关系及主要零件的主要结构形状的前提下，应力求表达方案简练。因此，选择其他视图时可考虑以下几点：

(1) 选择表达装配关系、工作原理以及主要零件的主要结构没有表达清楚的视图。

(2) 尽可能地考虑用基本视图以及基本视图上的剖视表达有关内容。

(3) 合理地布置视图位置，即使图幅充分利用又能做到表达清晰、有利于识图。

图 9-2 所示截止阀的装配图中，用俯视图补充表达螺栓连接的分布情况；

A—A 断面图用于补充表达销、阀杆和阀瓣的装配情况；*B* 向视图和局部放大图则是表达主要零件阀体和阀杆的结构形状。

第二节　装配图特有的表达方法

部件和零件的表达，它们的共同点是都要表达出内外结构。因此关于零件的各种表达方法和选用原则，在表达部件时也同样适用。但它们也有各自的特点，装配图需要表达的是部件的总体情况，而零件图仅表达零件的结构形状。

由于装配图的表达重点是机器或部件的工作原理和零件之间的装配关系，针对这一特点，为了清晰又简便地表达出部件的结构，国家标准对装配图还规定了一些特有的表达方法。下面就来介绍这些规定画法、特殊画法及简化画法。

一、规定画法

1. 零件间接触面和配合面的画法

在装配图中，两零件的接触表面和配合表面只用一条轮廓线表示。对于非接触表面或不配合表面，即使间距很小，也应画两条轮廓线，如图 9 - 3 所示。

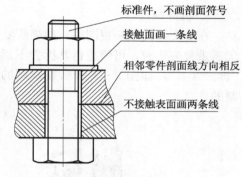

标准件，不画剖面符号

接触面画一条线

相邻零件剖面线方向相反

不接触表面画两条线

图 9 - 3　规定画法

2. 相接触零件剖面线画法

在剖视图中，相邻两零件的剖面线应方向相反，如图 9 - 3 所示。三个或三个以上零件相接触时，可使其中一些零件的剖面线间隔不等，或剖面线相互错开加以区别。应特别注意，同一零件在各个视图中的剖面线方向与间隔必须一致。

3. 剖视图中实心杆件和一些标准件的画法

为了简化作图，在剖视图中，对一些实心零件（如轴、杆、手柄等）和一些标准件（如螺母、螺栓、键、销等），若剖切平面通过其轴线或对称面剖切时，可按不剖切表达，只画出零件的外形，如图 9 - 3 所示。

二、特殊表达方法

1. 沿结合面剖切画法

在装配图中，为表达某些内部结构，可沿零件间的结合面处剖切后进行投射，这种表达方法称为沿结合面剖切画法。结合面不画剖面线，但螺钉等实心零件，若垂直轴线剖切，则应绘制剖面线，如图 9 - 4 所示。

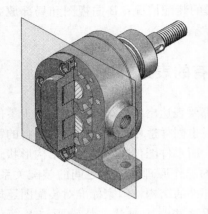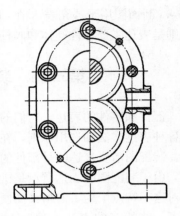

图 9 - 4　沿结合面剖切画法

2. 拆卸画法

在装配图的某一视图中，如果所要表达的部分被某个零件遮住、或某零件无需重复表达时，可假想将其拆去不画。采用拆卸画法时该视图上方需注明："拆去××"，如图 9 - 5 所示旋塞阀的左视图，就是拆去定位块和扳手后绘制的。

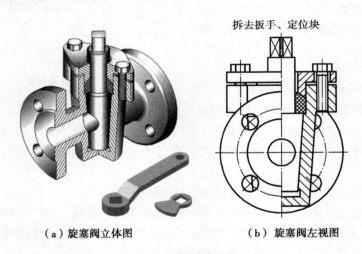

（a）旋塞阀立体图　　　　　　（b）旋塞阀左视图

图 9 - 5　拆卸画法

3. 假想画法

为了表示本部件与其他零件的安装和连接关系，可把与本部件有密切关系的其他相关零件，用双点画线画出。如图 9 - 6 (a) 中，为了表示车刀夹与车刀的连接关系，可在车刀夹的装配图中将车刀用双点画线画出；当需要表示运动零件的极限位置时，也可用双点画线画出，如图 9-6（b）中的双点画线表示扳手的极限位置。

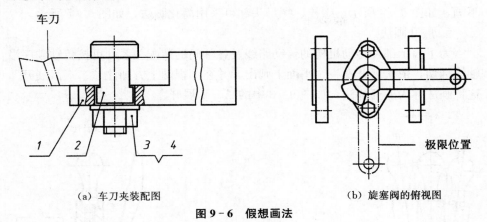

（a）车刀夹装配图 　　　　　　　　（b）旋塞阀的俯视图

图 9-6　假想画法

4. 夸大画法

图形中，对于直径或厚度小于 2mm 的较小零件或较小间隙，如薄片、弹簧等，按实际尺寸无法画出或虽能如实画出但不明显时，可采用夸大画法画出，如图 9-7 所示。

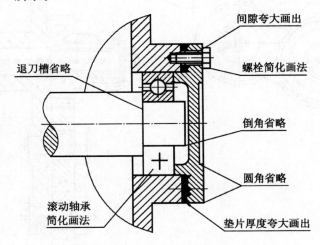

图 9-7　夸大和简化画法

5. 简化画法

（1）对于若干相同的零件组，如螺钉、螺栓、螺柱连接等，可只详细地画出一处，其余用点画线表明其中心位置，如图 9-7 所示。

（2）滚动轴承在剖视图中可按轴承的规定画法或特征画法绘制，如图 9-

7所示。

（3）在装配图中，零件的工艺结构，如小圆角、倒角、退刀槽等允许省略不画，如图9-7所示。螺栓、螺母头部可采用简化画法，如图9-7所示。

6.展开画法

为了表示部件传动机构的传动路线及各轴间的装配关系，可按传动顺序沿轴线剖切，依次展开在一个平面上画出，并在剖视图上方加注"×—×展开"，这种画法称为展开画法，如图9-8中的A-A展开。

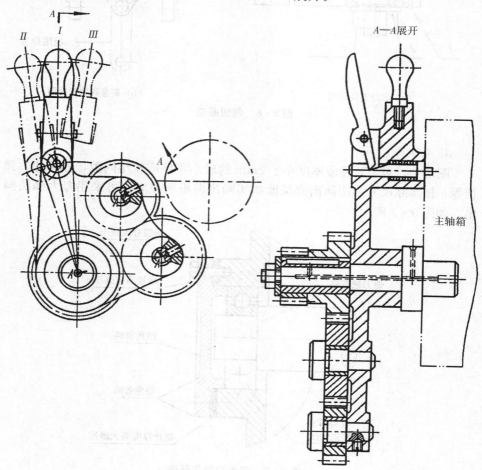

图9-8　三星齿轮传动机构装配图

7.单独画法

在装配图中，当个别零件的某些结构没有表示清楚而又需要表示时，可以单独画出该零件的视图，但必须在所画视图的上方注出零件和视图的名称。在相应的视图附近，用箭头指明投射方向并注上相同字母。

第三节　装配图的尺寸标注和技术要求

一、装配图中的尺寸标注

装配图是表达机器或部件各组成部分的相对位置、连接及装配关系的图样，因此不需要注出各零件的全部尺寸，只需标注以下几类尺寸。

1. 性能（规格）尺寸

表示机器或部件性能和规格的尺寸，它是设计和选择机器或部件的主要依据。如图 9 - 2 中泄气阀的圆柱管螺纹 G1/2。

2. 装配尺寸

表示零件之间装配关系的尺寸。包括以下两种：

（1）配合尺寸：表示零件之间配合性质的尺寸。如图 9 - 2 中的 M30×1.5 - 6H/6g、M16×1 - 7H/6f、φ10H7/h6。

（2）相对位置尺寸：在装配时必须保证的相对位置尺寸，如图 9 - 2 中的 56。

3. 安装尺寸

机器或部件安装到其他基础上时所需要的尺寸（对外关系尺寸）。如图 9 - 2 中的安装孔尺寸 φ12 和定位尺寸 48。

4. 外形尺寸

机器或部件的总长、总宽、总高。它为包装、运输和安装提供了所需占用的空间大小。如图 9 - 2 中，总长 116，总宽 56，总高 83。

5. 其他重要尺寸

在设计过程中计算或选定的尺寸。如运动件的极限位置尺寸，主要零件的重要尺寸等。

不是每张装配图上都具有上述五类尺寸，有时同一尺寸可能具有几种功能，分属于几类尺寸。因此在标注时，必须根据机器或部件的特点来分析和标注。

二、装配图中的技术要求

为了保证产品的设计性能和质量，在装配图中需注明有关机器或部件的性能、装配与调整、试验与验收、使用与运输等方面的指标、参数和要求。一般有以下几个方面：

1. 装配要求

（1）装配后必须保证的准确度。

（2）需要在装配时加工的说明及装配时的要求。

（3）指定的装配方法。

2. 检验要求

（1）基本性能的检验方法和要求。

（2）装配后必须保证达到的准确度及其检验方法的说明。

（3）其他检验要求。

3. 使用要求

对产品的基本性能、维护、保养的要求以及使用、操作、运输时的注意事项。

技术要求可以用数字、符号直接在视图上注明或用文字书写在明细栏上方或图纸下方的空白处，也可以另编技术文件作为图纸的附件。

第四节　装配图的零件序号和明细栏

装配图上所有的零、部件都必须编注序号或代号，并填写明细栏，以便统计零件数量，进行生产的准备工作。同时，在看装配图时，也是根据序号查阅明细栏了解零件的名称、材料和数量等，它有助于看图和图样管理。

一、零、部件序号

（1）装配图上所有的零、部件都必须编写序号。相同规格、尺寸的零、部件可只编一个号。如图 9-9 所示，在零、部件上画一小圆点，用细实线引出到轮廓线的外边，终端画一横线或圆圈（采用细实线），序号填写在指引线的横线上或圆圈内，如图 9-9（a）、图 9-9（c）所示。也可以不画水平线或圆，在指引线附近直接注写序号，如图 9-9（b）所示。序号数字要比尺寸数字大一号。若零件很薄（或已涂黑）不便画圆点时，可用箭头代替，如图 9-9（d）所示。

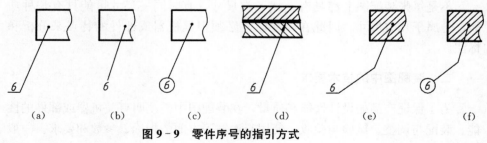

图 9-9　零件序号的指引方式

（2）指引线尽量分布均匀，不要彼此相交，也不要过长。当通过剖面线区域时，指引线不要和剖面线平行，必要时指引线可弯折一次，如图 9－9（e）、图 9－9（f）所示。

（3）对于一组紧固件以及装配关系清楚的零件组，允许采用公共指引线，如图 9－10 所示。

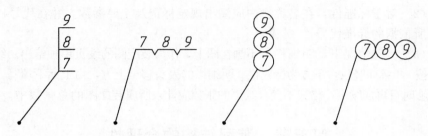

图 9－10　共公共指引线

（4）装配图中的标准化组件（如油杯、滚动轴承、电动机等），在图上被当做一个整体只编写一个序号，与一般零件一同填写在明细栏内。

（5）序号应沿水平或垂直方向，按顺时针或逆时针方向顺序整齐排列，并尽可能均匀分布，如图 9－2 所示。

（6）序号常用的编排方法有两种：一种是将装配图中的所有零件（包括标准件）、部件，按顺序进行编号，如图 9－2 所示。另一种是将装配图中所有标准件按其标记注写在指引线的横线处，而将非标准件按顺序编号。

二、明细栏

明细栏是说明图中各零件的名称、数量、材料等内容的表格，其内容包括零件的序号、名称、数量、材料、备注等。国家标准对明细栏的格式作了规定，如图 9－11 所示。

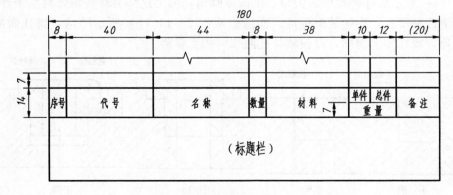

图 9－11　明细栏的格式与尺寸

书写明细栏时要注意以下几点：

（1）明细栏中所填序号应和图中所编零件的序号一致。序号在明细栏中应自下而上按顺序填写，如位置不够，可将明细栏紧接标题栏左侧画出，仍自下而上按顺序填写，如图9-2所示。

（2）对于标准件，在名称栏内应注出规定标记及主要参数，并在代号栏中写明所依据的标准代号。

（3）特殊情况下，明细栏可不画在图上，作为装配图的续页单独给出。续页一般按A4幅面竖放，下方为标题栏。明细栏的表头移至上方，由上而下填写，一张不够时可再加续页，格式不变。续页的张数应计入所属装配图的总张数中。

第五节 装配结构的合理性

选择合理的装配结构，能保证部件的装配质量并便于安装和拆卸。因此，在设计机器或部件时，应考虑到零件之间装配结构的合理性，否则将会造成装拆困难，甚至达不到设计性能要求。

一、装配结构工艺性

1. 合理的装配接触面

（1）零件在同一方向上只能有一对接触面，这样便于装配又降低加工精度。图9-12列举了三种情况，分别是长度方向、轴线方向和直径方向。

（2）锥面配合时，圆锥体的端面与锥孔的底部之间应留空隙。如图9-13所示，即$L1 > L2$，否则可能达不到锥面的配合要求或增加制造的困难。

2. 接触面转角处结构

两个相互接触的零件，在不同方向的两对接触面的转角处，不应像图9-14（a）所示那样将孔做成尖角，轴做成圆角，因为这样会在转角处发生干涉，产生接触不良，影响装配性能。而应做成图9-14（b）所示结构，将孔做成倒角，或在轴上切槽，以使轴与孔两端面相互靠紧。

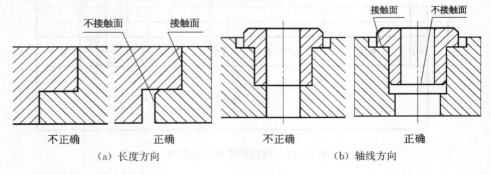

（a）长度方向 （b）轴线方向

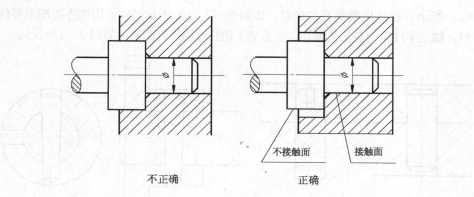

（c）直径方向

图 9-12　接触面画法

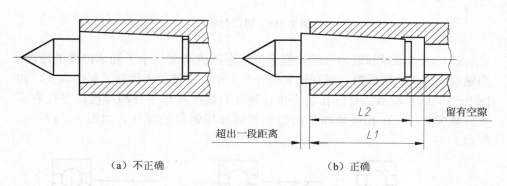

（a）不正确　　　　　　　　（b）正确

图 9-13　锥面接触面画法

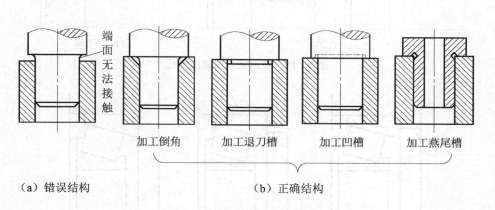

（a）错误结构　　　　　（b）正确结构

图 9-14　零件间接触面转角处结构

3. 便于维修和拆卸

（1）在条件允许时，销孔一般应制成通孔，以便装拆和加工，如图 9-15

（a）所示；或选用带螺孔的销钉，如图 9-15（b）所示结构；用销连接轴上零件时，轴上零件应制有工艺螺孔，以备加工销孔时用螺钉制紧，如图 9-15（c）。

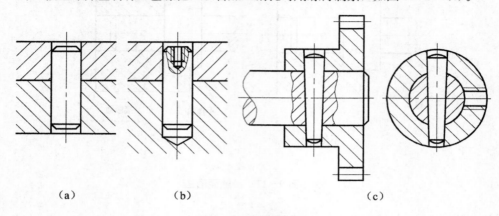

（a）   （b）   （c）

图 9-15   销钉的装配

（2）滚动轴承如以轴肩或孔肩定位，则轴肩高度须小于轴承内圈的厚度。当轴肩高度无法降低时，可在轴肩处开两个槽，以便放入拆卸工具的钩头，如图 9-16（a）所示。若以孔肩定位，则孔肩高度要小于外圈厚度，当孔肩不允许减少时，可在孔肩处加工出能放置拆卸用螺钉的螺孔，如图 9-17（a）所示。

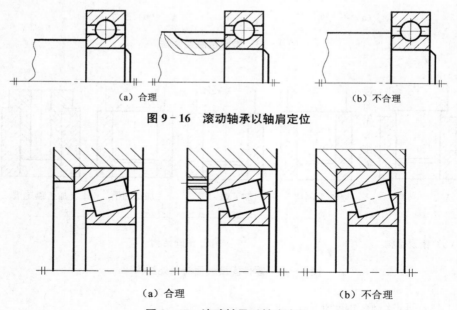

（a）合理   （b）不合理

图 9-16   滚动轴承以轴肩定位

（a）合理   （b）不合理

图 9-17   滚动轴承以轴肩定位

（3）为了便于拆装，必须留出装拆螺纹紧固件的空间（图 9－18）与扳手的空间（图 9－19），或者加手孔（图 9－20）或工艺孔（图 9－21）。

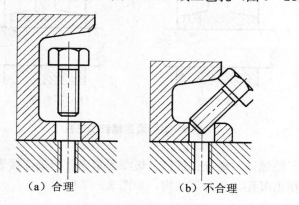

（a）合理　　　　　　　　　（b）不合理

图 9－18　要留有装拆空间

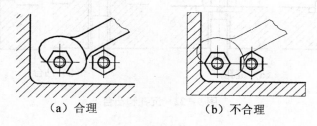

（a）合理　　　　　　　　　（b）不合理

图 9－19　应考虑扳手的活动范围

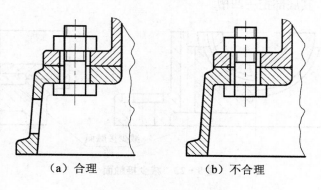

（a）合理　　　　　　　　　（b）不合理

图 9－20　手孔

4. 合理地减小接触面

　为了保证接触良好，接触面需经机械加工。因此，合理地减少加工面积、不但可以降低加工费用，而且可以改善接触情况。

309

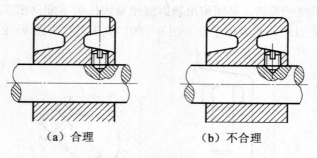

（a）合理　　　　　　　　　（b）不合理

图 9-21　紧固螺钉工艺孔

（1）为了使螺栓、螺母、螺钉、垫圈等紧固件与被连接表面接触良好，在被连接件上作出沉孔、凸台等结构，如图 9-22 所示。

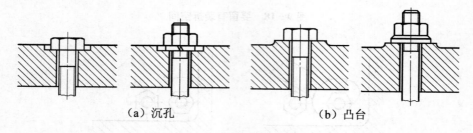

（a）沉孔　　　　　　　　　　（b）凸台

图 9-22　沉孔和凸台

（2）为了减少接触面，如图 9-23 所示的轴承底座与下轴衬的接触面上，开一环形槽，其底部挖一凹槽。

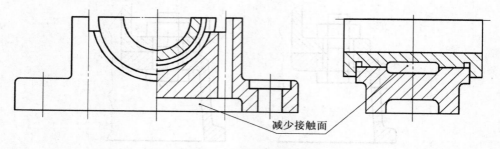

减少接触面

图 9-23　减少接触面

二、常见装配结构

1. 防松结构

机器运转时，由于受到振动或冲击，螺纹连接件可能发生松动，甚至造成严重事故，因此在某些机构中需要防松。图 9-24 表示了几种常用的防松结构。

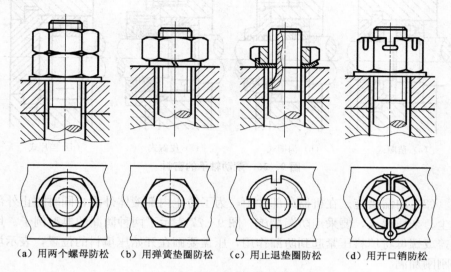

(a) 用两个螺母防松　　(b) 用弹簧垫圈防松　　(c) 用止退垫圈防松　　(d) 用开口销防松

图 9 - 24　常用防松装置

2. 滚动轴承间隙调整装置

轴高速旋转会引起发热、膨胀。因此在装配滚动轴承时，轴承与轴承盖的端面之间要留有少量的间隙（一般为 0.2～0.3mm），以防轴承转动不灵或卡住。如图 9 - 25（a）是靠更换不同厚薄的金属垫片调整间隙；图 9 - 25（b）是用螺钉调整止推盘的位置调整间隙。

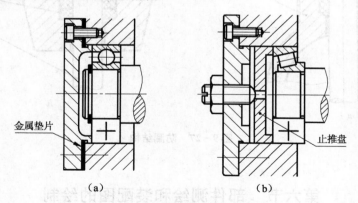

金属垫片

止推盘

(a)　　　　　　　　　(b)

图 9 - 25　轴承间隙调整装置

3. 密封装置

（1）滚动轴承的密封。滚动轴承的密封是防止外部的灰尘和水分进入轴承，同时也防止轴承的润滑剂流出。常见的密封方法如图 9 - 26 所示。

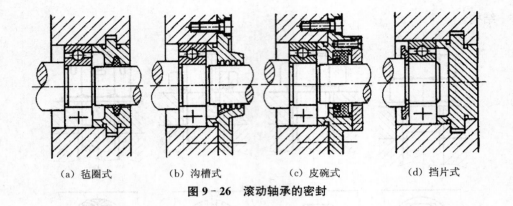

(a) 毡圈式   (b) 沟槽式   (c) 皮碗式   (d) 挡片式

图 9 - 26　滚动轴承的密封

(2) 防漏措施。在机器或部件中，为了防止内部液体外漏，同时防止外部灰尘、杂质侵入，要采用防漏措施。图 9 - 27 表示了两种防漏的典型例子。用压盖或螺母将填料压紧起到防漏作用，压盖要画在开始压填料的位置，表示填料刚刚加满。

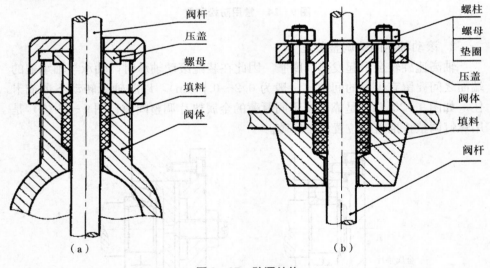

图 9 - 27　防漏结构

第六节　部件测绘和装配图的绘制

在生产实际中，对现有的机器或部件进行分析与测量，绘制出全部非标准零件的草图，再根据零件草图整理绘制出装配图和零件图，这个过程称为机器或部件测绘。在仿制先进产品、改进旧产品和维修设备时经常要进行测绘。现以平口钳为例介绍测绘的方法和步骤。

一、对部件进行了解和分析

测绘前，应首先了解测绘部件的任务和目的，决定测绘工作的内容和要求。如为了设计新产品提供参考图样，测绘时可进行修改；如为了补充图样或制作备件，测绘必须准确，不得修改。其次要对部件进行分析研究。通过阅读有关技术文件；资料和同类产品图样，以及直接向有关人员了解使用情况，了解该部件的用途、性能、工作原理、结构特点以及零件间的装配关系，并检测有关的技术性能指标和一些重要的装配尺寸，如零件间的相对位置尺寸、极限尺寸以及装配间隙等，为下一步拆装和测绘打下基础。

如图9-28所示的平口钳，是机床工作台上用来夹持工件进行加工用的部件。通过丝扛的转动带动活动螺母作直线移动，使钳口闭合或开放，以便夹紧或松开工件。

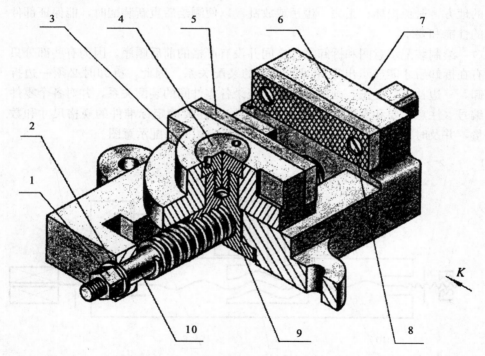

1. 螺母；2. 垫圈；3. 活动钳身；4. 固定螺钉 ；5. 钳口板；6. 固定钳身；7. 垫圈；8. 螺钉；
9. 活动螺母；10 丝扛

图9-28　平口钳轴测装配图

二、画装配示意图、拆卸零件

拆卸部件之前，一般应先画出装配示意图。装配示意图是用简单线条和机

313

构运动简图符号表示零件之间的相互位置和装配关系。如某些零件没有国标规定的符号，可将零件看成是透明体，用简单符号画出内外轮廓，并用一些形象和规定的示意符号表示。画装配示意图时，一般可从主要零件入手，然后按装配顺序再把其他零件逐个画上。通常对各零件的表达不受前后层次、可见与不可见的限制，尽可能把所有零件集中画在一个视图上。如有必要，也可补充在其他视图上。装配示意图的作用是指明有哪些零件和它们装在什么地方，以便把拆散的零件按原样重新装配起来，还可供画装配图时参考。

拆卸零件时，首先要周密地制定拆卸顺序、依次拆卸。对不可拆的连接和过盈配合的零件尽量不拆，以免损坏零件。如平口钳的拆卸顺序为：先拧下螺母 1，取下垫圈 2，然后旋出丝杠 10 取下垫圈 7，再拆下固定螺钉 4、活动螺母 9、活动钳口 3，最后旋出螺钉 8、取下钳口板 5。对拆下的零件，用打钢印、扎标签或写件号等方法对每一个部件和零件编号，分区分组地放置在规定的地方，避免损坏、丢失、生锈或放乱，以便测绘后重新装配时，能保证部件的性能和要求。

绘制装配示意图和拆卸零件之间并没有严格的前后顺序，因为有些部分只有在拆卸后才能显示出零件间的真实的装配关系。因此，拆卸时必须一边拆卸，一边补充、更正，画出示意图，记录各零件间的装配关系，并对各个零件编号（注意：要和零件标签上的编号一致），还要确定标准件的规格尺寸和数量，并及时标注在示意图上。图 9-29 为平口钳的装配示意图。

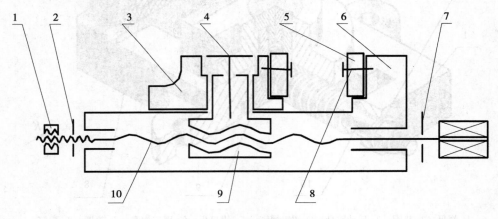

图 9-29 平口钳装配示意图

三、画零件草图

测绘工作往往受时间及工作场地的限制，因此一般采用徒手绘制，画出各个零件草图，根据零件草图和装配示意图画出装配图，再由装配图拆画零件图。完成的零件徒手图，如图 9 - 30 所示。

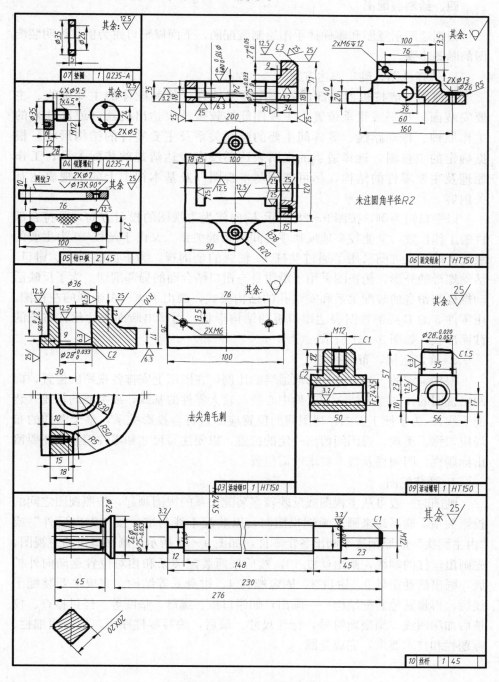

图 9 - 30　平口钳零件草图

315

四、绘制装配图

根据装配示意图和零件徒手图绘制装配图,下面以平口钳为例,说明装配图的画图步骤。

1. 选择视图,确定表达方案

主视图一般按机器或部件的工作位置选择,使装配体的主要轴线、主要安装面呈水平或铅垂位置。主视图能够较多地表达出机器(或部件)的工作原理、传动路线、零件间主要的装配关系及主要零件的结构形状。根据确定的主视图,选择适当的视图表达还没有表达清楚的装配关系、工作原理及主要零件的结构,尽可能用基本视图以及基本视图上的剖视表达有关内容。

以平口钳为例,按图 9-28 所示 K 向作为主视图的投射方向,既符合部件的工作位置,又能较多地反映零件间的装配关系。又由于丝杠 10 为主要的装配干线,主视图采用了通过丝杠 10 轴线的全剖视。为了反映钳身、钳口、活动螺母的外形,俯视图采用了沿钳身与钳口结合面的局部剖切。为了反映活动螺母与钳身的装配关系和安装孔的结构型式,画出了 $A—A$ 半剖的左视图。用零件 5 的 B 局部视图表达钳口板的结构形状,用移出断面表达丝杠右端的截面形状,如图 9-31 所示。

2. 确定比例,布置视图

根据确定的表达方案,选取适当的比例,在图纸上安排各视图的位置,即画出视图的作图基准线,如对称中心线、较大零件的基线,或主要的轴线(装配干线)。为了便于看图,视图间的位置应尽量符合投影关系,整个图样的布局应匀称、美观。视图间留出一定的位置,以便注写尺寸和零件编号,还要留出标题栏、明细栏及技术要求所需位置。

3. 画装配图

画图时一般可从主视图或反映较多装配关系的视图画起,按照视图之间的投影关系,联系起来画。画剖视图时,以装配干线为准,按"先内后外"或"由主到次"的原则逐个画出各个零件,如图 9-31 所示。画平口钳的主视图,先画出丝杠的轴线,画出丝杠 10,然后按照装配关系和相对位置逐渐向外扩展,画出活动螺母 9、钳口 3、固定螺钉 4、钳身 6 等结构。完成主要装配干线后,再将其他装配结构一一画出,如钳口板、螺母、垫圈等。经过检查、校核后加深图线,画剖面符号,标注尺寸。最后,编写零件序号,填写明细栏、标题栏和技术要求,完成全图。

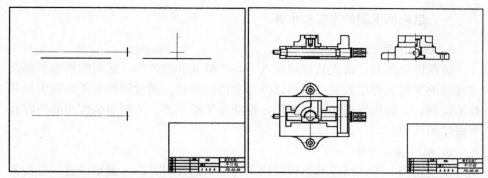

（a）画出主要轴线、基线和对称线　　　　（b）画出主要装配干线，逐次向外扩展

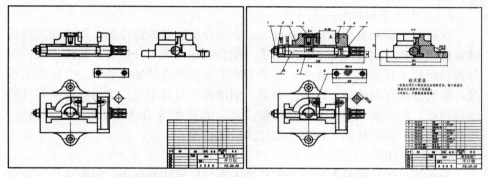

（c）完成其他装配结构　　　　　　　　（d）检查、加深

图 9-31　平口钳装配示意图

第七节　装配图的识图和拆画

在工业生产中，不仅在设计、装配过程中，要看装配图，就是在技术交流或使用机器时，也常常要参阅装配图来了解设计者的意图和部件或机器的结构特点以及正确的操作方法等。因此，对工程技术人员来说，必须具备阅读装配图的能力，在此基础上，能从装配图拆画零件图。

装配图识图的基本要求主要有以下四点：

（1）了解机器或部件的性能、用途、规格及工作原理。

（2）了解各组成零件的相对位置、装配关系、连接方式、传动路线等。

（3）了解各组成件的作用和主要结构形状。

（4）了解机器或部件的使用方法、装拆顺序和有关技术要求。

一、装配图识图的方法和步骤

1. 概括了解

装配图识图时，首先从标题栏入手，了解部件的名称；从明细栏中了解组成部件的零件名称、数量、材料以及标准件的规格；通过阅读有关的说明书和技术资料，了解机器或部件的功用、性能和工作原理，从而对装配图的内容有个概略的认识。

2. 视图表达分析

从主视图入手，结合其他视图找出各视图的投射方向、剖切位置，分析各个视图所表达的主要内容，为深入看图作准备。

3. 工作原理和装配关系分析

在概括了解和视图分析的基础上，全面分析机器或部件的工作原理。以反映装配关系比较明显的那个视图为主，配合其他视图，分析各条装配干线，即分析装配体上互相有关的零件，各沿着哪个主要零件的轴线或某一方向依次连接；搞清楚部件的传动、支承、调整、润滑和密封等型式；搞清各有关零件间的接触面、配合面的连接方式和装配关系；弄清楚运动件的动力输入与输出，运动的传递方向，从而了解整个部件的运动情况。

4. 零件分析

分析零件的目的是弄清每个零件的主要结构形状和作用，以便进一步理解部件的工作原理和装配关系。分析时，通常从主要零件开始，从表达该零件最明显的视图入手，联系其他视图，利用图上序号指引线找出零件所在位置和范围，利用同一零件在各剖视图中剖面线方向、间隔的一致性，利用规定画法、配合或连接关系等，对照线条找出对应的投影关系，将零件的视图从装配图中分离出来，依次逐个分析，想象出它们的形状，分析它的作用，完善其细部结构。至于一般的标准件，如螺栓、螺钉、滚动轴承等，只要知道它们的数量、规格和标准编号即可。

5. 综合归纳

在上述分析的基础上，为了加深全面认识，还应将机器或部件的作用、结构、装配、操作、维修等方面的问题综合考虑、归纳总结。如零件的具体结构有何特点？工作要求怎样实现？零件按什么顺序装拆？操作维修是否方便？哪些零件是运动的？哪些零件是静止的等。通过这样的提问和求解，对整个机器或部件有一个全面了解，达到识图的基本要求。

应当指出，上述装配图识图的方法和步骤仅是一个概括的说明，决不能机械地把这些步骤截然分开，实际上装配图识图的几个步骤往往是交替进行的。只有通过不断实践，才能掌握识图规律，提高识图能力。

二、装配图识图举例

【例 9-1】 镜头架装配图识图练习，见图 9-32。

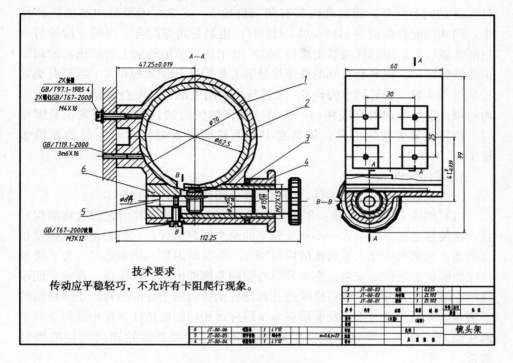

图 9-32　镜头架装配图

1. 概括了解

从标题栏可知该部件为镜头架。镜头架是电影放映机上用来调整放映镜头的焦距使图像清晰的一个部件。从图中的明细栏及零件编号可知，镜头架有 10 种零件（6 种非标准件和 4 种标准件）组成，其中的调节齿轮 5 为组合件。各零件选用的材料是 ZL102（铸造铝合金）、LY12（硬铝）、Q235（碳素结构钢）等。

2. 视图表达分析

镜头架装配图采用两个基本视图。主视图是用几个平行的剖切平面剖切得到的 *A—A* 全剖视图，表达了镜头架的装配干线和工作原理；左视图采用 *B—B* 局部剖视，表示了镜头架的外形轮廓，以及调节齿轮 5 与内衬圈 2 上的齿条相啮合的情况。

3. 工作原理和装配关系分析

镜头架的主视图完整地表达了它的装配关系。从图上可以看出，所有零件都装在主要零件架体 1 上，并由两个圆柱销和两个螺钉定位、安装在放映机上，架体 1 的大孔（$\Phi 70$）中装有能前后移动的内衬圈 2。架体的水平圆柱孔（$\Phi 22$）的轴线是一条主要装配干线，在装配干线上装有锁紧套 6，它们是 H7/g6 的间隙配合。锁紧套内装有调节齿轮 5，支撑在锁紧套内部的阶梯孔中，两端的配合分别为 H11/c11、H8/f7，也都是间隙配合。当调节齿轮与内衬圈 2 就位后，用圆柱端紧定螺钉 M3×12 卡住调节齿轮轴上的凹槽，使调节齿轮轴向定位。锁紧套右端的外螺纹处装有垫圈 3 和锁紧螺母 4，当没有旋紧锁紧螺母 4 时，旋转调节齿轮 5，通过与内衬圈上的齿条啮合传动，就能带动内衬圈作前后方向的直线移动，从而达到调整焦距的目的。当旋紧锁紧螺母时，则将锁紧套拉向右移，锁紧套上的圆柱面槽就迫使内衬圈收缩而锁紧镜头。

4. 零件分析

这里只分析几个主要零件，请读者通过阅读自行分析其余零件。

（1）架体 1：架体是镜头架的主体零件，从装配图中看出它的大致结构形状，该架体主要是由一大一小相互偏交的两个圆筒组成，它们的圆柱孔内壁相交贯通，大圆筒中装入带齿条的内衬圈 2，小圆筒内装入锁紧套 6。为了使架体在放映机上定位、安装，在大圆筒外壁的左侧伸出一个四棱柱，在这个四棱柱的左端面上，分别设置有螺纹通孔和圆柱销孔的四个方形凸台。小圆柱筒的下部是半个圆柱体，上部是前后壁与半圆柱面相切的四棱柱。在小圆筒下部半圆柱壁上，有一个带锪平沉孔的螺纹通孔，它让调节齿轮轴向定位的螺钉旋合。

（2）内衬圈 2：内衬圈是一个圆柱形的管状零件。它的外表面上铣有齿条，齿条一端没有铣到头，这是调节镜头焦距时齿条移动的极限位置。为了在收紧锁紧套时，内衬圈充分变形而锁紧镜头，内衬圈上沿齿条的一侧铣开一条通槽。

（3）锁紧套 6：根据剖面线方向和配合尺寸 $\Phi 22H7/g6$，可以想象出这是一个圆柱形的零件。它的内部是大小两个阶梯圆孔，右端的孔较大，左端的孔较小。锁紧套上部圆弧面的槽与内衬圈的外圆相贴合，当锁紧套轴向移动时，圆弧面槽迫使内衬圈产生弹性变形，从而产生夹紧作用。锁紧套右端螺纹与锁紧螺母相旋合，螺纹的旋合可使锁紧套产生轴向位移。为了避免锁紧套轴向位移时与圆柱端紧定螺钉相碰，在锁紧套下部开了一个长圆形孔。通过以上分析，可以想象出锁紧套的结构形状，如图 9 - 33 所示。

图 9 - 33　镜头架锁紧套

5. 综合归纳

根据以上分析，得知镜头架的夹持动作由内衬圈 2、锁紧套 6 与锁紧螺母 4 来实施；调节焦距动作由内衬圈 2 和调节齿轮 5 来完成；松开锁紧螺母 4 方可进行焦距调节，调节完毕后须将其旋紧以完成夹紧动作。镜头架的工作原理如下：首先松开锁紧螺母 4，将镜头放入内衬圈 2 的圆孔 $\Phi 62.5$ 中，旋转调节齿轮 5 的捏手，通过齿轮齿条的啮合带动内衬圈 2 做前后直线运动，使焦距得到调节。旋紧锁紧螺母 4，锁紧套 6 右移，迫使内衬圈 2 产生弹性变形，直径收缩，夹紧镜头。

镜头架的装配过程如下：将锁紧套 6 套上垫圈 3、旋上锁紧螺母 4，将调节齿轮 5 装入锁紧套 6，将它们一起装入架体 1 的圆孔 $\Phi 22$ 中，注意要使锁紧套 6 上的圆柱面槽转到向上的位置；将内衬圈 2 装入架体 1 的圆孔 $\Phi 70$ 中，使其齿条向下并与调节齿轮 5 相啮合，就位后，旋上改制螺钉（见装配图中的螺钉 M3×12），使调节齿轮轴向定位。精心调节，直至镜头架满足技术要求。

【例 9 – 2】柱塞泵装配图识图，见图 9 – 34。

1. 概括了解

从标题栏可知该部件为柱塞泵。通过阅读装配图中的技术要求以及有关说明书，了解柱塞泵的功用、性能和工作原理。柱塞泵是机器润滑系统中的重要组成部件。泵的工作原理是利用容腔体积的变化产生压力变化，从而把低压油吸入，把高压油挤出。柱塞泵是利用柱塞运动变化及单向阀由件 2、3、10、11 组成的协调配合实现上述功能的。从明细栏及零件编号可知，柱塞泵共有 22 种、合计 35 个零件组成，其中标准件 5 种，合计 13 个。

2. 视图表达分析

柱塞泵装配图采用了三个基本视图：一个"A"视图和一个"B—B"剖视图。主视图采用了局部剖视，表达了柱塞泵的形状和三条装配干线，即沿柱塞 9 轴线方向的主要装配干线和两个单向阀的装配干线，俯视图表达了柱塞泵的外形和安装位置，用局部剖表达了另一条主要装配干线，即轴 8 上所有相关零件的装配情况；左视图表达柱塞泵的形状、三个均布的螺钉，并用局部剖视表达了泵体 6 上的四个安装沉孔；局部视图"A"表达泵体 6 后面的真形、四个安装沉孔及两个销孔的位置，"B—B"剖视图表达泵体右端的内部形状。

3. 工作原理和装配关系分析

从主、俯视图可知柱塞泵的工作原理：运动从轴 8 输入，它将回转运动通过键联结传递给凸轮 16；在左端弹簧 4 的作用下，柱塞 9 始终与凸轮 16 平稳接触。于是凸轮 16 的回转运动就转换成柱塞 9 在泵套内的往复直线运动。调节左端螺塞 12，即可调整柱塞 9 对凸轮 16 的压紧力。柱塞 9 左端与两个单向阀构成一个容积不断变化的油腔，当柱塞 9 在弹簧 4 作用下右移时，该油腔空间体积增大，形成负压，上面的单向阀关闭，下面的单向阀打开，外界润滑油在常压作用下被吸入油腔；当柱塞 9 在凸轮 16 作用下左移时，该空间体积减

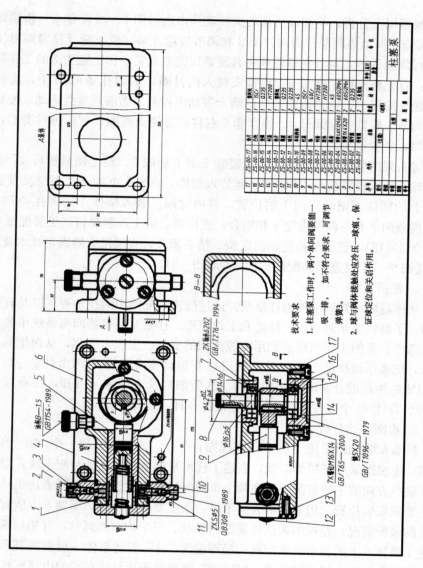

图 9-34 柱塞泵装配图

小，压力增大，这时下面的单向阀关闭，上面的单向阀打开，油腔中的高压油
被压入润滑油路。

　　两个单向阀均只能让油液单向通过，其组成完全相同，只是安装方向不
同。在图示位置，上面的单向阀只能让油液自下而上流出，下面的单向阀只能
让油液自下而上流入。调整调节塞 2，即可调整通过的油液压力。

　　从主视图泵套 5 与泵体 6 的两个配合尺寸 $\Phi 30H7/k6$ 和 $\Phi 30H7/js6$ 可

知，它们的配合为基孔制不同松紧要求的过渡配合。柱塞 9 与泵套 5 的配合尺寸 Φ18/h6，为间隙很小的间隙配合。通过凸轮尺寸 Φ38 与偏心距 5，可推算出柱塞 9 的左右行程；进油口和出油口采用了 M14×1.5 的普通细牙螺纹连接；Φ5 表示了单向阀的口径。

俯视图中的尺寸 Φ16H7/k6，表示轴 8 与凸轮 16 为过渡配合。Φ42H7/js6 表示衬套 7 与泵体 6 为过渡配合。Φ50H7/h6 表示衬盖 14 与泵体 6 为间隙配合。Φ16js6 与 Φ35H7 分别表示与轴承相配合的轴与孔的配合尺寸及公差带代号。其余尺寸或为安装尺寸，或为外形尺寸等。前述所有配合尺寸均围绕柱塞 9 与轴 8 这两条装配干线，它们是柱塞泵的主要装配干线。

4. 零件分析

柱塞泵的泵体是一个主要零件，通过分析主视图和左视图，可以看出，泵体由主体和底板两部分组成，上下结构基本对称。主体为两个大小不同的方箱，柱塞 9 和凸轮轴 8 上的零件都包容在方箱中，形成两条主要装配干线。右侧的大方箱前表面上均布四个螺孔以连接衬盖 14，上侧偏左有一螺孔用于安装油杯。在左侧方箱的左面，有上下对称的两个螺孔用来安装单向阀。泵体左端凸台上均布三个螺孔，通过螺塞、弹簧顶着柱塞。泵体底板为带圆角的长方板，上有四个安装螺栓的沉孔和两个定位销孔。根据以上分析可以确定泵体的整体结构形状。

其他零件的结构请读者自行分析。

5. 综合归纳

经过由浅入深的看图过程，再围绕部件的结构、工作情形和装配连接关系等，把各部分结构有机地联系起来归纳总结，进而可以分析结构能否完成预定的功能，工作是否可靠，装拆是否方便，润滑和密封是否存在问题等。例如，柱塞泵凸轮轴的装配顺序为：凸轮轴＋键＋凸轮＋两端轴承＋衬套＋衬盖；然后再一起由前向后装入泵体，最后装上四个螺钉；柱塞泵的润滑采用油杯，它储存润滑油，在重力作用下油滴滴入凸轮 16 与柱塞 9 的摩擦面，使柱塞和凸轮得以润滑。柱塞泵的密封防漏，采用封油圈 1、垫片 13 与垫片 17 等。通过上述阅读可知，该柱塞泵的结构能实现供油的功能，工作原理清楚，部件的表达及尺寸完整。

【例 9-3】齿轮油泵装配图识图，见图 9-35。

1. 概括了解

从标题栏可知该部件为齿轮油泵。通过阅读装配图中的技术要求以及有关说明书，了解齿轮油泵的功用、性能和工作原理。齿轮油泵是机器中用以输送润滑油的一个部件，其工作原理是利用一对啮合齿轮的旋转产生压力变化，从吸油口把低压油吸入，从压油口把高压油挤出。从明细栏及零件编号可知，齿轮油泵共由 17 种、合计 34 个零件组成，其中标准件 7 种，合计 22 个。

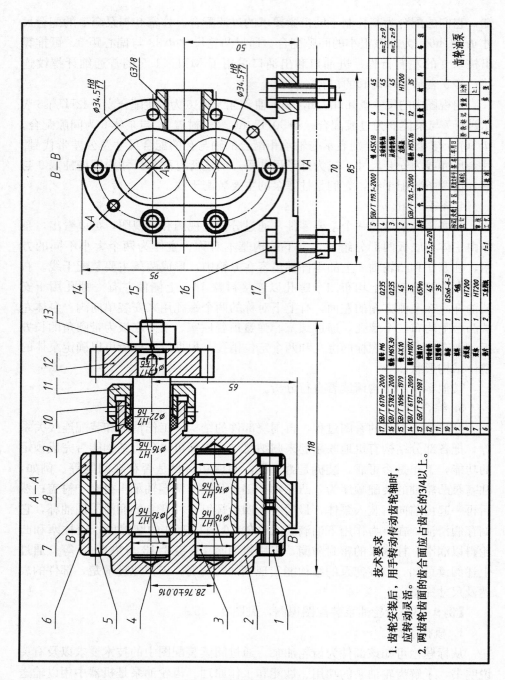

图 9-35 齿轮油泵装配图

2. 视图表达分析

齿轮油泵装配图采用了两个基本视图：主视图为全剖视图（旋转剖切），清楚地反映了齿轮油泵的零件组成和主要装配关系，主视图中还采用了局部剖来反映齿轮轴的啮合关系；左视图采用了沿左端盖结合面 $B—B$ 的位置剖切的半剖视图，进一步对油泵内腔结构及外形进行表达，此外用局部剖视反映了吸、压油口的情况。

3. 工作原理和装配关系分析

从主、左视图可知齿轮油泵的工作原理：左端盖 2、右端盖 8 和泵体 7 通过螺栓 1 联结成封闭的内腔结构，同时左右端盖和主、从动齿轮的侧面形成配合的密封面，把泵内的整个工作腔分两个独立的部分，如图 9-36 所示，右侧为吸入腔，左侧为排出腔。

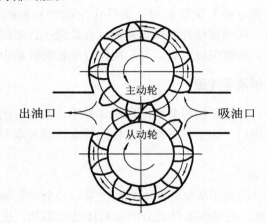

图 9-36　齿轮油泵工作原理图

齿轮油泵工作时，运动从传动齿轮 12 输入，将回转运动通过键 15 传递给主动齿轮轴 4，与从动齿轮轴 3 一起啮合旋转，当齿轮从啮合到脱开时在吸油口会形成局部真空，将油吸入。被吸入的油经齿轮的各个齿谷而带到排出侧，齿轮进入啮合时液体被挤出，形成高压液体并经出油口排出泵外。

为了防止压力油的泄漏，齿轮油泵必须考虑密封的问题。该油泵的密封主要有静密封和动密封两部分，静密封是左端盖 2、右端盖 8 和泵体 7 接触面之间的密封，通过添加垫片 6 和螺栓 1 的紧固来实现；动密封是主动齿轮轴 4 和右端盖 8 之间的密封，通过添加填料 9 和轴套 10、压紧螺母 11 的压紧来实现。

4. 零件分析

齿轮油泵的组成零件结构都较为简单。以其中的主要零件——主动齿轮轴为例，通过分析主视图和左视图，可以看出，主动齿轮轴为一细长阶梯圆柱体，通过两个 $\Phi 16H7/h6$ 的配合面分别支承在左右端盖上，右端 $\Phi 12$ 圆柱为动力输入端，上面分布有 $4×10$ 键槽与传动齿轮相连，最右端为 M10 螺纹，用来安装螺母对传动齿轮进行紧固定位。根据以上分析可以确定主动齿轮轴的整体结构形状。

其他零件的结构请读者自行分析。

5. 综合归纳

经过由浅入深的看图过程，再围绕部件的结构、工作情形和装配连接关系等，把各部分结构有机地联系起来归纳总结，进而可以分析结构能否完成预定的功能，工作是否可靠，装拆是否方便，润滑和密封是否存在问题等。例如：油泵的整体装配顺序为：首先将右端盖、垫片和泵体通过销和螺栓连成一体，然后将主动齿轮轴、从动齿轮轴由左向右装入，放垫片，装左端盖，接着从右侧填入填料，放套筒，旋上锁紧螺母，最后在主动齿轮轴的动力输入端放下键，装上传动齿轮，用弹簧垫片和螺母锁紧。在装配过程要注意，螺栓和锁紧螺母的松紧要适度，既要保证密封，又不能使齿轮轴的转动出现卡滞。

三、由装配图拆画零件图

在设计过程中，常常要根据装配图拆画零件图，简称拆图。拆图必须在读懂装配图的基础上进行。为了使拆画的零件图符合设计要求和工艺要求，一般按以下步骤进行：

1. 确定表达方案

先把表示该零件的视图从装配图中分离出来，补全被其他零件遮挡部分的图线，想象出该零件。再根据零件的分类和具体结构形状，按零件图的视图选择原则考虑其表达方案。不强求方案与装配图一致，不能照搬装配图中的表达型式，更不能简单地照抄装配图上的零件投影。在多数情况下，箱体类零件（包括各种箱体、壳体、阀体、泵体等）主视图的选择尽可能与装配图表达一致，这样便于阅读和画图，装配机器时，便于对照。对于轴套类零件，一般按主要加工位置选取主视图。如图 9 - 34 中的轴 8 是按照其工作位置（轴线呈正垂线）画出的，若画其零件图，为便于加工时看图，轴线须水平放置（呈侧垂线），零件的大头在左，小头在右。为表示轴上的键槽等结构再辅以移出断面即可。

2. 补全零件的结构形状

在装配图上，零件的倒角、倒圆和退刀槽等工艺结构常采用简化画法或者省略不画。而在拆画零件图时，这些结构不能省略，必须表示清楚。对于装配图上未能表达清楚的结构，拆画零件图时，应根据零件的作用及结构知识、设计和工艺的要求，将结构补充完善。

3. 确定零件的尺寸

（1）装配图上已注出的尺寸，在有关零件图上直接注出。对于配合尺寸、相对位置尺寸要注出偏差数值，以便于加工、测量和检验。

326

（2）标准结构（如螺孔、沉孔、销孔、键槽、退刀槽、中心孔等）的尺寸，要从相应的标准中查取。

（3）在明细栏中给定的尺寸（如垫片厚度等），要按给定尺寸注写。

（4）根据装配图中的数据应进行计算的尺寸（如齿轮的分度圆、齿顶圆直径等），要经过计算后才能注写。

（5）对有装配关系的尺寸（如螺纹紧固件的有关定位尺寸）要注意相互协调，避免造成尺寸矛盾。

（6）在装配图上没有标注出的零件各部分尺寸可按比例直接从装配图中量取，注意尺寸的圆整和标准化数值的选取。

4. 确定技术要求

零件表面粗糙度可根据各表面的作用和要求确定，也可参阅有关资料或同类产品的图纸，采用类比法确定。一般情况下，配合面与接触面的表面粗糙度参数值应小，自由表面的表面粗糙度参数值较大。有密封、耐蚀、美观等要求的表面粗糙度参数值应较小。至于其他技术要求，如形位公差、热处理等，其选用与确定涉及许多专业知识和实践经验，必须参考同类产品的图纸资料和生产实践知识来拟订。

四、拆画零件图举例

【例 9 - 4】拆画图 9 - 32 镜头架装配图中的架体 1。

1. 确定表达方案

在分析架体 1 结构形状的基础上，先从装配图 9 - 32 的主、左视图中按照投影关系和剖面线画法，区分出架体的视图轮廓，分离后看出它是一幅不完整的图形，如图 9 - 37 所示。

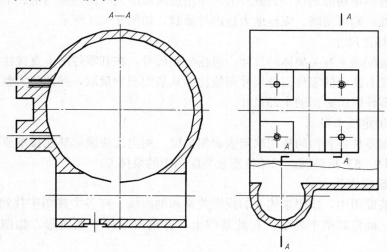

图 9 - 37 拆画镜头架体一

壳体、箱体类零件，应按工作位置原则选择其安放位置，架体1符合这个原则，并将架体的主视图的投射方向与装配图一致。

2.补全零件的结构

将被调节齿轮5遮挡的部分图线补齐。根据螺纹连接的画法，将改制的定位螺钉移去后的内螺纹部分补画完整，如图9-38所示。

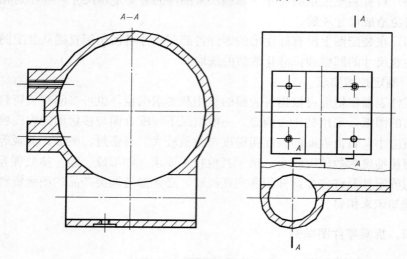

图9-38　拆画镜头架体二

从补全后的架体两视图可以看出：主视图不仅表示一个方向的外部轮廓形状，还由于采用了两个平行的剖切平面剖切，清晰地显示了内部的结构形状；左视图若不用局部剖视，只画外形，而用虚线画出大圆筒内壁的上、下两条转向轮廓线，则可清晰、完整地表达内外形状，如图9-39所示。

3.标注尺寸

将装配图上有关架体的尺寸，包括公差代号，在其零件图上直接注出。装配图上没有注出的零件部分尺寸可按比例从装配图中量取，并圆整为整数，补齐加工零件时所必需的全部尺寸。

4.确定技术要求

根据零件各表面的作用确定表面粗糙度，用类比法确定其他技术要求。

【例9-5】拆画图9-34柱塞泵装配图中的泵体6。

1.确定表达方案

在装配图中，按照泵体6的投影关系和剖面线，在各个视图中找到泵体6的图形，确定其整个轮廓。在此基础上，分离出泵体6的图形，如图9-40所示。

328

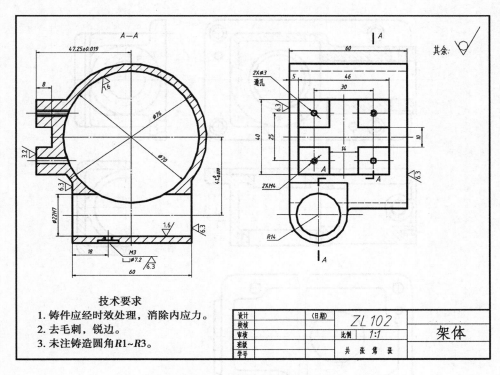

图 9-39　镜头架体零件图

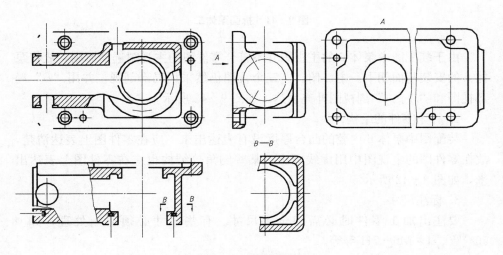

图 9-40　拆画泵体一

补全被遮挡部分投影后所得的视图，如图 9-41 所示。

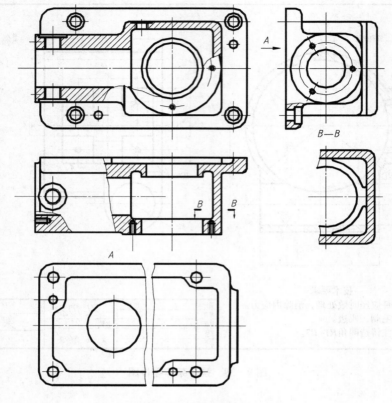

图 9‑41 拆画泵体二

由于装配图中泵体 6 的主视图并不符合零件图的主视图选择原则，故将泵体 6 的安装基面朝下。主、俯、左三个视图仍然采用局部剖视，并用"B"局部视图和"A—A"剖视图补充表达，如图 9‑42 所示。

2. 补全零件的结构

装配图中泵体 6 内腔的凸台厚度没有表达出来，应在零件图上表达清楚，故在零件图的主视图中用虚线画出。某些倒角等结构也应在零件图上表达出来，如图 9‑42 所示。

3. 标注尺寸

要注出加工零件时必需的全部尺寸。有些尺寸必须适当处理，如 ϕ $50^{+0.025}_{0}$、$4 \times M6 - 7H$ 等等。

4. 确定技术要求

根据柱塞泵的工作情况可知，泵体是一个重要的零件。其表面粗糙度、形位公差和其他技术要求如图 9‑42 所示。

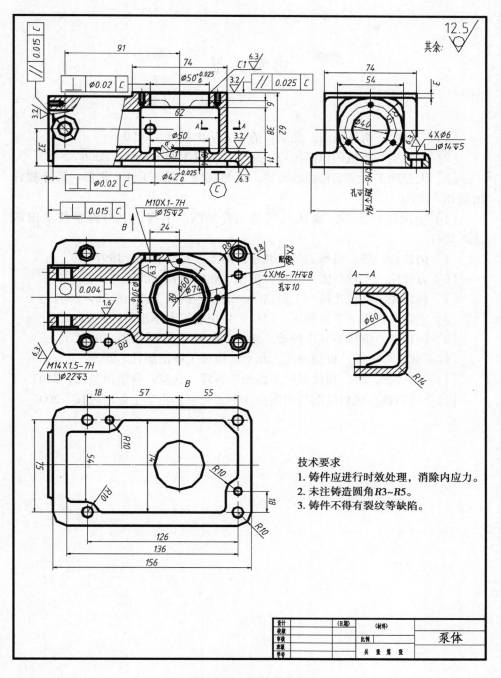

技术要求
1. 铸件应进行时效处理，消除内应力。
2. 未注铸造圆角 *R3~R5*。
3. 铸件不得有裂纹等缺陷。

图 9-42　泵体零件图

331

参考文献

[1] 车世明. 机械识图. 北京：清华大学出版社，2009

[2] 宋敏生. 机械图识图技巧. 北京：机械工业出版社，2006

[3] 大连理工大学工程画教研室. 机械制图（第五版）. 北京：高等教育出版社，2003

[4] 中国纺织大学. 画法几何及工程制图. 上海：上海科学技术出版社，1997

[5] 何铭心，等. 机械制图. 北京：高等教育出版社，1997

[6] 方沛伦. 工程制图. 北京：机械工业出版社，2000

[7] 孙培先. 画法几何与工程制图. 北京：机械工业出版社，2004

[8] 左宗义，等. 工程制图：广州：华南理工大学出版社，2003

[9] 许福明. 液压与气压传动. 北京：机械工业出版社，1996

[10] 郭克希，等. 机械制图. 北京：机械工业出版社，2009

[11] 张佐林，等. 现代机械工程图学教程. 北京：科学出版社，2007

[12] 周明贵. 机械绘图与识图300例. 北京：化学工业出版社，2007